数据即未来

[美] 布瑞恩·戈德西（Brian Godsey）著
陈斌 译

大数据王者之道

THINK LIKE A DATA SCIENTIST

Tackle the Data Science Process Step-by-Step

机械工业出版社
China Machine Press

图书在版编目（CIP）数据

数据即未来：大数据王者之道 /（美）布瑞恩 · 戈德西（Brian Godsey）著；陈斌译．—北京：机械工业出版社，2018.1（2018.7 重印）

书名原文：Think Like a Data Scientist：Tackle the Data Science Process Step-by-Step

ISBN 978-7-111-58926-6

I. 数… II. ① 布… ② 陈… III. 数据处理 IV. TP274

中国版本图书馆 CIP 数据核字（2018）第 008611 号

本书版权登记号：图字 01-2017-4119

Brian Godsey：*Think Like a Data Scientist: Tackle the Data Science Process Step-by-Step* (ISBN: 978-1-63343-027-3).

Original English edition published by Manning Publications Co., 209 Bruce Park Avenue, Greenwich, Connecticut 06830.

Simplified Chinese translation edition published by China Machine Press.

数据即未来：大数据王者之道

出版发行：机械工业出版社（北京市西城区百万庄大街 22 号 邮政编码：100037）
责任编辑：张志铭
责任校对：李秋荣
印　　刷：中国电影出版社印刷厂
版　　次：2018 年 7 月第 1 版第 2 次印刷
开　　本：147mm × 210mm 1/32
印　　张：13.75
书　　号：ISBN 978-7-111-58926-6
定　　价：79.00 元

凡购本书，如有缺页、倒页、脱页，由本社发行部调换
客服热线：（010）88379426 88361066 投稿热线：（010）88379604
购书热线：（010）68326294 88379649 68995259 读者信箱：hzit@hzbook.com

数据科学项目的生命周期

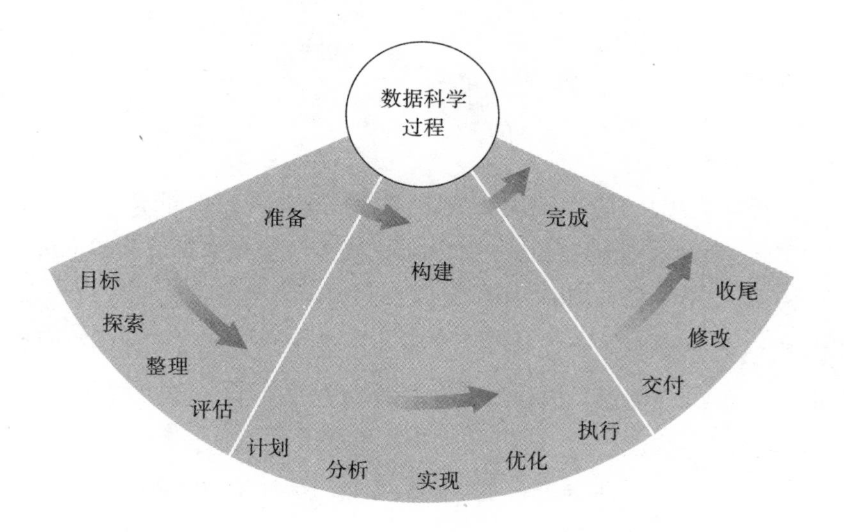

本书围绕着数据科学项目的三个阶段组织：

- 第一阶段是准备，把时间和精力花在项目初期的信息收集上，以避免事后的麻烦。
- 第二阶段是构建，利用在准备阶段所获得的信息，以及统计和软件可提供的所有工具构建产品，把计划付诸行动。
- 第三阶段是完成，交付产品、获得反馈、进行修改、支持产品和结束项目。

·· 本书赞誉 ··

陈斌先生从硅谷回国后，笔耕不辍，这本《数据即未来：大数据王者之道》是他翻译的第三本作品。随着国家大数据战略的推进，以数据联通整合、分析应用、机器学习为中心的项目越来越多，本书称之为“数据科学项目”。作为一个管理者，对于如何成功地准备、组织、规划、构建、实施、交付这些项目，本书提供了很多见解。

——涂子沛，阿里数据副总裁，《大数据》和《数据之巅》作者

宇宙万物不断演变，数据记载了万物变化的过程。数据工程为我们搜集、存储和管理数据奠定了基础，数据科学为我们探索数据世界的未知提供了思考和研究的框架。深刻领悟《数据即未来：大数据王者之道》书里所论述的数据科学探索过程、方法和理论，将有助于您深刻掌握数据世界发展变化的规律。

——张瑞海，北京百悟科技有限公司董事长

人工智能的核心是数据，如何准备、构建和交付高质量的数据产品至关重要，愿这本书成为大数据、人工智能学习者和从业者的良师益友！

——向江旭，苏宁云商 IT 总部执行副总裁，苏宁技术研究院院长

我们正处在一个新的时代，这个时代里数据是最新的燃料，数据和人工智能正在影响人类生活的方方面面。不只是数据科学家才要懂数据，每一个人，每一种职业，都需要一定的数据思维能力，把数据变成助推自己工作和生活的燃料。本书可以帮助读者掌握数据相关的基础知识，培养初步的数据思维，是一本非常好的入门书！

——逄伟，携程旅行网 CDO 首席数据官

以近 20 万字的内容讲述数据科学这个类似方法论的话题，确实是一个非常具有挑战性的任务。在数据库架构与管理、大数据工程、机器学习、高性能计算、AI 等工程能力全面改善的今天，我们依然需要解决一个问题，那就是如何高效、正确地使用这些能力，在实践中更有效地解决问题呢？技术本身是有效能边界的，技术带来的结果也有不确定性，甚至会导致某些风险。如何解决这些新的问题，规避这些风险和冲突呢？比如，在数据日益资源化的今天，如何提高数据提取出有效信息的效率，通过有效信息累积构架知识体系，并且能够使知识体系更加有效地收敛和自洽呢？数据科学正着手解决这些问题。这已经超出了技术本身，更接近于哲学的范畴了。本书细致入微地讨论了数据科学解决问题的过程，始终聚焦在数据科学项目中所特有的概念和挑战，不是停留在解释如何使用各种最新的工具和技术的炫技层次，而是组织与利用现有资源和信息实现项目目标的过程，为数据科学的过程引领导航。

——郭大刚，北京市互联网金融行业协会秘书长

大数据与太极相生新科学范式

正当我国大力推动实施大数据战略、加快建设数字中国之际，《数据即未来：大数据王者之道》一书的出版发行，对于培育造就一批大数据领军企业，进行大数据人才队伍培养的前瞻性布局，具有十分积极的意义。

本书作者布瑞恩提出“数据科学家专注于创建依赖于数据和结果的概率陈述系统”；“软件研发人员和数据科学家的系统，可以分别与数学概念的‘逻辑’和概率类比”；“‘若A则可能B’这样的概率语句并没有那么简单”等思想以及书中所介绍的具体的数据科学方法，颠覆了预先假设，用过去推断将来的重复性实验，以及具有可逆性、确定性的传统科学范式。

本书强调了“数据科学是指导数据项目开展和决策的一系列过程和概念”；大数据项目的路线图重要的是“面向过程、与客户互动提出问题”。当今，社会与科学技术飞速发展，突出了对一切事物发展的数据分析都要重视时间思维，聚焦到事物发展的关键时空点上。本书以科学的流程分析，展开大数据项目应该如何实现产品或服务的再造。

布瑞恩的上述思想与中国的太极和道德经一表一里互补的哲学思想有着很大的相似性。道德经阐述“道生一,一生二,二生三,三生万物”。道生一,一是阴；一生二,二是不一的阳；二生三,三是一不一的和，是太极；三生万物，是指一切存在物都是由阴、阳、和三态构成的，“一不一同一”的机理生成了宇宙的一切。1964 年美国科学家盖尔曼提出中子、质子这一类强子是由三个更基本的单元夸克构成的，验证了道德经中《三生万物》的物理存在原理。

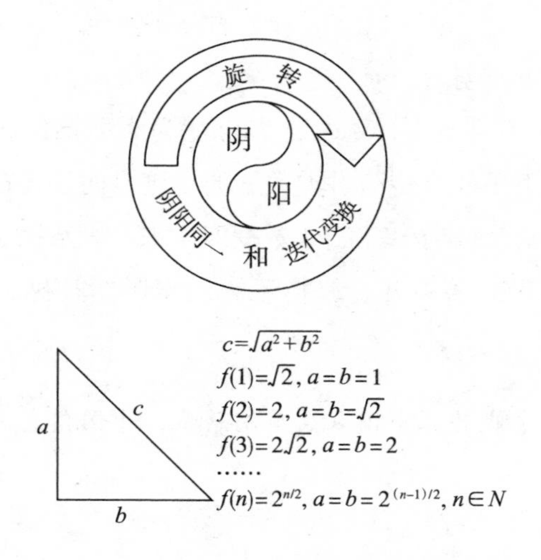

本书阐明了软件与软件研发人员、数据与数据科学家、专业知识与专业人员对应的基本三要素之间的关系。起主导作用的数据科学家用大数据在概率世界中探索、研究客观对象得到相对确定的整体结构的序参数和发展态势，从而更准确地把握了事物的发展规

律。参看本文插图中勾股定理的两次迭代运算，可以深刻地理解大数据是太极或和，它能够不断发现或发明新的算法或模式，将人类从阳的已知“有理世界”带入一个阴的未知“无理世界”，显然，这是科学方法论的一次伟大的变革。

道德经说“道可道也，非恒道也”。宇宙的基本规律是不规律，是规律与不规律的同一。热力学第二定律的熵增表述的是有序从无序中产生；而牛顿第三定律相互作用表明一切存在只要因相互作用而链接，它们就共存于同一个世界，存在着同一共性即“一不一同一”。以往的科学范式是基于牛顿机械力学的二元逻辑，大数据科学方法论是基于阴、阳、和（太极）的三元逻辑，这同样也是对科学范式的一项重要创新。

从2016年6月至今，本书译者陈斌为大力推广大数据，不仅在全国多处留下了他宣传演讲大数据的足迹，而且还在此期间完成了《架构即未来》《架构真经》《数据即未来：大数据王者之道》三本译作。他这种艰苦奋斗、坚持不懈的奉献精神感人至深、令人钦佩。

余晓芒，中国联通前副总裁，中国信息大学校长

•• 中文版序二 ••

大数据在我们这个时代的重要性愈渐凸显，大数据战略也已然高屋建瓴地提到了国家层面。2017 年 12 月，中共中央总书记习近平在主持就实施国家大数据战略第二次集体学习时发表了讲话，习总书记强调，要坚持数据开放、市场主导，以数据为纽带促进产学研深度融合，形成数据驱动型创新体系和发展模式，培育造就一批大数据领军企业，打造多层次、多类型的大数据人才队伍。

身处滚滚洪流奔腾向前的商业时代，我们切身地感受到大数据发展的欣欣向荣。不过，恰如这本《数据即未来：大数据王者之道》所说，数据科学仍然是一个新领域，虽然它的组成部分：比如统计学、软件研发、基于证据解决问题等，都是我们非常熟悉的传统领域，但数据科学却不能简单地等同于数据库架构与管理、大数据工程、机器学习或者高性能计算。作者布瑞恩·戈德西认为，数据科学的核心在于数据内容之间的相互作用，给定项目的目标以及实现这些目标的数据分析方法。所以本书并不是要老生常谈地讲述数据库软件或者统计学方法，尽管在谈到数据科学时会不可避免地提及这些内容，但它的核心仍在于将科学方法应用于数据集从而实现项目的目标。

所以，本书并不是一本简单的操作手册，而是让你可以按图索骥地学会数据科学。确切地说，它更适合中高层的数据科学家，帮助他们明晰要解决的问题，并找到问题解决的策略。本书不会过多纠结于细节的战术，而是更注重思维方式的梳理，以及对数据科学的深刻洞察。这就是译者易宝 CTO 陈斌把它翻译为《数据即未来：大数据王者之道》的原因，这个名字昭示了数据科学的重要性，以及本书的读者在数据之路上不断追求，力争上游的雄心。

确实，无论作为国家的发展，还是作为企业的生存之路，我们都要养成以解决问题为导向的好习惯。就易宝支付而言，成立至今已经有 15 年的历史。支付离不开货币，在这 15 年中，由于移动互联网的全面到来，联接已无处不在，数据正成为新时代的货币，因此支付公司也必须升级为经营数据的公司。在此过程中，我们发现，真正优秀的技术人才都是以解决问题为导向的，而不是沉迷于技术本身，因此，我们不仅强调客户，还强调了“内部客户”，以及基于客户的数据驱动，以推动技术团队更积极地站到对方的角度思考，即他们交付的成果能不能为别人解决实际问题。值得高兴的是，正是在以本书译者 CTO 陈斌为代表的一群骨干的努力下，整个技术团队越来越有解决问题意识，越来越有紧贴业务感觉，共同推动问题的解决，促使易宝支付取得了今天的成绩。我相信，这也是中国无数野蛮生长起来的企业的缩影。

数据科学是一门日新月异的科学，数据库常变，软件常变，硬件常变……不变的只有洞察本质的思维方式和对问题解决之道的不懈追求，因此，期待这本《数据即未来：大数据王者之道》能给数据工作者深度启发，在大数据的路上愈走愈远，拥抱大数据时代，拥抱未来！

唐彬，易宝支付 CEO

译者序

汹涌的数字瀑布闪烁着神秘的光彩，密密麻麻地排满了整个屏幕，作为影史经典之作《黑客帝国》的片头，这一幕早已深入人心。而正如这一片头所显示的，今天的世界已然变成了一个数据的世界。阿里研究院甚至提出了从 IT（信息科技）转向 DT（数据科学）的战略方向。大数据（Big Data）也和人工智能（AI）、云计算（Cloud Computing）、区块链（DLT，分布式记账技术）合称为了 ABCD 四大新锐技术。

为什么会产生数据科学呢？首先，随着社会的发展，人类的社会实践、生产实践和科学实验产生了大量的数据。近年来，由于移动互联网的快速发展，数据产生的速度也随之激增。技术的进步，也使得数据的记录和整理变得越来越便利。在这一背景下，数据的海量增加使得人们对于数据采集、清洗、过滤、分析、建模和表达的需求也越来越殷切。人们的聚焦点也从如何生产、收集和管理数据，转向如何更好地建立模型和分析数据。由此，数据科学应运而生。

其实，如今在互联网行业里，也有很多从事与数据相关工作的人，包括最基础的数据库管理员（DBA）、维护大数据技术基础（Hadoop/Spark）的系统管理员、研发分布式数据处理程序的程序员、从事数据结构分析与管理的数据架构师、聚焦数据建模的工程师以及负责以可视化手段展示数据的工程师等等。虽然这些人的工作都与数据相关，其中有些人是数据的搬运工，有些人是数据的处理工，有些人是数据库的管理员，但是他们都不能称为数据领域的王者。这就像铁匠每天都在与铁打交道，但是我们从来不把铁匠称为金属学家；农民每天都在和土地打交道，但是我们从来不把农民称为土壤学家，我们每个人天天都在做各种计算，但是我们从来不把自己称为数学家。

那么，在数据的王国里，究竟谁是数据之王？我认为只有那些真正掌握数据科学项目的过程，知道如何探索数据、深入分析数据、用数据解决现实中问题的人才是数据世界里真正的王者，即数据科学家。

那么，如何从搬砖的数据民工变成一个指点江山的数据科学家呢？这需要行业的积淀，个人的努力，还有科学的指导。

本书作者布瑞恩·戈德西结合自己的亲身经历，讲述了数据科学中从项目准备、解决方案构建到项目交付的全部过程，系统地论述了数据科学的完整过程。特别是作者结合自己的成长过程以及工作经历，以案例的形式深入浅出地讲解了在开展数据科学项目的过程中可能遇到的各种问题，使本书成为有志于从事数据科学相关工作的初学者的极佳入门指南，并且对已经拥有数据科学项目经验的人来说，本书也非常实用和有借鉴价值。

数据科学作为一门独立的科学仅仅是近两三年的事情，因此，这个领域是神秘的，令人向往的，这里充满了荆棘，也蕴含着无数的机会，需要大批有志从事数据科学探索的人加入其中。如果你也想了解数据科学，走进数据科学，甚至成为该领域的王者，那么本书将是你最好的敲门砖。

陈斌

2017 年 11 月

•• 前　言 ••

2012 年，《哈佛商业评论》中的一篇文章将数据科学家誉为“21 世纪最性感的职业”。公平地说，在本世纪剩下的 87 年里，这个说法可能会有所改变。虽然现在数据科学家的确得到了很多关注，介绍数据科学的书籍也正在激增。但是，仅仅把从别处能够找到的文字重复一下或者将其重新包装成另一本书毫无意义。在研究了数据科学的新文献后，我发现大多数作者愿意解释如何使用各种最新的工具和技术，却不愿意详细地讨论数据科学中解决问题的过程。有抱负的数据科学家在熟读了几本书并掌握了最新算法和数据存储知识后，仍然会问同一个问题：应该从哪里开始?

所以，虽然这也是一本介绍数据科学的书，但本书试图引导读者通过存在很多歧路、陷阱并且目的地未知的数据科学之路，对可能发生的意外提出警告，让读者做好准备，并给出如何应对意外的建议。虽然本书将会讨论哪些工具可能最有用及其原因，但主要目标始终是为学习数据科学的过程引路导航，以便在现实生活中智慧、高效、成功地找到以数据为中心的问题的实际解决方案。

·· 致　谢 ··

感谢 Manning 出版社中每一位曾帮助我让本书成为现实的人，也感谢 Manning 出版人 Marjan Bace 给我这个机会。

我还要感谢 Mike Shepard 对本书技术方面所做的评估，感谢在手稿写作过程中提供了有益反馈的审稿人。这些人包括 Casimir Saternos、Clemens Baader、David Krief、Gavin Whyte、Ian Stirk、Jenice Tom、Łukasz Bonenberg、Martin Perry、Nicolas Boulet-Lavoie、Pouria Amirian、Ran Volkovich、Shobha Iyer 和 Valmiky Arquissandas。

最后，我要特别感谢在 Unoceros 和 Panopticon 实验室的现任及前任队友，他们以多种形式为本书提供了充足的素材，包括：软件研发和数据科学的经验与知识、富有成果的对话、疯狂的想法、有趣的故事、尴尬的错误，最重要的是愿意满足我的好奇心。

关于本书

数据科学目前仍然戴着新领域的光环。它的主要组成部分（包括统计学、软件研发以及基于证据的问题求解等）都是从成熟甚至传统领域直接继承而来的。但数据科学似乎是一个新组合，由某些新的或者至少在当前公共交流场合感觉是新的的东西组成。

像许多新领域一样，数据科学还没有找到自己的立足点。与其他相关领域的界限仍然模糊。数据科学依赖（但是不等同于）数据库架构与管理、大数据工程、机器学习或者高性能计算等。

数据科学的核心并不关注数据库的具体实现或者编程语言，即使这些内容对从业者而言是不可缺少的。其核心在于数据内容之间的相互作用，给定项目的目标以及用于实现这些目标的数据分析方法。当然，数据科学家必须使用必要的软件来进行管理，但选择哪些软件以及如何实施，这些细节在我的想象中已经被抽象化，好像是存在于某个遥远未来的现实。

本书试图预见未来，把数据科学中那些常见的、生搬硬套的、机械性的任务剥离，只剩下核心：将科学方法应用于数据集以实现项目目标。这就像传统的科学家要用到试管、烧瓶和本生灯一样，数据科学的过程涉及作为必要工具的软件。但关键在于了解内部发生的事情：数据怎么了，我们得到了什么样的结果以及为什么会这样。

本书将介绍各种各样的软件工具，但只做简单描述。因为读者总可以从其他地方找到更全面的介绍，并且我希望深入探讨这些工具可以为你做些什么以及如何助力研发工作。本书内容始终聚焦在数据科学项目中特有的概念和挑战，以及组织与利用现有资源和信息实现项目目标的过程。

要从本书中获得最大的收益，就应该掌握初级统计学（这可能是大学中的一两门课程），同时具备编程语言的基本知识。如果你是统计学、软件研发或者数据科学方面的专家，可能会觉得本书某些部分的讨论进度缓慢或者微不足道。但没关系，你可以跳过这些内容。我不希望更新任何人的知识和经验，但希望通过提供一个概念性的框架，为完成数据科学项目的工作提供必要的补充，并以建设性的方式来分享自己的一些经验。

如果你是数据科学的初学者，欢迎来到这个领域！本书试图使具有一定技术能力的人能够理解所描述的概念和主题。同样，数据科学家与研发人员的同事和经理也可以通过阅读本书，从内部更好地了解数据科学过程的机制。

对于每个读者，我希望本书都能够生动地描绘数据科学作为一个过程所具有的许多细微差别、注意事项和不确定性。数据科学的力量不在于弄清楚下一步将会发生什么，而是能够意识到下一步将会发生什么，并最终发现下一步到底发生了什么。我真诚地希望你能喜欢本书，更重要的是能学到一些东西，以提高未来项目成功的机会。

路线图

本书分为三部分，分别代表数据科学过程的三个主要阶段。

第一部分将介绍准备阶段：

- 第 1 章描述面向过程的数据科学项目观点，并介绍一些贯穿本书的主题和概念。
- 第 2 章涵盖为项目设定合适目标的细致且重要的步骤。强调与客户互动以提出要解决的实际问题，同时对解决这些问题的数据能力持务实的态度。
- 第 3 章深入数据科学项目的探索阶段，该阶段试图发现有用的数据源。这一章会讨论有用的数据发现和存取方法，以及选择项目中使用的数据源时要考虑的重要事项。
- 第 4 章简要介绍数据整理，即处理好未加梳理的原始数据或非结构化数据以供应用的过程。
- 第 5 章讨论数据评估。在发现并选择数据源以后，本章将介绍如何对所拥有的数据进行初审，以便更明智地制定后续的项目计划，并对数据用途有合理的预期。

第二部分涵盖构建阶段：

- 第 6 章介绍如何利用学到的探索和评估方法，制定实现项目目标的计划。这一章特别关注规划未来产出与结果的不确定性。
- 第 7 章将转到统计学领域，介绍各种重要的概念、工具和方法，特别是它们的主要功能以及如何在其帮助下达成项目目标。

- 第 8 章将讨论统计软件，目的是让你有足够的知识为项目选择合适的软件。
- 第 9 章对一些流行的非专业统计软件工具进行概述。虽然这些软件工具属于非统计专业，但也有可能让产品的构建和使用变得更容易或者更有效。
- 第 10 章利用前面学到的统计和软件知识，通过讨论项目计划的执行，将第 7 章、第 8 章和第 9 章的内容融合起来，同时考虑有些难以识别的细微差别以及在处理数据、统计和软件过程中遇到的许多陷阱。

第三部分讨论完成阶段：

- 第 11 章将讨论优化和策划产品内容及形式所带来的好处，从而简明地把结果传达给客户，有效地解决问题并实现项目目标。
- 第 12 章将讨论产品交付后可能发生的事情，包括发现缺陷、客户使用效率低以及产品需要改进或修改等。
- 第 13 章将对如何清楚地保存项目，传承所吸取的经验教训，以提高未来项目成功的机会给出建议。

除第 1 章外，每章结尾都附有练习题，练习题的答案和样例在本书的最后提供。

·· 关于原书封面插图 ··

本书封面上的人物是“斯特雷利茨的武器警卫兵”。斯特雷利茨（Strelitz）警卫是18世纪俄罗斯帝国莫斯科军队的一部分。该图来自于1757年到1772年间伦敦出版的托马斯·杰弗里斯（Thomas Jefferys）的《A Collection of the Dresses of Different Nations, Ancient and Modern》。该画为加了阿拉伯树胶的手工彩色铜版画。托马斯·杰弗里斯（1719～1771）被称为地理学家中的“乔治三世”，这位英国制图人是当时领先的地图供应商，为政府和其他官方机构刻印地图，并且出版了大量商业地图和地图集，特别是关于北美洲的。制图者的工作激发了他对所绘地图上各地区服饰习俗的兴趣，这些图画在四卷图集中被很好地展示出来。

在18世纪，迷恋遥远的土地和旅行乐趣是相对较新的现象，而通过画卷向旅行者和坐在扶手椅子上的神游者们介绍其他国家居民的做法则较为流行。杰弗里斯在画卷上把一个世纪前世界各国的特点娓娓道来。而后，着装的规范发生了变化，地区和国家一度如此丰富的多样性，也已经在逐渐消失。现在已经很难把来自于不同大陆的居民分辨出来。当然，对此或许我们可以试着乐观地看待，我们已经把文化与视觉的多样性转换为更加多样化的个人生活或更加多元和有趣的智力与技术生活。

在这个计算机书籍变得日渐相同的时代，我们选择了托马斯·杰夫里斯的画作为封面，从而将我们带回到过去的生活中，并赞颂计算机产业所具有的创造性、主动性和趣味性。

目　录

第二部分　构建软件和统计产品

第三部分　整理产品结束项目

第一部分

准备和收集数据与知识

数据科学的过程从准备开始。你需要弄清楚自己到底知道什么，拥有什么，能得到什么，起点在哪里以及终点在哪里。最后一个问题至关重要，数据科学项目需要有目的及其相应的目标。只有明确了目标，才能开始调查可用资源以及实现该目标的所有可能性。

本书的第一部分将从面向过程的视角讨论数据科学项目。此后，迈出为项目设定合适目标的细致而且重要的一步。随后三章将涵盖过程中三个以数据为中心的重要步骤：探索、整理与评估。在第一部分的结尾，你会熟悉所拥有的数据和可以获得的相关数据。更重要的是，可以知道它们是否有助于实现项目目标。

第 1 章　数据科学的逻辑

本章内容：

- 数据科学家的角色及其与软件研发人员的区别
- 意识是数据科学家最宝贵的资产，特别是存在重大不确定性时
- 阅读本书的前提：软件研发和统计学的基础知识
- 设定项目的优先级，同时保持大局观
- 最佳实践：使项目过程更加轻松的小贴士

接下来，我将把数据科学作为以数据为中心的项目中指导项目开展和决策的一系列过程和概念来进行介绍。这个观点与“数据科学是一组统计学和软件工具以及使用这些工具的知识”有所不同，根据我的经验，该观点在关于数据科学的对话和文字中更加流行（见图 1-1 中幽默的数据科学观点）。并不是说这两个观点互相矛盾，实际上它们是互补的。但是，厚此薄彼是愚蠢的，所以本书无论从实践上还是思想上都将侧重于讨论得较少的那一边，即过程论。

图 1-1　一些关于数据科学的固有观点

以木工作类比，知道如何使用锤子、钻头和锯并不等于知道如何做一把椅子。同样地，如果知道怎么做一把椅子，并不意味着你在制作过程中可以很好地使用锤子、钻头和锯。要做一把好椅子，就必须知道如何使用工具，特别是如何一步一步地使用它们。在本书中，针对工具，我试图讨论到足以了解它们是如何工作的为止，但我会更加注重介绍应该在什么时候用、怎么用以及为什么用。我会不断地提出和回答问题：下一步应该做什么？

本章将使用相对高层的描述和例子，讨论为什么数据科学家的思考过程比所用的工具更重要，以及某些概念是如何渗透到数据科学工作的几乎所有方面的。

1.1　数据科学与本书

作为研究或者职业，数据科学起源于统计学与软件研发之间。如果统计学是设计图，那么软件就是机器。无论在概念上还是在实际上，数据都与统计学和软件相关，数据科学之所以能够在最近几年备受青睐，实际上归功于那些统计学和软件交叉而产生的传统领域，诸如运筹学、分析学和决策学。

除了统计学和软件以外，许多人认为数据科学还包括第三个主要部分，即与主题有关的专业知识。在试图解决问题之前清楚地理解问题固然很重要，但更为重要的是优秀的数据科学家可以在不同专业之间切换，并能够很快地发挥作用。就像一个出色的会计师能快速地掌握新行业在财务方面的细微差别一样，一个优秀的工程师可以抓住不同种类产品的特点从而完成设计，一个好的数据科学家也可以切换到全新的领域并在短时间内开始发挥作用。这并不是说专业知识的价值不大，只是与软件研发和统计学相比，数据科学家通常需要在最短的时间掌握足以帮助其解决涉及数据的问题的专业知识。这也是三个组成部分中唯一的可换部分。如果你胜任数据科学的工作，那么你可以参加全新的以数据为中心的项目规划会议，房间里几乎每个人都有你所需要的专业知识，但几乎没人有能力编写良好且可以解决问题的分析软件。

在本书中，你可能已经注意到，在描述软件、项目和问题时，我选择使用术语“以数据为中心”而不是更流行的“数据驱动”，因为我发现数据驱动的概念具有误导性。只有当所构建的软件被明确地用于移动、存储或以其他方式处理数据时，才能称为数据驱动。如果软件是为了处理项目或业务目标，那么不应由数据驱动。那样做将会本末倒置。问题和目标的存在独立于任何数据、软件或其他资源，但这些资源可用于解决问题和实现目标。“以数据为中心”反映了数据是解决方案的组成部分，并且我相信，使用“以数据为中心”而非“数据驱动”说明不是从数据角度，而是从目标（即数据可以帮助解决问题）的角度看待问题。

有关适当角度的陈述在本书中经常出现。每一章都试图让读者聚焦在最重要的事情上，当项目结果存在不确定性时，我会试着给予指导，帮助你确定重点。从某种意义上说，我认为能够定位并持续专注于项目中最重要的方面是最有价值的技能之一，也是本书试图讲授的内容。数据科学家必须拥有许多硬技能，其中包括软件研发和统计学的知识，但是，在解决以数据为中心的问题时，保持适当的角度并意识到许多动态因素对大部分数据科学家而言，是重要的软技能，掌握该技能虽然非常困难，但是十分有益。

有时候，重点是数据质量；有时候，重点则是数据规模、处理速度、算法参数、结果解读或问题的许多其他方面。当它变得重要但却被忽略时，就可能陷入危险甚至使后续结果完全无效。数据科学家的目标是确保项目的重点不被忽视。也就是说，当某件事情出错或将要出错时，能注意到并解决它。本书将不断强调保持对项目各方面意识的重要性，特别是那些结果可能存在着潜在的不确定性的地方。

如图 1-2 所示，数据科学项目的生命周期可以分为三个阶段。本书将围绕着这三个阶段展开讨论。第一部分讨论准备工作，强调在项目开始时投入时间和精力去收集信息以避免后期出现令人头疼的问题。第二部分讨论把计划付诸行动，利用从第一部分了解到的知识，以及统计学和软件可以提供的所有工具，为客户构建产品。第三部分讨论项目的完成，包括交付、反馈、修改、支持及干净收尾。每个阶段的讨论也包括了一些复盘的内容，经常要求读者重新考虑前面步骤中已经完成的工作，如果有好主意则可以采用其他的方式。作为想利用数据来获取有价值结果的数据科学家，在读完本书后，你应该能够在决策过程中牢固地掌握这些思考过程和注意事项。

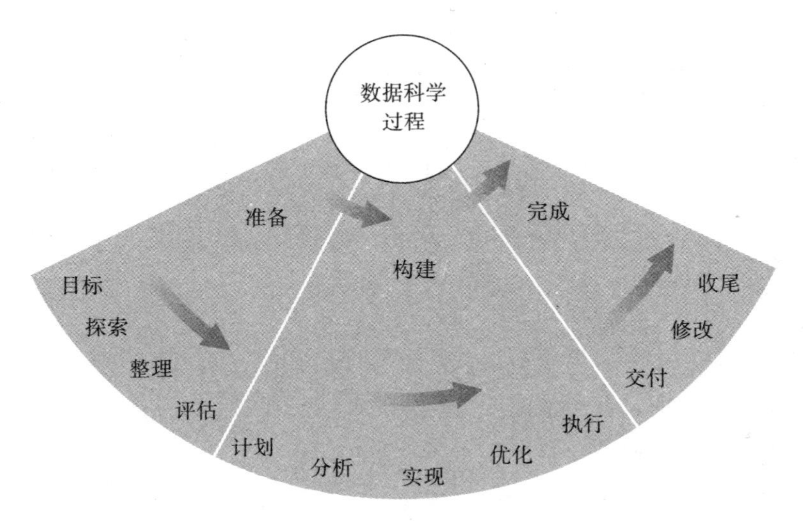

图 1-2　数据科学的过程

1.2　意识的可贵

如果每次某个分析软件工具崩溃就给我 1 块钱，那么我会成为一个大富翁。我并不认为所有的分析软件工具都好用或毫无用途，情况肯定不是这样的，但我认为这引发了一场讨论，即在数据科学家与纯软件研发人员的视角之间存在着极大的差异，因为软件研发人员通常不与原始或“未经整理”的数据打交道。

有个很好的例子能说明这种差异。一个刚起步的初创公司的创始人来问我，他想从与即将到来的旅行相关的电子邮件中提取姓名、地点、日期和其他关键信息，以便将这些数据用于移动应用，从而跟踪用户的旅行计划。创始人的问题具有共性：电子邮件和其他文档的格式及大小不同，从中分析出有用的信息具有很大的挑战性。很难提取旅行相关的特定数据，因为来自于不同航空公司、酒店、预订网站等的电子邮件的格式不同，更不用说这些格式还会频繁变化。谷歌和其他公司似乎在自己的应用中拥有更好的工具来提取数据，但很可惜这些工具一般不对外提供。

创始人和我都意识到，解决这个难题一般有两个方案：手工处理和脚本处理，也可以两者混用。由于手工处理需要为每种邮件的格式创建模板，每当电子邮件的格式发生改变，就需要生成新模板，我们都不想走这条路。脚本可以解析任何电子邮件并提取相关的信息，这个方案听起来很棒，但却相当复杂，几乎无法完成。同往常一样，在这两种极端方法之间加以折衷似乎是最好的。

在与该公司的创始人和软件研发负责人讨论后，我建议他们在人工处理和纯脚本分析之间折衷：针对最常见的格式研发一些简单的模板，用于检查相似度和常见的结构模式，然后写一个简单的脚本，在新邮件中寻找与熟悉的HTML或文本模板匹配的部分，从这些部分中已知的位置提取数据。我称这个不好也不坏的办法为算法模板。这个建议显然不能完全解决问题，但却是在正确的方向上迈出了一步，更重要的是，可以基于最常见的格式洞察共同结构模式，并聚焦未知但可能容易解决的具体挑战。

软件研发人员提到，他已经开始使用一种流行的自然语言处理（NLP）工具来构建解决方案，该系统可以识别和提取日期、姓名和地点。他认为自然语言处理工具将解决这个问题，并且在完全实现后通知我。我告诉他自然语言的分解和分析都很棘手，我对自然语言处理工具的信心没有他那么大，但希望他是正确的。

几星期后，我再次见到该公司的创始人和软件研发负责人，被告知自然语言处理工具不能解决问题，所以他们再次请求我的帮助。自然语言处理工具可以识别大多数的日期和地点，但是，他们向我转述了一个事实，“大多数情况下，在有关航班订票的电子邮件中，首先出现预订日期信息，然后才是出发日期、到达日期，然后可能是回程航班的日期。但对于一些HTML格式的电子邮件，预订日期出现在出发日期和到达日期之间。对此，我们应该怎么办呢?”

很明显，自然语言处理工具不能100%解决问题，但一定程度上确实解决了一些问题，比如识别姓名和日期，即使不能准确地把这些信息放在旅行计划中。我不想夸大其辞或断章取义，对数据科学家来说这是个棘手的问题，对其他人而言更是个棘手的问题。第一次尝试无法解决这个问题并不是彻底失败。后来项目的这个部分被搁置了几星期，期间我们三个人试图寻找一位经验丰富的数据科学家，让他有足够的时间来帮助解决这个问题。但对于初创企业或任何公司来说，这样的延迟代价昂贵。

我从这个案例中学习到的教训是：当处理涉及数据的问题时，意识是非常有价值的。一个优秀的研发人员，使用良好的工具来解决一个似乎非常容易处理的问题，如果没有考虑到许多会出现的可能性，当代码开始处理数据时，可能会遇到麻烦。

不确定性是冷冰冰的逻辑算法的对手，知道这些算法在某些情况下可能会出问题，就能在问题发生时加快解决问题的进程。数据科学家的主要职责是尝试想象所有的可能性，解决每种可能性中出现的问题，并在每一次成功和失败后重新评估。这就是为什么无论写多少代码，作为数据科学家，我可以提供的最有价值的东西依旧是对不确定性的意识。有些人可能会告诉你不要在工作中做白日梦，但如果你能想象到某件事会出错，并为此做好准备的话，想象力就是数据科学家最好的朋友。

1.3　研发人员与数据科学家

优秀的软件研发人员（或工程师）与优秀的数据科学家拥有共同的品质。他们都擅长设计和构建由许多相互关联的部分组成的复杂系统；他们都熟悉构建这些系统所需要的许多不同的工具和框架；他们都善于在系统实现之前，预见到系统中可能存在的问题。但是，在一般情况下，软件研发人员设计由许多定义良好的组件构成的系统，而数据科学家使用的系统，至少有一个组件在构建之前没有被很好地定义，并且该组件通常与数据处理或分析密切相关。

软件研发人员和数据科学家的系统可以分别与数学概念中的逻辑和概率类比。“若A，则B”这样的逻辑语句可以很容易地用编程语言完成编码，在某种意义上，每个计算机程序都是由许多这样的语句根据各种场景构成。“若A，则可能B”这样的概率语句并没有那么简单。任何良好的以数据为中心的应用都包含许多这样的语句，例如谷歌搜索引擎（“很可能是最相关的网页”）、亚马逊网站上的产品推荐（“我们觉得你可能会喜欢这些东西”）、网站分析（“你的网站访问者可能来自于北美洲，每次访问可能会浏览三个页面”）。

数据科学家专注于创建依赖数据和结果的概率陈述的系统。在前面从电子邮件中发现旅游信息的案例中，我们可以做这样的陈述，例如，“如果知道邮件包含出发日期，那么自然语言处理工具就可能提取这些数据。”对于优秀的自然语言处理工具而言，有一点儿蛛丝马迹，陈述就有可能是真实的。但如果因为过于自信而在重新声明时不用“可能”一词，这个新的陈述就不太可能是真的。尽管有时候可能是真的，但肯定不会总是真的。这种确定性概率的混乱，正是大多数软件研发人员在数据科学项目开始时所必须克服的挑战。

软件研发人员来自于软件规范、记录完备或开源代码库的世界，产品功能要么好用要么不好用（“报告一个缺陷！”），软件似乎与不确定性概念无关。可以大致上把软件比作汽车，如果拥有所有合适的部件，并把它们以正确的方式装配起来，汽车就能运转良好。如果有操作手册，就可以开着汽车去任何想去的地方。如果汽车不能正常运转，那么很可能是哪里出了问题并且可以修好。在我看来，这和纯软件研发没有差别。而制造能穿越沙漠的自动驾驶赛车更像数据科学。这并不是说数据科学像自动驾驶赛车那样酷，而是说你永远都无法知道汽车是否会到达终点，或者任务是否能完成。在这个过程中存在着太多的未知因素和随机变量，根本无法保证汽车会跑到哪里，甚至无法保证汽车可以完成比赛，直到有一辆汽车到达终点。

如果有一辆自动驾驶汽车完成了赛程的 90%，但在途中被暴雨冲到沟里，那么说这辆自动驾驶汽车不工作是不恰当的。同样，如果汽车在技术上没有穿过终点线，而是绕过终点并继续行驶了 100 英里，说它不工作也是不恰当的。此外，如果驾驶为正常道路设计的自动驾驶汽车去参加沙漠越野赛，结果车被困在沙丘上，随后宣布该车不合格，这么做也是不恰当的。我觉得这就像当将专门设计的以数据为中心的工具应用于其他目的时，得到的结果不好，便宣布该工具不行一样，这同样是不合适的。

有个更具体的例子，假设某网站告诉你“典型用户会访问我们网站的前四页”。假设你利用新数据集对网站的使用情况进行分析，结果发现用户平均会访问网站的 8 个页面。这是否意味着有错误？该用中位数时，误用平均数了吗？新数据包括了不同类型的用户或访问方法了吗？这些问题通常是数据科学家，而不是软件研发人员要回答的，因为它们涉及数据探索和不确定性。基于这些问题和答案所实施的软件解决方案，肯定可以从软件研发人员的专业知识中获益，但探索本身必然涉及统计学，而这正好属于数据科学家的工作范畴。在第 5 章中，我们将把数据评估作为预防和诊断问题的有利工具，有助于避免某些看似已完成的软件产品在某种条件下失败的情况。

值得注意的是，尽管这里似乎把数据科学家和软件研发人员对立起来，但这种冲突也可能发生在同一个体身上。在研究数据科学项目时，我经常发现自己的角色在数据科学家和软件研发人员之间切换，尤其是在编写产品代码时。我之所以认为他们是两个不同的角色，是因为有时可能会有利益冲突，因为两者之间的优先级可能会有所不同。正如本书所描述的那样，公开讨论这些冲突有助于阐释解决这些分歧的方法，无论分歧是发生在两个人或多人之间，还是发生在具有不同角色的同一个体身上。

1.4 需要成为软件研发者吗

前面讨论了数据科学家和软件研发人员之间的区别，看起来好像仅有这两个选项，但事实并非如此。要想从本书学到些东西，你可以不必是其中的任何一个角色。

统计软件工具的知识实际上是实践数据科学的先决条件，该工具可以是简单的通用电子表格处理程序（例如，褒贬不一但几乎无处不在的微软 Excel）。从理论上讲，数据科学家可能从来不接触计算机或其他设备。只要有人可以根据你的意图编写代码，你只需要了解问题、数据及其统计方法就够了。而实际上，这种情况并不多见。

相反，你可能经常与数据科学家一起工作，并且想了解这个过程而不必了解数据科学技术。在这种情况下，本书也有适合你的内容。主要目标之一是列举在解决以数据为中心的问题时必须要考虑的众多因素。在大多数情况下，我会在本书中用过去和现在的一些半虚构的同事为例来做解释：生物学家、财务主管、产品负责人、经理或者其他曾经可能为我提供数据的人，这些人通常会问我："能帮我分析这些数据吗？"大家希望能把数据分析的情况详细地描述出来并给出大量的案例，但我想再次重申，事情从来就没有那么简单。分析需要提出问题，我将深入讨论这两个相关的问题。

本书内容主要是关于数据科学的思考和实践过程，但显然不能忽视软件。作为一个行业，软件产品是数据科学家的工具箱。得心应手地运用艺术工具使艺术作品的产生成为可能。本书将对软件做必要且有限的讨论，探讨现有软件工具的优劣，并通过具体案例加以说明。我会抽象但切合实际地讨论软件，让尽可能多的人理解，这种说明无论是否具有技术性，哪怕几年后已经迁移到更新的软件语言与产品中，也仍然会有价值。

1.5　需要明白统计学吗

与软件一样，专业统计学知识当然会有所帮助，但却并非必需。说到底，因为我是数学家兼统计学家，所以最有可能转向这些技术性特别强的领域。但是我比大多数人更不喜欢专业术语和假定的知识，所以本书会努力把统计概念解释得通俗易懂，希望足以让那些具有一般想象力和毅力的读者受益。在江郎才尽时，我会把读者引导到那些可以得到更透彻解释的地方。我一直主张使用网络搜索来寻找更多与你感兴趣的话题相关的信息，但在去统计学网页探秘之前，至少在某些情况下，还是先多看几页书较多。

同时，为了让你在概念上有所准备，可以把统计学看成是日常数据产生过程的理论体现。网站的匿名用户是个随机变量，其可能会根据自己的想法任意点击网站上的一些东西。社交媒体数据反映的是民众的关注点与想法。消费品的购买行为既取决于消费者的需求，也取决于商品市场的营销活动。无论如何，都必须研究无形的想法、需求和反应最终如何转化为能创造数据的可度量行动。统计学提供了研究框架。本书将在统计模型的复杂理论讨论上投入较少的精力，而把更多的时间用在形成数据生成过程的思维模式上，并讨论如何把这些思维模式转换成统计学的术语、等式，并在最终形成代码。

1.6　优先级：知识、技术、观点

本节的标题也是我的座右铭。我用它来帮助解决数据科学项目中各种因素所引发的无休止纠纷，例如软件与统计学、业务需求变更与项目计划、数据质量与结果准确性。在项目进展的过程中，每个因素都会推动或牵引其他的因素，只要关于其中两个因素的行动方案出现差异，我们将被迫做出选择。为此，我研发了一个简单的框架。

通常，任何项目在开始时都需要知识、技术和观点，这是将数据转化为答案的三要素。知识是知道的事实；技术是处理问题需要的一套工具；观点是那些想考虑但还不太清楚的事实。重要的是建立思考过程的层次，不要因为更容易、更受欢迎或因为有预感就避重就轻。

实践中，这种思考过程的层次如下：

- 知识第一——采取行动前，理解问题、数据、方法和目标，并在头脑中记住它们。
- 技术第二——软件是为你服务的工具，既可为你赋能也可以约束你。除非情况特殊，否则不应该主观认定它是解决问题的方法。
- 观点最后——意见、直觉和一厢情愿的想法不是任何项目的重点，而只能作为指导，只有经过验证才能够成为理论。

我不主张在每个决策中总是知识优先于技术，技术优先于观点，如果有很好的理由，则可以颠倒层次结构。例如，有大量数据和用来评估参数的统计模型时，就应该主动颠倒层次结构。此外，可以利用工具来加载数据并采用被称为最大似然估计（MLE）的方法来优化统计参数。数据和统计模型非常复杂，很可能会产生许多合理的参数值，因此用 MLE 来确定最可能引发不可预知结果的参数值。虽然可能存在功能更强大的替代方案，但目前还没有实现。为此，你有两个选择：

1）构建新的可以进行参数评估的更强大工具。

2）使用现有的工具去做 MLE。

如果有足够的时间和资源，知识告诉你应该选择 A，但是技术却指明该选择 B，因为 A 需要投入大量的资源。实际决定可能是选择 B，但这颠倒了层次结构。如前所述，你可以这样做，但一定是有很好的理由并经过深思熟虑。好的理由往往可以解释为什么投入在 A 和 B 上的时间和金钱存在差异，经过“深思熟虑”意味着不应轻易做出决定，也不该忘记层次结构。如果选择了 B，那么就应把牺牲质量所带来的后果与所节约的成本联系起来，而且应该在文档和技术报告中做好相应的记录。因此，要适当地加强质量控制，专门检查 MLE 优化误差及偏差测试的执行。如果做出决定而不复盘会导致平庸或误导。

观点带来更模糊的挑战。有时人们会被真正惊人的潜在结果所蒙蔽，忘记考虑如果这些结果在数据中无法显现会怎么样。在大数据的全盛时期，许多初创型的软件公司试图利用社交媒体，特别是推特（Twitter）及其数据接口，来推测各种商业市场的发展趋势，他们经常遇到比预期大得多的障碍。例如，计算和数据的规模，要分析仅有 140 个字符的自然语言，往往涉及依靠杂乱的数据来推断随机变量。只有那些顶尖的公司才能够从这些数据中提取有意义的重要知识并赚取利润。剩下的那些公司只能改弦易辙甚至彻底放弃。在某种程度上，这些初创型企业必须决定是否要投入更多的时间和金钱去追求基于希望而非现实的目标。我敢肯定，他们中有许多人在决定放弃时，后悔自己走了太远，花了太多钱。

人们常常被自己认为可能的事情蒙蔽了双眼，忘记去考虑不可能或者需要更多的投入时该怎么办。这些都是观点和猜测而不是知识，他们不应该在数据分析和产品研发中起主要作用。虽然目标不一定能够实现，但这是任何项目都需要的，所以当务之急不是把目标及其实现的可能性当成理所当然。应该首先考虑当前的知识，然后寻求不断扩大知识量，直到实现目标或被迫放弃。前面提到的实现目标可能性的不确定性在软件研发和数据科学的理念上存在着鲜明的差异。在数据科学中，不太可能实现原定的目标。在软件研发人员或菜鸟数据科学家的环境里，要特别警惕那些毫无证据地鼓吹目标能够 100% 实现的人。

记住：先是知识，再为技术，后是观点。这不是完美的框架，但我发现它很实用。

1.7　最佳实践

作为应用数学家、博士研究生、生物信息学软件工程师、数据科学家或其他身份，在多年的数据分析和代码编写过程中，我遇到过一些涉及项目管理不善的问题。有好多年，当没人接触或检查我的研究项目时，我经常不会完善代码文档说明，长此以往以至于我竟然忘记了应该如何去做。我也经常忘记哪个版本的结果是最新的。在离职时，几乎无人能接管我的项目。这些都是无心之举，主要是疏忽，但也源于对最佳实践的无知，即无论把项目材料和代码束之高阁还是转交给别人，都可以让其他人迅速上手。

在团队工作时，特别是那些有着经验丰富的软件研发人员的团队，通常会建立一套编写文档和保存项目材料及代码的最佳实践。每个成员一般都要遵守团队的策略，但是如果团队没有策略或者你自己独立工作，那么从长远来看，可以用些规避措施来让你数据科学家的生涯更加轻松。下面的小节介绍了我最喜欢的有助于保持项目有条不紊的几种方式。

1.7.1　文档

设想一下，如果你突然离开，某位同事在接管项目时会是怎么样的情景吗？那将是一次可怕的经历吗？如果回答是肯定的，那么请你帮助这些未来的同事和你自己维护好当下的文档。以下是一些小窍门：

- 为代码做注释，以便不熟悉这部分工作的同事可以理解这些代码的作用。
- 对已研发完成的软件，即使只是简单的脚本，也要写一段使用描述，然后把它与代码存放在一起（例如，保存在同一个文件夹里）。
- 确保包括文件、文件夹、文档等的名字意义明确。

1.7.2　代码库与版本管理

用来管理软件源代码的专业软件产品称为源代码库，它可以从不同的角度为你带来极大的帮助。

首先，大部分现代的代码库都基于版本管理系统，当然这非常好。版本管理系统可以追踪代码的变化，允许产生和比较不同版本的代码，总体来说，一旦习惯使用版本管理系统，你的代码编写和修改过程会更加快乐。代码库和版本管理系统的问题是需要花时间学习并将其融入日常工作。当然，所花费的时间是值得的。在编写代码时，bitbucket.org 和 github.com 提供免费的网上代码库服务，这两个网站既为公众也为私人提供服务，所以别不小心把自己的源代码公诸于世成为开源。Git 是目前最受欢迎的版本管理系统，与前面提到的两个代码库集成得非常好。可以在网页上找到教你上手的教程。

远程托管代码库近乎无法割舍的另外一个原因是，我发现它可以起到备份的作用。即使计算机不幸被参加沙漠越野赛的自动驾驶汽车撞碎（尽管对我来说这样的事尚未发生），代码也将会安然无恙。我已经养成了习惯，几乎每天都把最新的代码推送到远程的托管端，已经快变成类似标准数据备份服务那样的定时自动备份了。

有些代码托管服务提供了非常友好的网络界面，可以查找代码历史、不同版本、研发状态等信息，甚至变成团队在大型项目合作中的标准工具。对个人和小项目而言同样，它也很有帮助，特别是当你需要返回到某个旧项目，或者试图找出在过去的某个时间点做了哪些变更时非常有用。

最后，远程代码库支持用户从世界上任何地方通过互联网存取代码。计算机上不需要有相应的编辑器和环境就可以浏览代码。是的，在这些网络界面上，通常除了浏览外（可以做简单的改动），你无法做比较大的代码修改，最好的网络界面具有可以显示与特定编程语言相关的代码关键词标注，以及其他一些使代码浏览更加方便有效的功能。

下面是些关于代码库和版本管理的小窍门：

- 对大部分编程团队而言，采用远程源代码库已经是标准实践。
- 绝对值得花时间学习 Git 或者是另外一种版本管理系统。
- 定期把修改过的代码检入代码库，可以每天一次，也可以每完成一个特定任务就执行一次。把变更推送到远程代码库，在做好备份的同时与团队的其他成员共享。
- 假如改动可能会带来某些问题，那么应该在不影响到团队其他成员的地方下手，以避免影响到生产版本。例如，在 Git

上创建一个新的分支。

- 用版本、分支和分叉（互联网上有很多相关的教程），而不是从一个地方复制、粘贴到另一个地方，这会造成需要在不同的地方维护和修改多套代码。
- 大多数的软件团队都有 Git 高手。对于如何最好地利用 Git，你可以问下他们；现在下功夫学习，将来一定会有所回报。

1.7.3　代码组织

有许多关于良好代码实践的书籍，我不想在此复制或替代它们。但是有些指导原则是非常有用的，特别是当你试图共享或者重用代码的时候。有经验的程序员对此可能很熟悉，但对许多不需要代码共享的人，特别是那些在学术机构和其他环境工作的人而言，对此并不熟悉更别提坚持使用它们了。以下是一些指南：

- 尽可能使用某种编程语言常用的编码规则。例如 Python、R 和 Java，其在研发人员组织代码的方式上存在差异。任何常用的编程语言资源都包含了为各自编程规则服务的用例和指南。
- 为变量和其他对象使用有意义的名称，这将使代码更易被新合作者和未来的自己理解。
- 多使用有意义的注释，原因如前所述。
- 不要复制和粘贴。同一段代码分别出现在两个不同的地方，在修改时意味着工作量加倍。采用函数、方法、对象或者库的方式把这样的代码封装起来，那么后续的改动只会在一个地方发生。

- 尝试把特定的功能写在同一段代码中。对脚本而言，这意味着注释良好的代码段（也可以放在不同的文件或库中），每段完成一个特定的功能。对应用而言，这意味着使用相对简单的函数、对象和方法，并且各自保持独立。有个很好的通用规则是，当无法为代码段、函数、方法取恰当的名字，即无法从总体上描述该段代码所要完成的任务时，就应该把这段代码分成更小的代码段。
- 不要在未成熟时进行优化，这是程序员的通病。确保代码的逻辑性和一致性，只有发现所实现的代码效率不高时，才需要通过减少计算和内存量来优化。
- 假装有人会在某个时间点加入项目。自问："他们能读懂代码，知道我想做什么吗？"如果答案是不，那么花些时间组织代码，并尽快增加各种注释。

1.7.4 提出问题

这听起来是显而易见或者微不足道的事，但它却非常重要，以至于我不得不把它放在这里。前面曾经提过，意识是数据科学家最重要的能力之一；与此类似，不愿意通过各种方式提高意识能力可能是数据科学家最大的弱点。你可能对内向的学究留给人们羞于求助的印象很熟悉，但是对拥有博士学位无所不知的数据科学家而言，你是否听说过他们太过骄傲以至于不承认自己对某些事情不了解呢？当然有这种情况。对于数据科学家来说，骄傲也许是比羞怯更大的陷阱，但是要同时关注这两者。

软件工程师、业务策略人员、销售人员、市场营销人员、研究人员和其他科学家对他们自己的领域或项目的了解都比你更深，如果因为羞怯、骄傲或者其他原因而忽略其所拥有的丰富知识将是一种耻辱。在企业环境中，几乎每个人的角色都不同，这为你提供了充分了解公司和行业的机会。这就是我在前面曾经提到过的专长或领域知识。在我的经验中，非技术专业的业务人员有把数据科学家当成聪明人的倾向，但是别忘了那些业务人员对项目目标和业务问题的了解比数据科学家清楚得多，这两个方面极为重要。永远都不要犹豫去和那些了解你手头项目和待解决问题的业务人员进行深入探讨。我经常发现这种交流会使我以新的方式来了解项目，有时带来策略上的改变，但是无论如何总会增加项目成功完成所必需的专业知识。

1.7.5　紧靠数据

“紧靠数据”意味着确保应用在数据上的方法和算法不要过多，以免模糊焦点。另外一种解释是：“所采用的方法不要过于复杂，对犯错误的可能性保持清醒的认识。”

许多人会对该建议提出异议，我同意这些批评者的观点，许多复杂的方法证明了它们的价值。机器学习领域是这种方法来源的最好例证。在复杂方法（有些例子是黑盒方法）带来相当大好处的案例中，紧靠数据的概念可能意味着适应性：确保复杂方法的某些结果可以通过靠近数据的简单方法进行验证、评审或支持。这可能包括华而不实的抽查，可以随机地抽取一些结果，提取与这些结果相关的原始数据，使用逻辑或简单的统计方法来确保结果有内在规律。与数据的距离太远甚至超出了安全线可能会带来麻烦，因为这些问题是最难诊断的。贯穿本书，在每个案例中，我都会回到这个概念上并更有针对性地进行讨论。

1.8　阅读本书：我怎么讨论概念

与已经了解相比，当你开始去了解它们时，复杂的概念显得特别复杂，这是我在反复实践中总结出来的经验。不仅是因为一旦开始了解所有的概念后，看起来没那么复杂，而是通常人们在解释或者描写概念时，自己陶醉在复杂性中，而且经常对不了解这个概念的人缺乏耐心与同情心。例如，大多数统计学教授很难向门外汉解释简单的统计检验。我发现缺乏用简单的语言来解释概念的能力是个普遍现象。部分原因是大多数人喜欢用晦涩难懂的术语来证明自己知识渊博。也许这是人类劣根性。但是从中我学会了在开始学习新的、复杂的概念时，可以先忽略自己的挫败感，在过程中不纠结于某一点，直到完成对整个概念的了解。

贯穿本书，我试图在深入讨论之前，用简单的术语来解释新概念。这是我偏爱的学习方法和解释方式。尽管如此，你可能还会在某些时候被卡住。我建议你暂时把挫败感放在一边，坚持读到那一章的结尾，然后再从整体上回顾这个概念。在那个时候，如果还不明白，或许重新阅读相关的段落会有所帮助，如果仍然无法理解，那么可以直接从其他的资源中寻求解释。在整个过程中我都会使用概念，目的是先聚焦整体，然后再看部分。预先了解这些对阅读本书会有所帮助。

在后续章节开始深入讨论数据科学的实际过程之前，我想说明本书的目标读者不是数据科学、软件和统计学专业的专家。如果你不是初学者，会发现有些章节的内容你已经学习过。我想要说明的是，本书的每个章节都围绕主题提供了有用的甚至全新的视角，即使对专家而言，也会开卷有益。但如果时间紧迫，则可以跳过一些章节直接阅读对你更有用的部分。另外，我不建议大家在第一次阅读本书时，跳过某一章。因为每章都描述了数据科学过程的一个步骤，跳过某一章会打断过程的连续性。与其跳过某一章，不如至少读一下该章的开头和结尾，然后对每节一目十行地快速浏览，以便掌握与后续章节相关联的重要内容。

最后想声明一点，在本书中我引用了很多自己实践中的具体实例。有几个是早期、成熟的生物信息学的数据科学项目，因此有时会讨论到基因学、RNA 和其他生物学的概念。这对某些人来说可能难于理解。但没必要为此去了解生物学，只要你能够理解与数据关联的部分就可以了，例如，项目的目标、数据来源和统计分析。对其他领域的例子也是如此，但我特别依赖生物信息学，因为我还牢记着在数据科学早期生涯中所遇到的各种挑战。此外，我不会因为使用特别专业的案例而感到羞怯，因为对数据科学家来说，学习一个新领域的基本知识，并试图把经验和知识应用到该领域是好的做法。然而，我确实希望以人人都能明白的方式展示所有案例。

小结

- 意识或许是数据科学家最重要的能力，特别是在面对不确定性的时候。

- 处理不确定性是数据科学家与软件研发人员的本质区别。
- 可以用我总结出来的辅助框架来为限制和需求确定优先级并进行折衷。
- 采用我所建议的最佳实践会使你在将来避免各种头痛问题。
- 我是一位概念学习者，也是一位喜欢在深入具体案例前抽象地讨论问题的教师，请在阅读本书的过程中牢记这一点。

第 2 章　通过好的提问设置目标

本章内容：

- 站在客户的立场上考虑问题
- 提出具体有用的数据问题
- 在回答这些问题时，了解数据的长处和短处
- 把问题和答案与项目目标关联起来
- 基于理想目标反推计划，而不是基于数据和软件前推

图 2-1 显示了我们在数据科学过程中所处的位置：准备阶段的第一步是设定目标。和许多其他领域一样，在数据科学中，应该在项目开始的时候设定主要目标。目标设定后你所做的所有工作就是利用数据、统计学和编程来向前推动并实现目标。本章强调这个初始阶段的重要性，同时也给出了如何以有效的方式确定和陈述目标。

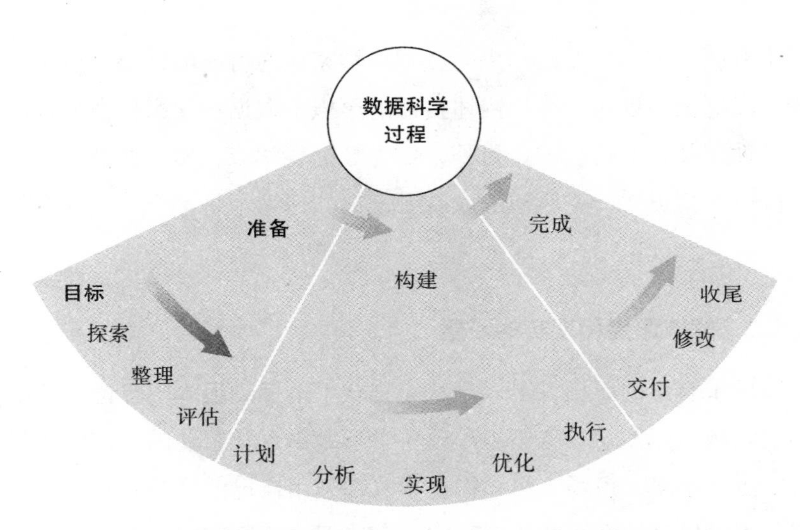

图 2-1　数据科学过程准备阶段的第一步：设定目标

2.1　聆听客户

每个数据科学项目都有客户。有些是有偿的，例如通过委托或外包机构完成的项目。在学术界，客户可以是实验室的科学家，请你分析他们的数据。而有时，客户是自己、老板或者其他的同事。不论客户是谁，他们都会对可能从你这个数据科学家那里获得怎样的结果有所期望。这些期望经常与下面这些因素相关：

- 问题需要的答案，或者解决问题需要的方案。
- 最终的有形产品，例如报告、软件应用。
- 对之前研究或者相关项目和产品的总结。

期望可以来自于任何地方。有些是希望和梦想，有些则来自于类似项目的经验或知识。但是，一般对期望的讨论最后都会聚焦在两个方面：客户想要的结果与数据科学家认为可能的结果。这可以描述成愿望和现实，客户描述自己的愿望，数据科学家根据显性的可行性来决定是否批准。另外，作为数据科学家，如果你把自己想象成一个精灵，一个愿望的成就者，那么你绝不是唯一一个这么想的人。

2.1.1　解决愿望和现实的矛盾

关于客户的愿望，可以是从完全合乎情理到根本不靠谱，这都不是问题。许多的业务拓展和硬科学都是由直觉驱动的。首席执行官、生物学家、市场人员和物理学家都想用自己的经验和知识来研究关于世界是如何运转的。其中，有些理论有坚实的数据和分析作为支持，其他的则来源于直觉，即一个人在其领域内长期深入工作所形成的概念框架。在许多领域和数据科学之间存在着值得注意的差别，如果客户有一个愿望，即使是经验丰富的数据科学家可能也无法判断是否可以实现这个愿望。软件工程师通常知道软件工具能完成什么任务，生物学家多多少少会知道实验室能做什么，而数据科学家在没有看到或者接触到相关的数据之前，面临着大量的不确定性，主要是关于具体哪些数据可用，能够提供多少证据来回答所提出的问题等。我想再强调一次，不确定性是数据科学过程中的一个重要因素，数据科学家应当在和客户讨论他们的愿望时，要时刻牢记这些不确定性。

例如，在与生物学家一起进行基因表达数据分析工作的岁月里，针对DNA如何翻译成RNA，以及RNA如何在细胞里漂浮并与其他分子相互作用，我开始形成自己的概念思想。我是一个形象思维的人，所以我脑海中经常会出现一幅图画，RNA 链包含了成百上千的核苷酸，每个核苷酸上都标示着代表碱基化合物的四个字母之一（A、C、G 或 T；为了方便，用 T 换掉了 U），整个链看上去长且灵活，形成了一句只有细胞里才可以理解的话。由于 RNA 及其核苷酸的化学性质造成互补序列可以相互结合；A 喜欢和 T 结合，而 C 喜欢和 G 结合。当两条 RNA 链含有接近互补序列的时候，它们可能会很好地结合在一起。如果 RNA 的单链足够灵活并且包含互补的序列，那么单链 RNA 也可以折叠并自我结合。我曾多次用这个概念框架来猜测当一堆 RNA 在细胞中浮动时可能会发生什么类型的事件。

当开始进行 microRNA 数据方面的工作时，我的理解是 microRNA 短序列由约 20 个核苷酸组成，可能会与负责遗传的 mRNA 序列的一段相结合（RNA 可以直接从某个特定基因对应的 DNA 链上翻译出来），抑制其他分子与该基因的 mRNA 相互作用，并可以有效地使该基因序列不发挥作用。从概念意义上看，一小段 RNA 可以粘附到遗传 RNA 的一部分上并最终阻止其他分子粘附到同一部分。这个概念得到了发表在科学期刊上的学术论文的支持，显示如果具有互补序列，那么 microRNA 可以抑制基因 mRNA 的表达或作用。

一位共事的生物学教授有更加细致的概念框架，描述了他是如何看待基因、microRNA 和 mRNA 系统的。特别是该教授已经致力于生物学的肌肉小鼠研究长达数十年，可以列出大量值得关注的基因及其功能，与其相关联的基因、物理系统，以及如果有人开始做去除这些基因的试验，会对其特性所产生的可度量影响。关于肌肉小鼠的遗传，因为教授知道得远比我所知道的要多，他不可能将其所有的知识与我们分享，在我们花费太多时间于项目工作的任何方面之前讨论好目标和预期非常重要。如果没有教授的输入，我不得不猜测与生物相关的目标到底是什么。如果我错了，所付出的努力很可能会付之东流。例如，某些特定的 microRNA 已经得到了很好的研究，并且在细胞内可以完成基本功能。如果该项目的目标之一是通过小规模的研究发现 microRNA 的新功能，那么我们可能希望从分析中排除前面提到的那些 microRNA 家族。如果不排除，那么它们很可能会为细胞内基因之间已经非常嘈杂的对话增加噪音。这仅仅是许多教授知道而我不了解的重要事情中的一例，在开始项目之前，对目标、期望和注意事项进行彻底认真的讨论是非常必要的。

从某种意义上说，通常只有当客户对结果满意，才能认为项目成功。但该结论也有例外，无论如何，在数据科学项目开展的每一步中都要牢记期望和目标，这一点非常重要。不幸的是，根据我自己的经验，在项目刚开始的时候，期望通常不太清楚或者没那么明显，或者不太容易阐述。我已经找到了一些解决办法，可以帮助我们找出合理的目标并指导我们走过数据科学项目的每一步。

2.1.2　客户可能不是数据科学家

关于顾客期望的一个有趣事情是客户可能不太胜任。通常这并不总是客户的错误，因为数据科学所解决的问题在本质上非常复杂，如果客户对自己的问题完全了解，那么他们可能根本就不需要数据科学家的帮助。这就是为什么在他们的语言或理解不清楚的情况下，我总是谅解他们，把设定期望和目标当成是双方的联合过程，类似于解决冲突或调节关系。

数据科学家和客户在成功完成项目方面具有共同的利益，但两者可能有不同的具体动机、不同的技能、最重要的是不同的观点。即使是客户，你也可以认为自己有两个角色，作为数据科学家专注于获得结果，作为客户专注于使用这些结果做一些真实或在项目之外的业务。这样一来，数据科学中的项目从寻找两个人物、两个观点之间的共识开始，如果他们之间没有冲突，至少可以说两者之间存在着不同。

严格地说，虽然你和客户之间没有冲突，有时似乎两者在混乱中不断地向一系列的目标迈进，这些目标对数据科学家而言是可以实现的，对客户而言是有所帮助的。而且，在冲突解决和关系磨合的过程中会涉及情感。这些情感可以是个人经验、偏好或意见驱动的思想，对另一方可能没有任何意义。多些耐心和理解，少些主观判断，对双方，更重要的是对项目极为有益。

2.1.3　提出具体问题来发现事实，而不是意见

当客户对你要调查的系统描述其理论或假设时，几乎可以肯定该表达混合了事实和观点，然而区分两者非常重要。例如，在小鼠癌症发展研究中，生物学教授告诉我："众所周知，癌症与基因相关，本研究只关注那些基因和抑制它们的 microRNA。"有人会信以为真，根据这句话的字面意思去分析那些只与癌症相关的基因数据，但这可能是个错误，因为这句话有一些模糊的地方。主要的问题是，目前还不清楚是否其他非癌症相关的基因可以在由实验所引

发的复杂反应中起到辅助作用，或者癌症相关基因的表达完全独立于其他基因这个事实是否是众所周知而且经过证明的。在前者的情况下，忽略非癌症相关基因的数据不是个好主意，而在后者的情况下，它却可能是个好主意。在没有解决这个问题之前，目前还不清楚哪个是合适的选择。因此，提出问题很重要。

以客户容易理解的方式陈述问题也很重要。例如："我应该忽略非癌症相关基因的数据吗？"在这个特定的案例中，这是一个关于数据科学实践的问题，它属于你的专业，而不是生物学家的领域。你应该提出类似这样的问题："你是否有任何证据表明癌症相关基因的表达是独立于其他基因的？"这是个生物学的问题，希望生物学教授能够理解。

区分他的回答中哪些是他想的和哪些是他知道的很重要。如果教授仅仅认为这些基因的表达是独立于其他的基因，那么在整个项目过程中就一定要把这个情况牢记于心，但不应该据此做出任何重要的决定，例如忽略某些数据。另一方面，如果教授可以引用科学研究的结果来支持自己的主张，那么最好基于事实来做决定。

在任何项目中，作为数据科学家，你既是统计学家也是软件工具专家，但与主题相关的专家往往是其他人，如生物学教授。在向该问题专家学习的过程中，你应该提出会给你带来一些直觉的问题，例如，所调查系统的工作原理是怎么样的？以及试图把事实从意见和直觉中分割开来的问题。基于事实做实际的决定是个好主意，但基于意见做决策可能就有危险。有句格言："信任但须确认"，用在这里是再恰当不过的。我可能忽略了数据集里的任何基因，因此，很有可能错过了癌症实验中各种类型 RNA 之间复杂的相互作用中的关键因素。事实证明，在遗传水平和医学上癌症是一个非常复杂的疾病。

2.1.4 建议可交付物：猜测和检查

客户可能不了解数据科学以及用途。但可以这样问他们："你想在最后的报告中呈现什么？"或者"这个分析应用应该做些什么事？"这些问题很容易得到答案，例如："我不知道"，甚至更糟的，一个毫无意义的建议。数据科学不是他们的专业领域，他们可能没有充分认识到软件和数据的可能性及局限性。通常最好在最终产品出来前给出一系列的建议，然后注意观察客户的反应。

我最喜欢问客户的问题是："能否在最终报告中给我举一个你可能喜欢看到的例句？"可能会得到的反馈诸如："我想看到的结论类似'microRNA 基因 X 似乎对基因 Y 有明显的抑制作用'"，或者"在所有测试样本中，基因 Y 和基因 Z 的表达似乎处在同一水平。"像这样的回答为构思最终产品打下了很好的基础。如果客户可以给出这样像种子一样的启发想法，你可以据此扩大并提出最终产品的建议。之后你可能还会问到："如果我把在特定的 microRNA 和负责遗传的 mRNA 之间最强的相互作用列在一个表中，你觉得怎么样？"客户也许会说这个很有价值，也许会说没什么用。

然而，最有可能的是客户的陈述不太清楚，如："我想知道在癌症发展中哪些 microRNA 比较重要"。如果要成功地完成项目，就需要对此澄清。从生物学意义上"重要"意味着什么？这种重要性如何体现在可用的数据上？在项目开始之前，找到这些问题的答案至关重要。如果不知道 microRNA 的重要性如何体现在数据中，那又怎么去发现它呢？

我和很多人都犯过混淆相关性与重要性的错误。有人混淆关联性与因果关系；这里有个例子：在交通事故中，骑自行车戴头盔的比不戴头盔的人比例高。看上去好像很容易得出头盔引起事故的结论，但是这是荒谬的。头盔与事故的关联性既不能说明头盔引发事故，也不能直接得出事故造成大家戴头盔的结论。事实上，骑自行车的人在繁忙而且危险的道路上骑行时更可能带着头盔，也更可能涉及交通事故。在危险的道路上骑行与两者均相关。尽管在头盔和事故之间存在着关联性，但是两者没有直接的因果关系。反过来，因果关系只是相关性显著的一个例子。如果在研究头盔使用率与事故发生率之间的关系，那么这种相关性即使并不意味着因果关系，也可能是显著的。我想要强调的是显著，采用这个术语是由项目的目标所决定的。头盔—事故相关性方面的知识可能会使我们把每条道路的交通流量和危险性作为项目的一部分来思考和建模。相关不能保证显著。我相当肯定在晴朗的日子里有更多的自行车事故发生，但这是因为在阳光明媚的日子里路上骑自行车的人更多，而绝非因为任何其他重要的关联因素（除非下雨）。我尚且不清楚如何利用这些信息来实现目标，所以也不会花太多的时间去探索它。在这种特殊情况下，相关性似乎没有任何意义。

在基因 /RNA 表达实验中，仅在 10 到 20 个生物样本中测量数以千计的 RNA 序列。这样的分析变量（每个 RNA 序列或者基因的表达水平）比数据点（样本）还要多，被称为高维度或待确定，因为有这么多的变量，其中有些关联具有偶然性，说他们之间存在着真实的生物学意义上的关联性是错误的。如果向生物学教授展示一系列很强的相关性，他立刻会发现报告中的一些相关性并不重要，或者更糟的是与已得出的研究结论相反，你必须要回去做更多的分析。

2.1.5　根据知识而不是愿望来迭代

根据所掌握的专业知识来区分事实和观点很重要，避免过度乐观无视困难和障碍也同样重要。长期以来，我一直认为优秀的数据科学家拥有一个非常宝贵的技能，那就是预见潜在困难并为项目留下一条后路的能力。

关于今天的软件行业，在研发过程中对分析能力提出要求是很常见的。我了解这是在竞争激烈的行业中（特别是初创企业）获得成功的一种推销策略。当我在一家创业公司工作的时候，当同事积极推销一款分析软件时，我总是感到紧张，虽然我认为自己可以构建同样的软件，但因为数据的限制，我并不能 100% 确定项目会完全按照计划进行。当对一个假设产品做出大胆陈述时，我试图尽可能把它们控制在那些几乎可以肯定我能做的范围内。在不能做的情况下，尝试做好不涉及原计划中最棘手部分的备份计划。

想象你要研发一个概述新闻稿件的应用。这需要创建可以分析文章中的句子和段落并提取主要思想的算法。写个算法来做到这一点是可能的，但并不清楚效果如何。在某种程度上对大多数文稿的概述可能是成功的，但 51% 和 99% 的成功率区别很大，至少在完成第一个版本之前你并不知道特定算法是否落在该范围内。盲目销售和疯狂研发算法似乎是最好的主意；努力工作会有回报，或许是吧。这个任务非常困难，尽管尽力而为是完全可能做到的，但是其成功率永远不会超过 75%，从业务角度来看这是不够的。那怎么办？放弃尝试结束项目？只有在这次失败之后，你才开始寻找替代方案？

好的数据科学家在项目开始之前就知道任务很难。句子和段落很复杂，随机变量似乎往往是被专门设计好来挫败任何要处理它们的算法的。我总是在失败时回归本源。自问：要解决什么问题？超越文章概述的最终目标是什么？

如果目标是构建让新闻阅读更有效率的产品，也许还有另一种方法来解决读者新闻阅读效率低下的问题。也许把类似的文章集合起来并把它们呈现给读者会更容易一些。也许可以通过更加友好的设计或社交媒体的整合来设计更好的新闻阅读器。

没有人想宣布失败，但数据科学是一项冒险的工作，假装失败永远不会发生本身就是一种失败。总是有多种方法来解决这个问题，制定一个计划承认障碍和失败的可能性，即使无法实现主要的目标，也可以让你在前进的道路上从小的成功获得价值。

一个更大的错误是忽略失败的可能性、测试的必要性和对应用性能的评估。如果你认为产品近乎完美而实际上并非如此，那么把产品交付给客户将可能是个巨大的错误。如果开始销售未经测试的新闻文章概述应用之后不久，用户开始抱怨概述的结果是完全错误的，你能想象结果会是怎么样吗？不仅应用会失败，而且你和你的公司可能会因为软件不好而声名狼藉。

2.2　提出关于数据的好问题

乍一看，前面好像已经包括了这一部分，我甚至提过客户可能会问的一些好问题。但在本节，我将通过提问来调查关于客户的知识和数据的能力。数据集将会告诉我们不要超过所要求的，即使如此，数据可能无法回答该问题。这里有两个最危险的陷阱：

- 期待数据能够回答它无法回答的问题。
- 提出数据无法解决的原始问题。

提出有助于提供有益答案和随后改进成果的问题是一个重要和微妙的挑战，值得进行更多的讨论。前面几节中提到过好的或至少有价值的问题案例，即使适用于许多类型的项目，但其措辞和范围有一定的针对性。在以下小节中，我试图定义和描述一个好的问题，目的是提供一种为任何项目产生好问题的框架或思考过程。希望你会明白如何去会问自己一些问题，以获得一些你要问的关于数据的有用的好问题。

2.2.1　好问题的假设是具体的

没有什么问题是比建立在错误假设基础上的问题更令人难以回答的，基于不清晰的假设提出的问题次之。问题都有假设，但是如果假设站不住脚，就会成为项目的灾难。检查问题所依赖的假设并判断这些假设是否靠得住非常重要。为了弄清楚假设的安全性，我们需要确保该假设是具体的、定义清楚的并且可验证的。

我曾在对冲基金工作过一段时间。与任何对冲基金一样，定量研究部的主要目标是找到可以赚钱的金融市场模式。我所研究的交易算法的关键是选择模型的方法。对数学建模而言叫选择模型，对购物来说叫试穿裤子，我们做出许多尝试并对其进行判断，然后从中选择一个或几个似乎合适的出来并希望它们在未来能为我们提供服务。

在这个对冲基金工作了几个月以后，公司录用了另外一位刚从研究生院毕业的数学家。她立即开始算法模型的选择工作。有一天我们一起步行去吃午餐，她告诉我大宗商品市场的一些数学模型已经开始与长期的平均成功率产生了很大的偏离。例如，假设模型 A 正确地预测了原油的每日价格在过去的三年中是否上涨或下降了 55%，但在过去四个星期里，模型 A 只有 32% 的正确率。她告诉我，由于模型 A 的成功率低于其长期平均水平，所以在未来数周内模型 A 预测的成功率必然会回升，我们应该赌一把。

坦白地说，我对她颇感失望，但她的错误很容易犯。当某个数值偏离了自己的正常轨道后，在这里指的是模型 A 的成功率，通常会返回其长期均值，这被称为均值回归，现实生活中有许多这样的系统，这是个著名的有争议的假设，更不用提最为重要的全球金融市场。

世界上有不尽其数的系统不遵守均值回归。抛一枚标准的硬币也是其中一例。假设你抛一枚硬币 100 次，只看到了 32 次头像，你认为再抛 100 次将会看到超过 50 次的头像吗？我不这么认为，不信可以赌一把。抛硬币是个独立事件，其历史不会影响到未来，大宗商品市场总体上亦是如此。诚然，许多基金在金融市场找到了可利用的模式，但这些都是例外而非规则。

均值回归是基于错误假设提出问题的很好案例。在这种情况下，我的同事问："模型 A 的成功率会回归到它长期的平均水平吗？"基于均值回归的假设，答案是肯定的。均值回归意味着模型 A 将更加准确，特别是当它经历了近期的一连串错误时。但是，如果不假设均值回归，那么答案将是："我不知道。"

假设总是存在，认可假设极其重要，确保其真实亦是如此，如果假设是不真实的情况下，至少要确保结果不会遭到完全破坏。但此话说起来容易做起来难，要做到这一点，一个方法就是将分析和结论之间的推理分解成具体的逻辑步骤，并确保所有的空当都被填满。以我之前同事的案例来说，推理的最初步骤是：

1. 模型 A 的成功率近期相对较低。

2. 因此，模型 A 的成功率在不远的未来将会相对较高。

数据告诉你 1，而 2 是你得出的结论。这里少了个逻辑步骤，如果这一点并不明显，你可以用任意上下变动的数量 X 取代模型 A 的成功率，这样就很容易看出来：

1. X 最近下降。

2. 因此，X 不久会上升。

考虑 X 可以代表的所有东西：股票价格、降雨量、成绩、账户余额。有多少个会按照前面的逻辑变化？缺少一个步骤吗？我会说缺了一步。逻辑应该像下面这样：

1. X 最近一直下降。

2. 因为 X 总是用某个数量 V 来纠正自己。

3. X 将会上升向 V 靠近。

如前，注意到数据告诉了你 1，你希望能够得出结论 3，但是 3 依靠 2 的正确性。那么 2 正确吗？要考虑 X 可以代表的所有事务。对账户余额或者降雨量而言，2 当然错误，所以并不是一直正确。必须要对正在检验的特定数量的正确性提出质疑：你是否有任何理由相信在任意时间段，模型 A 预测结果的正确性应该是 55%？在这种情况下，你所拥有的关于模型 A 预测结果的正确性是 55% 的唯一证据是：历史上模型 A 预测结果的正确率曾经达到 55%。这有些像循环推理，缺乏真正的证据来判断假设的真伪。平均回归不能被当成是真理，并且在不久的将来，模型 A 预测结果的正确率是 55% 的结论没有道理。

作为数学家，我所受的训练让我把所有的分析、论据和结论分开成独立的逻辑步骤，在现实生活中，通过数据科学来得出和证明现实生活的结论和预测，该经验经过实践证明价值巨大。形式推理可能是我在大学数学课程中学到的最有价值的技能。我再次强调，关于推理的一个重要的事实是，错误或不清楚的假设使你开启了一个值得怀疑的旅程，你应该尽力避免依靠这种错误的假设。

2.2.2　好答案：成功可度量且无太多代价

把焦点转移到好问题的答案上，也许可以更好地解释好问题具体包括些什么，并有助于确定答案是否充分。一个好问题的答案应以某种方式适当地改善项目的情况。关键是应该提出问题，无论答案如何，让你更接近实际结果，从而使工作更容易一些。

你怎么知道回答一个问题会让你更接近有用的实际结果呢？让我们做个回顾：数据科学家最有价值的特征之一是对可能发生事情的意识以及为此做好准备的能力。如果能想象到所有（至少大多数）可能的结果，那么就可以理解其逻辑结论。如果知道了逻辑结论，则可以从新结果中推断出额外的知识，那么就可以弄清楚其是否有助于完成项目目标。

可以有多种可能的结果，其中有用的可能很多。虽然这不是详尽的清单，但是如果你通过问答引出正面或负面的结果，消除可能的路径或结论，或增加对态势的感知，那么至少可以让你更接近项目目标。

正面和负面的结果都有所帮助。我把正面结果定义为：那些可以确认当初提问时怀疑或希望的事情。这些很明显都是有帮助的，因为它们符合项目的思维过程，让你直接向目标前进。如果目标尚未实现的正面结果能够得到确认，可以给客户带来一些切实的好处。

负面结果也是有帮助的，因为他们会确定你认为可能真实的东西事实上是错误的。这些结果通常使人感到挫折，但实际上，他们是所有可能的结果中最翔实的。如果你发现太阳明天不会升起，尽管所有的历史证据都是相反的，这是一个极端的例子，但是你能想象到当它被证实为真时的情形吗？那将会改变一切，你很可能是极少数知道它的人，因为它与直觉如此相反。因此，负面的结果可能是最有帮助的，虽然在新信息的基础上经常会要求你调整目标。至少，负面的结果迫使你对项目重新思考以便作出解释，这一过程会为项目带来更明智的选择和更现实的路径。

正如第 1 章所述，数据科学充满了不确定性。总会有许多通往成功的路径，也总会有许多通往失败的路径，甚至更多通往介于成功与失败之间的灰色地带的路径。完全不可能的证据，或者要彻底消除的那些可能的路径或结论，会对预示和聚焦项目的下一步有所帮助。要消除一条路径或者认定一条路径不可能有许多办法，其中可能包括以下几个：

- 新的信息证明该路径不太可能。
- 新的信息证明其他的路径不太可能。
- 技术挑战使探索某些路径变得非常困难或者不可能。

如果消除一条路径似乎起不到作用，那么或许这可能是一条已经成功的路径，记住无论如何，情况已经变得更加简单，这可能是好迹象。或者抓住机会重新思考路径以及你对项目的认识，也许有更多的数据、更多的资源或其他你还没有想到的东西，可能会帮助你获得面对挑战的新视角。

在数据科学中，加强对周边态势的感知总是有好处的。你不知道的事情可能会伤害到你，因为未知的数量会潜入项目的某个方面，并破坏项目的结果。好的问题有助于了解系统是如何工作的，或周围发生的事件对数据集有什么影响。如果你发现自己有些时候在说："我不确定是否知道……"，或者同事做了同样的事情，要自问这种想法是否涉及帮助你获得一些项目背景的问题，如果不是，那就要回答一些更大、更直接的问题了。这样的内省，给经常模糊的寻找结果的任务带来了一定的形式和步骤。

2.3　用数据回答问题

好的问题需要好的答案。毕竟提供问题的解决方案是整个项目的目标。数据科学项目中得到的答案，通常看起来更像公式或配方，如图 2-2 所示。虽然有时候好的问题、相关的数据或有见地的分析等配方中的某个成分比其他的更容易获取，但是所有这些都是得到有用答案的关键因素。此外，不应该忽略我特意选择的四组形容词：好的、相关的、有见地的以及有用的（描写结果），如果缺少它们，公式可能无法发挥作用。任何旧的问题、数据和分析组合的结果并不总是答案，更不用说是有用的了。值得反复强调的是项目的每一步都需要再三斟酌，包括公式中的每个元素。例如，如果你有个好问题，而数据不相关，那么将很难找到答案。

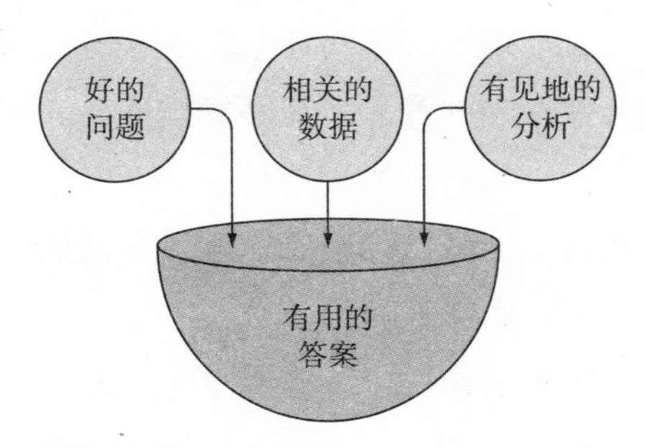

图 2-2　数据科学项目中有用答案的配方

2.3.1　数据相关而且足够吗

判断数据是否相关并不总是那么容易。例如，假设你正在做啤酒推荐算法的模型。用户选择他们喜欢的某几种啤酒，该算法将据此向用户推荐他们可能喜欢的其他啤酒。你的假设是喝啤酒的人通常喜欢某些类型的啤酒，而不是其他类型的，所以他们的最爱往往会聚集在他们最喜欢啤酒的类型。这是个很好的问题：喝啤酒的人明显更偏好某些类型的啤酒吗？您可以访问一个受欢迎的啤酒评级网站来读取数据，这些数据来自于成千上万的网站用户对啤酒所做的从一至五的星级评级。你想用这些数据来检验假设，这些数据是否相关呢？

你很快就意识到 CSV 文件格式的数据集只包含了三列：user_name，beer_name，以及 rating（见鬼！没有啤酒类型）。原来看上去非常相关的数据集，现在看来似乎对这个特定问题不太适合。当然，对于啤酒类型问题，你需要知道每种啤酒属于什么类型。为此，你必须找到能够匹配啤酒及其类型的数据集，或者根据已有的啤酒名称来尝试推断啤酒的类型。

无论哪种方式，很明显，乍看起来似乎完全能够回答这个问题的数据集却需要一些额外的资源才能够发挥作用。在花费时间和金钱之前，具有一定远见和意识的数据科学家可以预见这些问题。第一步是详细说明数据如何帮助你回答问题。在调查啤酒类型之间的关系时，这样的声明可能还不够：

> 为了确定喝啤酒的人对某些类型啤酒的喜欢程度是否明显高过其他的类型，我们需要的数据包括啤酒名称、啤酒类型、用户名以及他们对啤酒的个人评级。有了这些数据，我们就可以进行统计检验，如方差分析（ANOVA），即以啤酒类型为变量检查啤酒类型是否对个人用户的评级有显著影响。

暂时先不管统计检验的描述缺乏具体细节的问题（会在后面的章节中解决），这里有个基本提纲，列出了需要做什么才能以你认为可用的数据来回答问题。可能还有其他同样能够满足目的、甚至更好的提纲，但好提纲会说明需要什么样的数据，以及如何使用这些数据回答问题。通过说明数据集应该具有的特定属性，任何人都可以快速检查数据集能否满足要求。

像许多人一样，我偶尔也基于自己觉得有，而非实际上有的数据开始构建算法。当我意识到自己的错误时，已经浪费了一些时间（谢天谢地没有多少）编写毫无价值的代码。通过编制如何使用数据来回答问题的简短大纲，你可以在开始编码之前很容易地进行检查，以确保正在考虑使用的数据集包含了需求所列出的全部信息。如果数据集中缺少某个重要的信息，那么可以调整计划，要么在别处找到缺失的部分，要么设计另一个不需要该数据的计划或大纲。在数据科学项目这一阶段的规划可以节省大量的时间和精力。如果在项目后期不得不对代码进行大量修改或将其全部推倒重来，这通常不是有效地利用时间。

在下面的小节中，我列出了一些可以用来制订靠谱而且详细计划的步骤，以便查找和使用数据来回答特定的问题。我将在以后的章节中详细讨论如何收集和使用数据，但在这里，我想介绍一下在整个项目过程中需要注意并牢记的基本思路。你通常有很多选择，如果这些选择后来变得低效或完全错误，那么其会帮助你为当时应该选而未选的其他选择留下记录。

2.3.2　以前有人做过吗

制定计划的第一步应该是：搜索互联网查找微博博文，科学文献，开源项目，以及从大学或其他渠道找到的与即将开工的项目相关的研究报告。如果有其他人做了类似的事情，你可能会对尚未遇到的挑战和功能有很好的洞察力。再强调一遍，意识是非常有帮助的。

在你的项目中，可能会遇到别人在做类似项目时所遇到的类似问题和类似解决方案，所以最好尽可能多地了解应该注意的内容以及相关处理的办法。

一个小研究有时候会使你看到未曾见过的有用的数据集，未曾考虑过的分析方法，最重要的是可以在自己的项目中使用的结果或结论。假设分析是严谨的（最好自己验证），别人可能已经为你做了很多的工作。

2.3.3　弄清可以用什么数据和软件

你已经搜索了以前的类似项目和相关的数据集，现在应该清楚自己拥有什么以及仍然需要什么。

数据

想象有一个可以为你带来巨大帮助，但实际上根本不存在的数据集，把它做个记录通常会对你有帮助。例如，如果在啤酒评级数据集中缺少啤酒类型的标签，你可能会发现许多啤酒厂或其他机构的网站都列出了啤酒类型。这为你提供了收集数据的良机，尽管有可能需要花费一些时间和精力。如果你记下了这个需求，也记下了这个潜在的解决方案，那么将来在任何时候，你都可以重新评估成本和收益，并对如何利用它们作出决定。由于有许多不确定性与以数据为中心的项目相关，可选方案的成本和收益几乎任何时候都会在范围或规模上发生变化。

软件

大多数的数据科学家有自己最喜欢的数据分析工具，但这个工具未必总是适合你。在试图把概念与可以将想法变成现实的软件相结合之前，想想要做的分析是个好主意。你可能会认为：如果数据支持，那么统计检验可以提供很好的答案，机器学习可以找出你需要的分类，简单的数据库查询也可以回答问题。在上述任何一种情况下，你都会有好办法采用自己喜欢的工具进行分析，但是首先要考虑数据格式，数据转换，数据数量，以及把数据加载到分析工具的方法，最后是在工具中的分析方式。先思考所有这些步骤，然后再开始执行，想清楚它们在实践中如何发挥作用，一定会使我们更好地选择软件工具。

如果你对许多软件工具和技术不熟悉，那么可以暂时跳过这一步继续阅读，我会在以后的章节中讨论。但是现在我只想强调仔细地考虑各种选择然后再决定的重要性。这个决定可能会有很大的影响，不要掉以轻心。

2.3.4　预见行动障碍

这是一些在项目的计划阶段自己要回答的问题：

- 数据容易获得和提取吗？
- 有什么需要知道的关于数据的重要事项吗？
- 数据足够吗？
- 数据是否太多？需要花很长时间处理吗？
- 是否存在数据的缺失？
- 如果组合不同的数据集，你确定所有的数据都能正确地集成吗？名称、ID、代码在不同的数据集中保持一致吗？
- 如果统计检验或者其他算法得不到期待的结果应该怎么办？
- 有办法抽查结果吗？如果有些地方的检查出现错误应该怎么办？

上述事项中有一些看上去是显而易见的，但是我见过太多的数据科学家、软件工程师和其他的人忘记考虑这些问题，结果因为忽略而付出代价。最好提醒自己在一开始就保持怀疑的态度，以防任务的不确定性在后期使你付出太多的代价。

2.4　设定目标

本章提到了几次目标，但是尚未直接讨论。你的项目开始可能有些目标，故而现在是时候来评估一下期待参与的问题、数据和答案。

通常情况下，最初目标的设定有些商业目的。例如，如果你不在业务领域，而是在研究领域，那么目的通常是提供结果给外部使用，比如在某个领域中进一步丰富科学知识，或者为其他人提供分析工具。虽然目标源于项目以外，但每个目标都应该经过基于数据科学的实际过滤器。这个过滤器包括下面这些问题：

- 什么是有可能的？
- 什么是有价值的？
- 什么是有效率的？

以好的问题、可能的答案、可用的数据和可预料到的障碍为前提，把过滤器应用到所有的假定目标，可以帮助你以有可能、有价值和高效的方式实现靠谱的项目目标。

2.4.1　什么是有可能的

有时候可能性是显而易见的，也有时候不是。我会在下面几章描述为什么有些任务看似容易而实际上很难。例如，寻找适当的数据、整理数据、利用数据得到答案，设计软件进行分析，以及面对前几节提到的可能会影响目标达成能力的障碍。任务越复杂，事先对任务了解得越少，也就越不可能完成任务。例如，如果认为某数据集存在，但还没有确认，那么需要该数据集实现目标就“有可能”。对于任何存在不确定性的目标，考虑实现目标的可能性大概是现实的。

2.4.2　什么是有价值的

有些目标会比其他目标带来更多的好处。如果除了资源稀缺外，其他一切都同等，那么最好追求更好的目标。在商业上，这可能意味着追求利润最高的目标。在学术上，这可能意味着针对最有影响力的科学刊物。认真考虑实现目标的预期价值，为项目规划建立深思熟虑的背景和框架。

2.4.3　什么是有效率的

在考虑了项目是否有可能以及是否有价值之后，可以考虑实现项目目标所需要的努力和资源。然后可以通过这个公式来估算项目的效率：

效率＝价值 / 努力 × 可能性

实现目标的整体效率，是以实现目标所获得的价值，除以实现目标所需要的努力（即单位努力可以得到的价值），再乘以实现目标的可能性（概率）。效率随目标的价值而上升，随实现目标需要付出的努力增多而下降，也会因为目标似乎不太可能实现而下降。

这只是一个粗略的计算，对我来说这个公式更多意味着概念而非实际，但我发现它很有帮助。

2.5　计划要有弹性

鉴于对该项目的所有知识迄今为止所做的全部研究，以及对自己可能要使用的数据和软件工具所提出的所有假设性问题，现在是制定计划的时候了。这个计划不应该是一个包含预先假定结果的连续性步骤。因为数据和数据科学的不确定性几乎可以保证事情不会如你所期望的那样。但这个策略很好，让你对可以实现目标的几种不同方式进行思考。甚至目标本身也可以是灵活的。

这些替代路径可能代表着不同的总体战略，但在大多数情况下，每当出现一种预见中的不确定性，计划中的两条路径就会偏离，其中最可能的两个场景代表着处理不确定性结果的两种不同策略。从项目一开始到出现第一个重大不确定性，为这个阶段的活动制订计划绝对明智。如果想要停在那里，倒是可能会节省一些现在的规划时间，但最好筹划好可能性最大的路径，特别是当有多人参与工作的时候。这样一来，每个人都可以看到项目的未来走向，并从一开始就知道会有问题和弯路，但只是不知道具体将是哪个。这就是数据科学家的生活！

最后，所制订的计划将在项目过程（或本书）中进行定期的回顾，所以计划的早期阶段最为重要。好的目标是计划好项目的每一步，通过回顾计划和目标，让你始终处于消息灵通的最佳状态。增加知识和减少不确定性总是好事。

练习

考虑以下场景：

你在一家为客户整合个人财务数据的公司工作，主要面对个人消费者。我们把这家公司称为脏钱公司，或实际上根本就不存在 FMI。通过 FMI 的主要产品，一个 Web 应用，用户可以在一个地方查看所有的数据，而不需要分别登录各个不同网站的财务账户。典型客户可以通过 FMI 的应用连接几个账户，如银行和信用卡账户。

要求 FMI 产品设计师负责创建一款被称为臭钱预测的全新产品组件，设想通过为用户提供 FMI app，基于用户的消费和收入习惯，对用户的账户和总体财务状况做短期预测。产品设计师希望与你合作，以设计出一些可能的、好的产品功能：

1. 你会向产品设计师提出哪三个问题？
2. 你会问哪三个关于数据的好问题？
3. 项目的三个可能目标是什么？

小结

- 保持意识：经验、领域专家和其他与项目相关的知识会帮助你在问题出现之前做好规划和预测。
- 了解客户的观点和他们潜在的对数据科学知识的缺乏。
- 确保项目聚焦在回答好问题上。
- 花时间思考所有可能的路径以回答那些好问题。
- 对客户需求，准备的问题以及获得答案的可能途径采取务实的态度来设定目标。

第 3 章　周围的数据：虚拟的荒野

本章内容：

- 发现需要的数据
- 在各种环境中与数据互动
- 结合不同的数据集

本章讨论数据科学家研究的基本材料：数据。拥有有用的数据通常被视为胜券在握，但一般认为做任何假定都不是什么好主意。与任何值得科学检验的主题一样，数据很难被发现和捕获，而且很少被彻底理解。任何关于已经拥有或者想要拥有的数据集的错误观念都会付出昂贵的代价，所以本章将把数据作为科学研究的对象来讨论。

3.1　数据作为研究对象

近年来，出现了一个看似无休止的讨论，数据科学领域是否只是一个轮回，或者是在大数据时代，那些结合软件工程和数据分析的旧领域的分支，例如：运筹学、决策科学、分析、数据挖掘、数据建模或应用统计学。与任何时髦的术语或话题一样，对其定义和概念的讨论只有当术语不再流行时才会停止。我不认为自己可以给出关于数据科学更好的定义，还是让我们来看看维基百科的定义吧（https://en.wikipedia.org/wiki/Data_science）：

数据科学是研究从数据中提取知识的科学。

很简单，也许除了声称数据科学包罗万象外，该描述并没有把数据科学和许多其他类似的术语区分开。另一方面，数据科学拥有之前的时代所没有的属性，对我而言，有相当令人信服的理由使用新术语来定义数据科学的研究范围，这是以前的应用统计学家和面向数据的软件工程师没有做的事情。它有助于强调数据科学中经常被忽视但非常重要的方面，如图 3-1 所示。

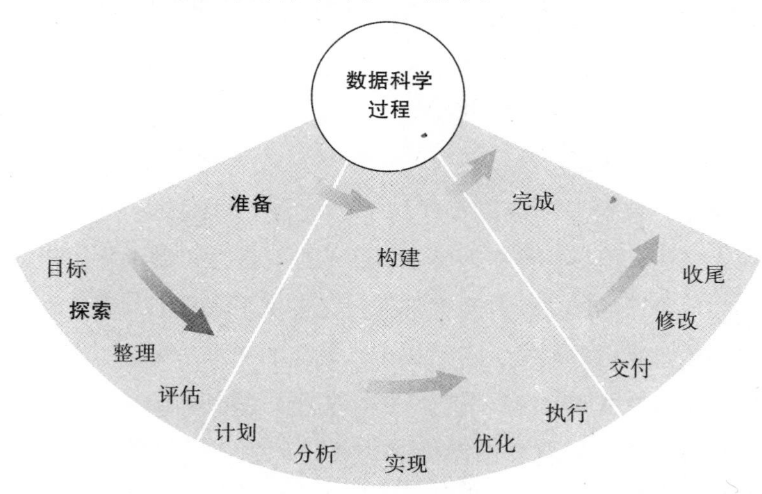

图 3-1　数据科学过程准备阶段的第二步：探索可用的数据

3.1.1　计算机和互联网用户成为数据生产者

放眼近代历史，计算机在计算能力、存储和完成前所未闻任务的总体能力方面取得了不可思议的进步。自从近一个世纪前现代计算机发明以来，每一代人都看到了在数量级上比上一代最强大的超级计算机更强大、体积更小的机器。

从 20 世纪后半期到 21 世纪初（包括现在）的这段时间经常被称为信息时代。以无处不在的计算机和互联网为特点的信息时代可以划分为与数据分析相关的几个更小的变化阶段。

首先，早期的计算机主要用于计算，可以完成破解军用密码、为船舶导航，并在应用物理学中进行模拟试验等计算密集型的任务。要知道以前要完成这些计算所耗费的时间是令人难以想象的。

其次，随着互联网规模的不断扩大，人们开始用计算机通信，远距离轻松发送数据和结果成为可能。这使数据分析人员能将更大量和更多样化的数据集聚集在一个地方进行研究。在 20 世纪 90 年代，发达国家人口的互联网访问量剧增，数以百万计的人可以获得公开的信息和数据。

第三，民众早期使用互联网主要是为了阅读发布的内容和与其他人交流，但很快许多网站和应用的拥有者意识到聚集用户的行为，为自己产品的成功甚至人们的行为提供了宝贵的洞察力。这些网站开始收集用户数据，包括点击、键入的文本、网站访问情况以及任何其他的用户行为。用户产生的数据开始超过他们消耗的数据。

第四，连接到互联网的移动设备和智能手机的出现，使收集用户数据在数量和特性上取得巨大进步成为可能。在任何给定的时刻，移动设备都能记录和传输其传感器可以收集到的每个比特的信息（位置、运动、照相机图像、视频和声音等），也包括用户使用设备时所做的每个动作。如果用户启用或允许收集数据，那么这可以是海量信息。

第五，几乎所有的电子设备都包括了数据收集和互联网连接，尽管这并不一定是个人移动设备出现所带来的结果。通常被称为物联网（IoT），包括了从汽车到手表，再到办公楼顶的天气传感器等。当然，从设备上收集和传输信息在 21 世纪之前就已经开始了，但其普及程度和结果数据的可用性却是前所未有。在互联网上以各种形式存在的结果数据，处理过的或未经处理的，免费的或有偿的，却是相对较新的事。

贯穿这些计算设备和互联网的发展阶段，网络世界不再仅是消费信息的地方，其本身也成为数据收集的工具。20 世纪 90 年代末，我的一位高中同学建了一个网站，通过提供电子贺卡来收集电子邮件地址。他以数百万美元的价格出售所收集来的电子邮件地址。这是用户数据的价值与网站本身的目的完全无关的最早案例，也很遗憾年轻时错过了这个完美案例。到 21 世纪初，类似规模的电子邮件地址数据已经不值那么多钱了，但其他种类的用户数据开始走俏，同样可以卖出高价钱。

3.1.2　独立存在的数据

当人们和企业意识到用户数据能以相当大的价钱出售时，他们开始肆意收集。大量的数据开始在无处不在的数据存储上堆积。网上零售商不仅开始存储你买的东西，而且还存储你查看过的每件商品和点击过的每个链接。视频游戏存储你的角色化身、所采取的每个步骤以及曾经征服过哪些对手。各种社交网络存储你和你的朋友曾经做过的一切。

收集所有这些数据的目的并不全是为了出售，虽然这种情况经常发生。因为几乎每个主要的网站和应用都使用自己的数据来优化用户体验和效益，网站和应用发布者通常在可出售数据的价值与内部持有和使用数据的价值之间痛苦抉择左右为难。许多企业不敢出售数据，因为这存在一种可能性，即别人会据此想出一些有利可图的业务。许多人保留自己的数据，为未来囤积，认为自己将会有足够的时间来榨干其所有价值。

互联网巨头脸谱（Facebook）和亚马逊（Amazon）时刻都在采集海量数据，但我估计，他们拥有的数据大多是未研发的。脸谱网专注于营销和广告收入，他们拥有包括世界各地人们行为在内的最大数据集之一。如果有机会访问脸谱的数据，那么无论是学术界还是工业界的产品设计师、营销人员、社会工程师和社会学家，都有可能取得长足的进步。反过来，如果把亚马逊的数据交给学术机构，那么很可能会颠覆许多现今流行的经济原则，甚至创建新的经济原则。也可能会改变整个行业在零售、制造和物流方面的运作方式。

这些互联网巨头知道数据的价值，他们相信没人拥有接近相同规模或质量的类似数据。无数公司会很乐意付大价钱去访问它们的数据，但我猜测脸谱和亚马逊希望能最大限度地使用自己的数据，不希望有人来抢最后的利润。如果这些公司拥有无限的资源，他们肯定会试图从每个字节的数据中榨取每一块美元。但无论它们多么强大，仍然会受到资源的限制，被迫将注意力集中在最直接影响其底线的数据使用上，而忽略了其他一些有价值的努力。

另一方面，一些公司已经决定开放他们的数据以供访问。推特（Twitter）是一个著名的例子。只要付费，你就可以访问推特平台上的全部数据流，并将其应用于自己的项目。整个行业都在向以数据为中心的销售获利方向发展。其中一个突出的例子是售卖来自于各主要证券交易所的数据，而且长期可供购买。

学术和非营利组织经常会公开和免费地提供数据，但对如何使用它们则有可能存在着限制。即使在单一科学领域也存在着数据集的差异，整合数据集的所在地和格式一直是一个趋势。几个主要的领域已经建立了组织，其唯一的目的就是确保数据库包含尽可能多的来自同领域的数据集。往往要求科学文章的作者在发布作品之前，向这些规范的数据仓库提交其数据。

目前，数据形形色色无所不在，不仅是分析师用来得出结论的工具，而且它也有自己的目的。现在收集数据似乎成为企业的目的，而不再是手段，尽管许多人声称计划在未来使用这些数据。独立于信息时代的其他特征，数据已经获得了自己的角色并形成了自己的组织和价值。

3.1.3　作为探索者的数据科学家

在 21 世纪，我们正以前所未有的速度收集数据，在许多情况下，这种收集不是为了某个特定的目的。无论是私人的、公共的、免费的、付费的、结构化的、非结构化的、大规模的、正常规模的、社会的、科学的、被动的、主动的或任何其他类型，数据集正在到处积累。几个世纪以来，数据分析师在自己收集的数据集或者别人给出的数据集上工作。历史上众多行业的许多人首先收集数据，然后问："我能用这些数据做些什么？"还有的人问："已经存在的数据是否可以解决我的问题？"

因此，作为一个假设的聚合，无所不在的数据已经成为一个值得学习和探索的实体。以前收集数据常常是有意而为之，代表了对真实世界的一些有计划的测量。但最近的互联网、无处不在的电子设备以及对错过数据中隐藏价值的潜在担忧导致我们尽可能多地收集数据，并不介意以后我们是否可能会使用它。

图 3-2 解释了计算历史上的四种主要创新类型：计算能力，计算机之间的网络和通信，大数据的收集和使用，以及对大数据的严格统计分析。大数据，我指的仅仅是最近获取、组织、使用部分和全部可能数据的活动。这些计算创新始于想要解决的问题，然后经历了四个发展阶段，这与卡萝塔·佩蕾丝（Carlota Perez）所提出的技术发展周期类似（《技术革命与金融资本》，2002 年由爱德华·埃尔加（Edward Elgar）出版社出版），但关注的是计算创新及其对计算机用户与公众的影响。

表中包括的每种创新都有五个阶段：

1. **问题**——计算机能以某种方式解决的问题。

2. **创新**——可以解决问题的计算技术出现。

3. **证据**——有人有效地使用计算技术，其价值被证明或至少被某些专家所认可。

4. **采用**——经过验证的新技术在行业中得到广泛应用。

5. **细化**——有人研发了新版本，更强、更有效，而且与其他工具集成。

创新类型	计算创新的阶段				
	问题	创新	证据 / 认可	采用	细化
计算	破译密码 高能物理 船舶导航	20 世纪 50 年代之前 • 专用计算机	~20 世纪 50 年代 • Enigma • ENIAC	~20 世纪 70 年代 • 第一台 PC 机 • 计算机进入学校和图书馆	~20 世纪 80 年代 • 超级计算机 • 消费者 PC 机
网络	通信和发送文本与文件	~20 世纪 70 年代 • 互联网前夜 • ARPANET	~20 世纪 80 年代 • 学术网络 • IRC	~20 世纪 90 年代 • Prodigy • Compuserve • AOL	~21 世纪初 • 移动设备 • 社交网络 • 云服务
大数据收集与使用	太多有用的数据被丢弃	~21 世纪初 • 网络爬虫 • 点击追踪 • 早期大型社交网络	~21 世纪初 • 谷歌搜索 • 大型零售商跟踪用户	~21 世纪 10 年代 • 推特接口 • Hadoop	~2015 年之后 • 研发大量 API • 格式标准化
大数据统计分析	在大型数据集上，即使基本的统计都难以完成	21 世纪初 • 谷歌搜索 • 亚马逊流处理	21 世纪 10 年代 • Netflix 挑战 • kaggle.com	2015 年之后 • 谷歌分析 • Budding 分析初创公司	2025 年之后 • 无处不在的智能化集成系统

图 3-2　我们现在处在大数据收集和使用的细化阶段及大数据统计分析的广泛使用阶段

由于目前正处于大数据收集的细化阶段，以及对大数据进行统计分析的广泛使用阶段，我们已经创建了一个完整的数据生态系统，其中已提取的知识仅占所包含全部知识的一小部分。不仅有许多知识还没有被提取，而且在许多情况下，除了一些搭建系统的软件工程师外，无人了解数据集完整的范围和属性，唯一能理解数据中所包含内容的是那些可能忙得没时间使用数据或者专门使用数据的人。对我而言，这一切未被充分使用或知之甚少的数据集就像新大陆，有很多未被发现的动植物物种，一些完全陌生的有机物，甚至早已逝去的文明所留下的传统建筑。

也有些例外的情况。谷歌、亚马逊、脸谱和推特都是那些领先于增长曲线的好榜样。在某些情况下，他们的行为与后期创新相匹配。例如，通过允许访问整个数据集（有偿），推特似乎处在大数据收集和使用的细化阶段。世界各地的人们都试图从用户的推文中榨取每一点知识。同样，谷歌似乎在以严格的统计方法分析数据方面也做得不错。谷歌在图像搜索、谷歌分析，甚至基本文本搜索方面的工作，都是在大规模数据集上进行严格统计计算的好例子。然而，人们可以很容易地推断：谷歌还有很长的路要走。如果今天的数据生态系统像很大的未开发的大陆，那么数据科学家就是探索者。与早期著名的欧洲探险家对美洲或太平洋岛屿的探索类似，好的探险家擅长做下面几件事：

- 访问有趣的地方。
- 识别新的和有趣的事物。
- 感知有趣的东西可能在接近的迹象。
- 处理全新的、陌生的或是敏感的事情。

- 评估新的和不熟悉的事物。
- 在熟悉和不熟悉的事物之间建立联系。
- 避免陷阱。

南美丛林的探险者可能曾用砍刀在丛林里劈开一条路，偶然发现一些散落的宝石，推断出附近有个千年古刹，然后从废墟上了解了古老部落的宗教仪式。数据科学家可能东拼西凑一个脚本，通过公共 API 获得社交数据，掌握少数人参与的社交圈子，发现那些人在社交网络上的帖子里经常分享新照片，从照片分享应用的公共 API 取得更多的数据，综合两组数据，运用统计分析了解网络行为对在线社区的影响力。两种情况的结果都推断出前所未闻的社会活动信息。像探险家一样，现代数据科学家通常必须研究地形，仔细观察陌生领域的周围环境，在周边徘徊，然后进入查看会发现些什么。当发现了一些有趣的东西时，必须对其进行检查，找出它能做什么，从中学习并把知识应用到未来的项目上。虽然数据分析并不是一个新的领域，但数据无所不在，不管是否有人使用，它能用应用科学的方法来发现和分析早已存在的数据世界。对我而言，这是数据科学和它所有前辈之间的区别。有这么多没人可以完全理解的数据，所以我们将其本身作为值得探索的世界。

把数据比作荒蛮之地的想法，是采用数据科学而非其他术语最令人信服的原因之一。要从数据中得到真理和有用的答案，必须运用科学的方法，即数据科学的方法：

1. 提出问题。
2. 陈述关于答案的假设。
3. 进行可检验的预测以提供有利于假设的证据支持（在假设正

确的情况下）。

4. 用数据相关的实验来检验预测。

5. 分析实验结果并得出适当的结论。

在数字世界，数据科学家以这种方式做了其他科学家们已经做了几个世纪的事情。今天，一些最伟大的探险家投身于虚拟世界，不必离开计算机就可以获得重要的知识。

3.2　数据可能存在的地方，以及如何与之交互

在进入未开发的荒蛮之地（今天的数据状态）之前，我想讨论可能的数据格式，它们意味着什么，以及最初如何对待它们。普通文件、XML 和 JSON 是几个主要的数据格式，各有自身的属性和特质。有些比较简单或比较适合某些目的。本节将讨论几种类型的文件格式和存储方法，它们的优缺点，以及使用它们的方法。

虽然会有很多人表示反对，但我还是决定在本节也讨论数据库和 API。把文件格式和数据存储工具软件混合在一起讨论，在我看来是有道理的。因为在数据科学项目开始时，针对“目前数据在哪里？”这个问题，文件、数据库或 API 等的任何格式或数据源都是有效的答案。数据科学家需要知道的是：“如何访问和提取需要的数据？”这就是我的目的。

图 3-3 显示了数据科学家访问数据的三种可能的基本方法。首先，数据可能存储在文件系统的文件中，数据科学家可以把文件加载到自己最喜欢的分析工具中。其次，数据可以存储在数据库中，数据库本身也存在于文件系统，要访问数据，就必须使用数据库接

口，这是一层帮助存储和提取数据的软件。最后，数据可以在应用编程接口（API）的后面，该 API 是在数据科学家和外界未知的某些系统之间的一层软件。在所有这三种情况下，数据可以用本节及其他地方讨论过的任何格式存储或交付给数据科学家。在一些系统中，数据的存储和交付紧密地交织在一起，以至于我把两者当作一个概念来对待，即加载数据到分析工具。

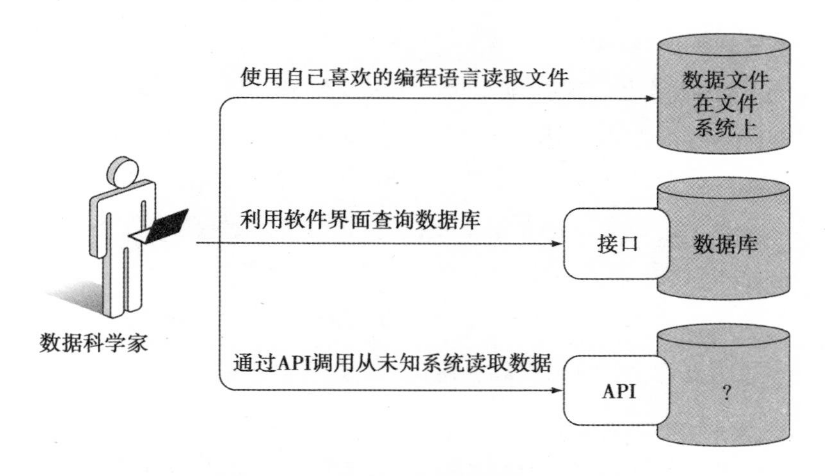

图 3-3　数据科学家三种可能的数据访问方法：文件系统、数据库和 API

我无意涵盖所有可能的数据格式或系统，也不会罗列所有的技术细节。我的目标主要是提供描述，使读者有信心谈论和接触各种数据格式。我至今还记得当年从传统数据库中提取数据是多么困难，本节希望初学者也能轻松学到。只有当你对数据存储和访问的基本格式感到相当自信时，才有可能向数据科学最重要的部分前进，即数据能告诉你什么？

3.2.1　普通文件

普通文件指的是普通数据集，在大多数情况下采用默认的数据格式，除非有人特意做了其他的安排。普通文件具有独立性，要查看里面所包含的数据不需要任何特殊的程序。你可以用通常称为文本编辑器的程序来打开普通文件，每个主要的操作系统都会提供许多文本编辑器。普通文件包含 ASCII（或 UTF-8）文本，文本中的每个字符最有可能使用 8 位（1 字节）内存或存储。包含“DATA”一词的文件大小为 32 位。如果在“DATA“的后面有行结束符（EOL），文件的大小就是 40 位，行结束符表示一行的结束。对许多人来说，我的解释可能很简单，但当开始讨论其他格式时，即使这些基本概念也会变得非常重要，所以我觉得最好概述普通文件的一些基本特性，这样就可以与其他的数据格式进行比较了。

普通文件有两种主要类型：纯文本型和分隔符型。纯文本型是由单词组成的，你可以用键盘输入。其内容看起来可能像下面这样：

```
This is what a plain text flat file looks like. It's just
plain ASCII text. Lines don't really end unless there is an
end-of-line character, but some text editors will wrap text
around anyway, for convenience.
Usually, every character is a byte, and so there are only 256
possible characters, but there are a lot of caveats to
that statement, so if you're really interested, consult a
reference about ASCII and UTF-8.
```

此文件共有七行，如果算上文本最后一行的行结束符，那么从技术上讲有八行。纯文本文件以一种或者两种（大约）非常常见的格式存储了一堆字符。这与以字处理器格式存储的文本文档不一样，如微软的 Word 或 OpenOffice 的 Writer（参见 3.2.8 节）。文字处理器的文件格式可能包含更多信息，比如：包括该文件格式本身的样式格式和元数据所带来的额外开销，以及可能已插入到文件中的图像和表格对象。纯文本是只包含单词的最小文件格式，没有样式和华丽的图像，仅有单词、数字和一些特殊字符。

但如果数据包含许多条目，那么靠分隔符分隔的文件可能是个更好的主意。靠分隔符分隔的文件是纯文本文件，依照规定，分隔符经常出现在文件中，如果能按照分隔符排列好，那么你可以创建看起来像有行、列和标题的表。靠分隔符分隔的文件类似这样：

```
NAME        ID    COLOR       DONE
Alison      1     'blue'      FALSE
Brian       2     'red'       TRUE
Clara       3     'brown'     TRUE
```

该表的名字为 JOBS_2015，它代表了一套虚构的始于 2015 年的房子粉刷工作记录，列出了客户姓名、ID、油漆颜色和完成的状态。

这张表以制表符作为分隔符，意味着表的列由制表符分隔。如果把这张表在文本编辑器中打开，通常会以上面的形式出现，但也可能会在制表符出现的地方显示 \t。这是因为像行结束符一样，如果不被视为排列整齐的可变长度的空格字符，制表符可以由单个 ASCII 字符 \t 来表示。

如果表 JOBS_2015 是以逗号为分隔符的文本格式存储（CSV），在标准的文本编辑器上会显示成下面这样：

```
NAME,ID,COLOR,DONE
Alison,1,'blue',FALSE
Brian,2,'red',TRUE
Clara,3,'brown',TRUE
```

虽然用逗号取代了制表符，但数据仍然相同。不管在哪种情况下，都可以看到文件中的数据被表达为表的行和列。行分别代表 Alison、Brian 和 Clara 的工作，表中第一行即表头的列名分别是名称、ID、颜色和完成状态，给出了表中包含的每个工作的详细信息。

大多数的程序，包括电子表格和一些编程语言，需要每行都有相同数量的分隔符（可能除了标题行以外），当试图读取文件时，列数是一致的，每行与每列交叉处只有一个记录。有些软件工具不需要这样，它们有自己特定的方法来处理每行不同数量的记录。

需要指出的是，以分隔符分隔的文件通常被视为表，如电子表格。此外，作为普通的文本文件，可以使用文字处理程序读取和存储，以分隔符分隔的文件通常可以用像微软的 Excel 或者 OpenOffice 的 Calc 这样的电子表格程序加载。

任何用于处理文本或表格的通用程序都可以读取普通文件。流行的编程语言都包含可以读取这些文件的函数和方法。我最熟悉的两种语言，Python（csv 包）和 R（read.table 函数及其变体），通过包含的方法，可以很容易地加载 CSV 或 TSV 文件到相应语言最相关的数据类型。对普通的文本文件，Python（readLines）和 R（readLines）也有一行一行地读取文件的方法，并通过任何你认为合适的方法解析文本。这两种以及许多其他的语言还可以提供更多加载相关类型文件的功能，我建议你看看最近的语言和软件包文档以确定是否还有另外一个更能满足需求的文件加载方法。

在不压缩文件的情况下，普通文件是最小而且最简单的通用格式文件。其他的文件格式包含有关格式的特点或数据结构的其他信息。因为文件格式最简单，所以通常最容易读取。但由于它们非常精简，除了提供数据之外，没有额外的功能，因此，对于较大的数据集，普通文件变得低效。像 Python 这样的语言扫描一个包含数百万行文本的普通文件可能需要几分钟或几小时。如果读取普通文件太慢，可使用能够快速分析大量数据的数据存储系统替代。这些系统被称为数据库，本书将在后面讨论。

3.2.2 HTML

超文本标记语言（HTML）是一种通过在纯文本上加标签或采用专门指令来说明应该如何解析文本的标记语言。其在互联网上非常流行而且被广泛使用，片段示例如下：

```
<html>
    <body>
        <div class="column">
            <h1>Column One</h1>
            <p>This is a paragraph</p>
        </div>
        <div class="column">
            <h1>Column Two</h1>
            <p>This is another paragraph</p>
        </div>
    </body>
</html>
```

HTML 解析器知道在 <html> 和 </html> 标签之间的一切都应该按照 HTML 的规范被读取和处理。类似地，在 <body> 和 </body> 标签之间的所有东西都被视为文档的主体，在 HTML 渲染时具有特别的含义。大多数 HTML 的标签用 <TAGNAME> 表示开始，</TAGNAME> 表示结束，TAGNAME 代表任意一个标签名。两标签之间的所有东西现在都被视为标签注释的内容，供解析器来渲染文档。示例中的两个 <div> 标签显示了如何表示两个文本块和其他内容，并将一个名为 column 的类应用到 div，允许解析器以特殊的方式处理 column 实例。

HTML 主要用于创建网页，因此，与其说是数据集，通常它看起来更像文档，带有页眉、正文、样式和格式信息。尽管确实可以这样做，但通常不用 HTML 存储原始数据。事实上，网页抓取通常需要编写可以抓取和解读网页的代码，解析 HTML 并提取感兴趣网页的特定部分。

例如，假设我们有兴趣收集尽可能多的博客文章，并且某个特定的博客平台使用 <div class="column"> 标签来表示博客文章中的列。我们可以编写一个脚本，系统地访问博客并解析 HTML，查找 <div class="column"> 标签，捕获在它和相对应的 </div> 标签之间的全部文本，并丢弃其他的一切，然后继续到另一个博客做同样的事情。如果所需要的数据没有包含在其他更友好的格式中，网页抓取就可能会派上用场。网站所有者有时禁止网站抓取，所以最好在抓取之前仔细检查网站的版权和服务条款。

3.2.3　XML

可扩展性标记语言（XML）看起来很像 HTML，但通常更适合存储和传输除网页以外的文档和数据。前面的 HTML 片段也是有效的 XML，尽管大多数 XML 文档都是从首先声明 xml 特定版本的标签开始，例如：

```
<?xml version="1.0" encoding="UTF-8"?>
```

该声明有助于确保 XML 解析器以适当的方式读取标签。除此以外，XML 与 HTML 类似，但少了与网页相关的额外开销。现在 XML 已经成为像 OpenOffice 和微软 Office 一样的标准脱机文件格式。因为 XML 规范被设计成机器可读，所以它也可用于通过 API 进行数据传输。许多官方的财务文件可以用基于 XML 的可扩展性商业报告语言（XBRL）公开提供。

下面是 JOBS_2015 表中前两行用 XML 表示的结果：

```
<JOB>
     <NAME>Alison</NAME>
     <ID>1</ID>
     <COLOR>'blue'</COLOR>
     <DONE>FALSE</DONE>
</JOB>
<JOB>
     <NAME>Brian</NAME>
     <ID>2</ID>
     <COLOR>'red'</COLOR>
     <DONE>TRUE</DONE>
</JOB>
```

可以看到表中每一行都是由 <JOB> 标签表示的，并且在每个 JOB 块中，表的列名已被用作标签来表示各个字段的信息。显然，以这种格式存储数据要比用标准表会占用更多的磁盘空间，因为 XML 标签会占用额外的磁盘空间，但 XML 更灵活，因为它不限于行和列的格式。因此，其在使用非表格数据和需要这种灵活性的其他格式应用及文件中广为流行。

3.2.4　JSON

尽管这不是一种标记语言，但 JSON（JavaScript Object Notation）在功能上与标记语言相似，至少在存储或传输数据时如此。JSON

不是文档描述，而在许多流行的编程语言中的描述更像数据结构，例如列表、地图或字典。这是表JOBS_2015前两行数据用JSON表述的结果：

```
[
    {
        NAME: "Alison",
        ID: 1,
        COLOR: "blue",
        DONE: False
    },
    {
        NAME: "Brian",
        ID: 2,
        COLOR: "red",
        DONE: True
    }
]
```

在结构方面，JSON看起来很像前面看到的XML。但JSON在需要表示的字符数量上更为精简，因为JSON用来表示数据对象而不是作为文档标记语言。因此，对于传输数据，JSON非常流行。使用JSON的一个巨大好处是它可以作为JavaScript的代码直接读取，包括Python和Java在内的许多流行编程语言都用JSON作为本地数据对象的自然表示形式。从编程语言之间的兼容性上看，JSON的易用性几乎无人可比。

3.2.5　关系型数据库

数据库是经过优化的数据存储系统，尽可能在各种场景下高效地存储和检索数据。从理论上讲，关系型数据库（最常见的数据库类型）只包含一组表，这些表可以用以分隔符分隔的文件来表示，如前所述：行和列的名称以及行与列交叉点对应一个数据点。但设计数据库的目的是根据特定值在某个范围内搜索或查询（术语）。

让我们再来看一下 JOBS_2015 表：

```
NAME      ID     COLOR      DONE
Alison    1      'blue'     FALSE
Brian     2      'red'      TRUE
Clara     3      'brown'    TRUE
```

但这里假设该表是数据库中存储的许多表之一。数据库查询可以简单地表述成：

```
From JOBS_2015, show me all NAME in rows where DONE=TRUE
```

这个查询将返回下述数据：

```
Brian
Clara
```

每个数据库都有自己的语言来表达像上面这样的基本查询，尽管许多数据库使用同样的查询语言，但最常见的是 SQL（结构化查询语言）。

想象一下，如果表包含数百万行数据，你想做个类似于刚才显示那样的查询。采用软件工程的一些技巧（在此不讨论），设计良好的数据库能够以比扫描普通文件要快得多的速度，检索一组满足某些条件的行。这意味着，如果编写需要经常搜索特定数据的应用，那么使用数据库而非普通文件可以把检索速度提高几个数量级。

数据库擅长快速检索特定数据的主要原因是数据库索引。数据库索引本身就是一个数据结构，能够帮助数据库软件快速查找相关的数据。这就像数据库内容以巧妙的方式排序和存储的结构化地图，而且每次数据库的数据变化时都需要及时更新。然而，数据库索引并不通用，这意味着如果默认的设置不合适，数据库管理员需要决定对表中哪些列进行索引。选择使查询最有效的列进行索引，因此，索引选择是决定使用该数据库应用效率的重要因素之一。

除了查询以外，数据库还擅长表联结。虽然数据库还可以做查询和联结以外的其他操作，但查询和联结却是目前采用数据库而非其他数据存储系统的最常见原因。数据库的表联结意味着将两个数据表合并起来，形成包含两个原始数据表信息的新表。

例如，假设有个名为 CUST_ZIP_CODES 的表：

```
CUST_ID  ZIP_CODE
1        21230
2        45069
3        21230
4        98033
```

例如你想统计邮政编码为 2015 的地区用了哪些颜色的油漆。在各个任务中使用的油漆颜色存储在JOBS_2015 表中，而客户的邮政编码存储在 CUST_ZIP_CODES 表中，需要联结两张表以匹配油漆颜色和邮政编码。把来自于表 CUST_ZIP_CODES 和表 JOBS_2015 的 ID 进行匹配，从而形成内部联结，这个过程可以简单地表达为：

```
JOIN tables JOBS_2015 and CUST_ZIP_CODES where ID equals
CUST_ID, and show me ZIP_CODE and COLOR.
```

首先让数据库在两个表中匹配客户 ID，然后只显示关心的两列。注意两个表之间没有重复的列名，所以在命名上没有歧义。但在实践中，通常需要使用 CUST_ZIP_CODES.CUST_ID 来表示 CUST_ZIP_CODES 表的 CUST_ID 列。我在这里使用了较短的版本来简洁表达。

两个表联结后的查询结果如下：

```
ZIP_CODE     COLOR
21230        'blue'
45069        'red'
21230        'brown'
```

如果原始表很大，联结可能是个很大的操作。如果每个表有数以百万计的不同的 ID，那么可能需要很长时间来排序并匹配。因此，如果要做表联结，就要尽量减少表的大小（主要是行数），因为数据库软件将根据联结条件处理两个表的所有行，直到新表创建了所有适当的行组合为止。要谨慎小心地使用联结。

有个很好的通用规则，如果要在查询的同时进行联结，那么应该在联结之前先完成数据查询。例如，如果你只关心 ZIP_CODE 为 21230 的油漆颜色，那么通常最好先在 CUST_ZIP_CODES 表中查询 ZIP_CODE=21230，然后把结果与 JOBS_2015 表联结。这样需要做的匹配可能会更少，而且在整体执行上也会快很多。要了解更多有关优化数据库操作的信息和指导，可以找到大量的实用数据库书籍。

总的来说，可以把数据库当成是组织良好的图书馆，索引相当于优秀的图书管理员。你自己可能要花很长时间才能找到想要的书，而图书管理员在几秒钟内就可以找到。如果有比较大的数据集，并且发现代码或软件工具需要花大量时间搜索需要的数据，那么就值得考虑建立数据库。

3.2.6　非关系型数据库

即使没有表格，仍然可以利用数据库索引来提高效率。有一大类被称为 NoSQL 的数据库（通常被解释为“不仅仅是 SQL”），允许数据库结构存在于非传统 SQL 风格的关系型数据库中。图数据库和文档数据库通常被归类为 NoSQL 数据库。

许多 NoSQL 数据库以熟悉的格式返回查询结果。例如，Elasticsearch 和 MongoDB 返回 JSON 格式的结果（在 3.2.4 节讨论）。尤其 Elasticsearch 是面向文档的数据库，擅长对文本内容进行索引。如果有很多博客文章或书需要处理，例如，对每篇博客文章或每本书进行词频统计，如果索引适当，那么 Elasticsearch 通常是个不错的选择。

NoSQL 数据库的另一个可能的好处是其数据结构具有灵活性，不必费太多周折就可以把几乎任何东西存储到 NoSQL 数据库中，其中包括字符串、地图、列表等。例如 MongoDB 就是相当容易建立和使用的 NoSQL 数据库，但也会失去通过建立更严格的适用于数据的索引和模式而可能获得的一些性能。

总之，如果你正在处理大量的非表格数据，很可能已经有人研发了擅长索引、查询和检索的数据库，而且适合你正处理的数据类型。当然值得为此在互联网上看一下在类似情况下其他人在使用什么样的工具。

3.2.7　API

应用编程接口（API）最常见的形式是一组与某个软件进行通信的规则。作为网关，API 从数据角度使用一组定义好的术语，通过它发出请求，然后接收数据。数据库 API 定义了在查询中（例如接收需要的数据）必须使用的语言。

许多网站也有 API。例如，Tumblr 有公共的 API，允许以 JSON 格式请求和接收有关 Tumblr 特定类型的内容。Tumblr 的庞大数据库包含了在其博客上发出的数十亿个帖子。其数据库通过 API 定义了公众可访问内容的权限。

Tumblr 的 API 属于 REST API，可以通过 HTTP 访问。我从没发现过对 REST API 的技术定义理解有帮助的信息，但人们常用该术语来讨论如何通过 HTTP 或 Web 浏览器访问 API，并以熟悉的信息格式来响应。例如，如果以 Tumblr 研发者的身份登记（免费），可以得到 API 密钥。该 API 密钥是属于你的独一无二的字符串，每当你向 Tumblr 提出请求时，这个密钥会告诉 Tumblr 是你在使用 API。然后，可以把网址 http://api.tumblr.com/v2/blog/good.tumblr.com/info?api_key=API_KEY 粘贴在浏览器上，向 Tumblr 请求某博客的信息（用前面发给你的 API 密钥更换 API_KEY）。按下回车键后，响应信息就会出现在浏览器窗口，看起来像下面这样（经过格式化以后）：

```
{
    meta:
    {
        status: 200,
        msg: "OK"
    },
    response:
    {
        blog:
        {
            title: "",
            name: "good",
            posts: 2435,
            url: "http://good.tumblr.com/",
            updated: 1425428288,
            description: "<font size="6">
                          GOOD is a magazine for the global citizen.
```

```
                    </font>",
              likes: 429
          }
      }
  }
```

这段JSON数据在description字段中有些HTML信息。它包含了有关请求状态的元数据，以及包含请求数据的response字段。假设知道如何解析JSON字符串（以及HTML），你可以用编程的方式使用它。如果对Tumblr博客的点赞数量好奇，你可以使用API来请求任何数量的博客信息，然后比较这些博客所收到的点赞数量。你可能不会直接在浏览器窗口上做，因为那需要花很长的时间。

为了以编程的方式获取Tumblr API的响应，需要从最喜欢的编程语言中选择HTTP和URL包。Python中有urllib，Java中有HttpUrlConnection，R中有url，每种语言都有许多其他的包可以完成类似的任务。无论哪种情况，都必须组装好请求的URL（作为字符串对象/变量），然后将该请求传递给相应的URL检索方法，该方法应该返回与前面类似的可以被当作另一个对象/变量捕捉的响应。这里有个Python的例子：

```
import urllib
requestURL = \
'http://api.tumblr.com/v2/blog/good.tumblr.com/info?api_key=
    API_KEY'

response = urllib.urlopen(requestURL)
```

运行这些程序后，变量response应该包含一个JSON字符串，该字符串看起来与所示的响应类似。

我记得从Python开始学习如何使用API，一开始有点困惑和不知所措。如果把不同的部分（例如基础 URL、参数和 API 密钥等）通过编程组装，那么不太容易获得完全正确的 URL 请求。但熟练使用像这样的 API 可能是收集数据的最有力的工具之一，因为可以通过这些网关得到这么多的数据。

3.2.8　常见的不良格式

我对典型的办公软件套件（诸如文字处理、电子表格、邮件客户端）不感兴趣这件事并不是什么秘密。值得庆幸的是，我并不需要经常用它们，特别是在做数据科学项目时，我尽可能避免使用它们。这并不意味着我无法处理这些文件，相反，我不会扔掉任何免费的数据，但我会确保尽快摆脱任何不方便的格式。通常没有什么好办法与它们交互，除非使用为其特别构建的高度专业化的程序，这些程序通常无法满足数据科学家的日常分析需求。我已经不记得自己上一次是在什么时候使用微软 Excel 进行实实在在的数据科学分析了。对我而言，Excel 的分析方法有限，除了看表以外，界面很难用来做其他事。我知道自己有偏见，如果你相信电子表格可以做严格的数据分析，那就别介意我的说法。OpenOffice 的 Calc 和微软的 Excel 都允许将表导出为 CSV 格式的文件。如果微软的 Word 文档也包含我想用的文本，那么可以导出为纯文本、HTML 或 XML 格式的文件。

PDF 也可能是件棘手的事。我已经把大量文本（复制或粘贴）从 PDF 文件中导出为纯文本文件，然后再读入 Python 程序。这是我最喜欢的数据整理案例，我准备了整章来讨论该主题，当要分析文本时，导出或从 PDF 抓取通常是个好主意，这么说暂时足够了。

3.2.9　不寻常的格式

我把不熟悉的数据格式和存储系统分类在一起。各种格式都可用，我相信有人会有很好的理由来研究它们，但无论出于何种原因，我对这些格式并不熟悉。有些是过时了，有些被另一种新格式替代了，而有些遗留的数据集还没有更新。

有时格式呈高度专业化。我曾经参加过探索化合物的化学结构与化合物气味（香味）相关性研究的项目。RDKit 软件包（www.rdkit.org）提供了大量的实用功能来解析化学结构和子结构。但大部分功能都涉及非常专业的化学结构及符号。再加上使用很多复杂的二进制表示化学结构的某些方面，大幅提高了算法的计算效率，但也使其难以理解。

当我遇上与什么都没有关联的数据存储系统时，会采取下述措施：

1. 搜索出几个做类似事情的例子。学会这些例子为我所用会有多困难？

2. 确定自己对数据的需要有多么迫切。是否值得这样折腾？有没有其他的办法？

3. 如果值得做，尝试从找到的例子中进行归纳。有时可以通过调整参数和方法把例子逐渐扩大化。尝试做些事情，然后看会发生什么。

处理完全陌生的数据格式或存储系统本身就是一种类型的探索，但请放心已经有人曾访问过这些数据。如果数据无人访问过，那么一定是有人完全错误地创建了数据格式。当产生疑问时，尝试发些电子邮件看能否找到可以帮助你的人。

3.2.10　决定采用哪种格式

有时候你没有选择。数据以某种格式出现，你必须要处理它。但如果发现格式无效、笨重或不受欢迎，通常可以灵活设置二级数据存储，这可能使事情变得更容易，但需要投入额外的时间和精力建立二级数据存储。如果应用访问的效率至关重要，那么投入是值得的。对于较小的项目，也许这不是一个好的选择。但是没有关系，船到桥头自然直。

本章将总结出一些关于数据格式使用的一般规则，供你在面临选择的时候使用，特别是当从编程语言访问数据时。表 3-1 给出了与特定类型数据交互的最常用的格式。

表 3-1　一些常见的数据类型和适合存储的格式

数据类型	常用的合适格式
少量的列表数据	以分隔符分隔的普通文件
需要许多搜索和查询的大量列表数据	关系型数据库
数量很少的纯文本文件	普通文件
数量很多的纯文本文件	有文本搜索功能的非关系型数据库
在组件之间传递数据	JSON
传递文档	XML

对于选择和转换数据格式，这里有些准则供参考：

- 对电子表格和其他办公文件，导出！
- 比较常见的格式通常对数据类型和应用更有利。

- 别花太多时间把数据从某个特定格式转换到偏好的格式；首先要权衡投入产出。

现在已经涵盖了数据可能呈现的许多形式，希望在关于数据格式、数据存储和 API 的高层对话中你能感到自信。对以前没有听说过的术语或系统的细节，不要犹豫，一如既往地提出自己的问题。新系统正在不断研发，根据我的经验，最近刚刚了解系统的人通常也渴望帮助别人了解它。

3.3　数据侦察

前一节讨论了从文件格式到数据库，再到 API 等许多常见的数据形式，目的是使这些数据形式通俗易懂，同时提高寻找数据可能形式的意识。找到数据并不难，就像找到树木或河流（在某些气候区）不难一样。但找到能有助于解决问题的数据却是另一回事。或许你已经有了来自内部系统的数据，那些数据似乎可以回答项目的主要问题，但不要想当然。也许哪里还有其他数据会对已有的数据做完美的补充，并大大改善分析结果。互联网和其他地方有这么多数据，其中某些数据应该对你有所帮助。即便不是，做个快速搜索当然也是值得的，尽管机会渺茫。

本节将讨论如何寻找可能对项目有帮助的数据。这是本章开头时谈到的所谓探索。对常见的数据形式在上一节已经有了一些接触，现在可以把精力更多地聚焦在内容是否有用而非格式上。

3.3.1　第一步：谷歌搜索

这似乎很明显，但我还是想提醒一下：谷歌搜索并不完美。要想效果好，必须知道要搜索的内容和在搜索结果中要查找什么。有了前面一节对数据格式的介绍，你现在使用谷歌搜索的能力应该比以前更好。

在谷歌搜索时，用“Tumblr data”和“Tumblr API”会得到不同的结果。因为没有接触过涉及 Tumblr 相关的具体项目，所以目前我也不知道该用哪个。前者返回的结果涉及用在 Tumblr 上的帖子，以及 Tumblr 向第三方售卖的历史数据中包含“data”一词的内容。后者返回的结果几乎完全是与 Tumblr 官方 API 相关的内容，包含相当多关于 Tumblr 帖子的即时详细资料。根据项目情况，其中的一个可能比另外一个更好。

但绝对值得牢记的是，像“data”和“API”这样的术语在网络搜索中的结果确实会有所不同。尝试用“social networking”和“social networking API”搜索，结果同样大相径庭。

因此，在搜索与项目相关的数据时，一定要包括像 historical、API 和 real time 等术语，因为它们确实会使结果有很大的差别。同样，要在搜索结果中留意它们。这可能显而易见，但它确实会在寻找想要东西的能力上产生相当大的差异，所以值得重复。

3.3.2　版权与许可证

除了数据搜索、访问和使用以外，还有一个非常重要的问题：允许使用吗？

与软件许可证一样，数据也可能有许可证、版权或其他的限制，使数据在某些目的上的使用不合法。如果数据来源于诸如大学和研究机构等学术界的资源，那么往往会有数据不能用于牟利的限制。像 Tumblr 或推特这样专有的数据，往往会有不能用数据来复制原平台本身所提供功能的限制。不允许让 Tumblr 用户做像在标准 Tumblr 平台上同样的事情，但如能提供平台不包括的其他功能，那么便没有限制。这类限制非常棘手，最好读下数据提供商所提供的法律文档。此外，搜索其他以类似方式使用数据的人和公司的案例通常是个好主意，看看是否有任何法律相关的问题。虽然先例并不保证某个数据使用案例合法，但会为你决定是否使用数据提供指导。

总之，应该保持高度的敏锐度，大多数不属于你或你组织的数据集都有使用限制。在没有确认案例合法的情况下，仍然存在失去数据访问权限的风险，甚至带来诉讼的危险。

3.3.3　拥有的数据够吗

假设已经找到了数据，并确认可以在项目中使用。是应该继续寻找更多的数据，还是立即研究这些数据？对该问题的回答很像数据科学共性的问题，即棘手。在这种情况下，答案是棘手，因为数据集并不总是他们似乎是什么或你想他们是什么。以打车服务应用 Uber 为例。最近在新闻中看到 Uber 被迫（输了官司）将其行程数据提交给纽约市出租礼宾车服务委员会（TLC）。假设你是 TLC 成员，想比较 Uber 与传统出租车服务在许多具体路线上的乘车人次。因为拥有 Uber 和传统出租车的数据，所以比较相似路线两类租车服务乘车人次似乎很简单。一旦开始分析，就会意识到 Uber 提供了接送位置的邮政编码，这刚好符合 TLC 的最基本的要求。邮政编码可以覆盖很大的区域，尽管在纽约会比其他任何地方都要小一些。从数据分析的角度来看，地址或至少城市街区本来应该已经相当好了，但这种需求的特殊性带来了有关出租车服务用户个人隐私的法律纠纷，所以是可以理解的。

那该怎么办？在第一波失望消失后，应该检查数据是否足够，是否需要补充数据，或修改项目计划。通常有个简单的方法来实现：可以通过一些预期分析的具体例子，看是否有显著的差别。

在出租车与 Uber 的案例中，要确定邮政编码的相对准确性是否仍然可以满足评估许多路线的需求。选择一个特定的路线，比如时代广场（邮政编码：10036）到布鲁克林音乐学院（邮政编码：11217）。如果车辆在 10036 与 11217 之间行驶，那么司机有什么其他路线可以选择呢？在这种情况下，相同邮政编码对也可以描述成从 Intrepid Sea 的航空航天博物馆到 Grand Army Plaza，或者从 Hell's Kitchen 餐厅到 Park Slope 公寓。虽然这对纽约地区以外的人可能并不意味着什么，但对该项目而言，这些地方与所选择路径的起点和终点距离多达一公里，步行约需 10 分钟，以纽约的标准来说这并不算近。这要由数据科学家根据预期目标做出判断，确定具有相同邮政编码的其他地方是否足够近。这应根据项目目标和希望回答问题的精确性（从第 2 章）决定。

3.3.4　整合数据源

如果发现数据集不足以回答问题，而且找不到足够的数据集，那么仍然可以将数据集组合起来寻找答案。因其重要性和可能会出现的棘手问题，答案虽然似乎很明显但却值得一提。

结合两个（或更多）数据集就像把拼图拼在一起。打个比方，如果拼图是你希望拥有的完整数据集，那么每块拼图就是一个数据集，刚好要放在其他拼图无法覆盖的地方。与拼图游戏不同，在某种意义上数据集是可以重叠的，在现有拼图已经组装完毕后，任何留下的空缺都是需要克服或绕过的障碍，要么改变计划，要么对如何回答问题重新评估。

多个数据集可能会以多种格式出现。如果擅长处理这些格式的数据，通常不会出现问题，但如果它们之间的表现形式差别很大，那么将很难梳理清楚数据集之间的关系。在我看来，数据库表和CSV文件类似，都有行和列，所以通常可以想象它们是如何结合在一起的，在本章前面的数据库例子中，一个数据集（一张表）提供客户颜色选择，另一个数据集（另一张表）提供客户邮政编码。因为这两个数据集基于同一组客户ID，所以两者可以很容易结合起来。如果能想象得出如何在两个数据集之间匹配客户ID，并将附带的信息组合起来（数据库的说法叫联结），那就可以想象出如何有意义地联结两个数据集。

另一方面，整合数据集可能并不那么简单。在担任巴尔的摩分析软件公司首席数据科学家期间，我参加了一个项目。作为法律调查的一部分，我们团队负责分析电子邮件数据集。几十个电子邮件数据集以微软Outlook归档的PST格式传送给我们。因为以前我接触过现在已经公开和经常研究的安然电子邮件数据集，所以见过这种格式。每个归档文件包括个人计算机中的电子邮件，因为被调查的人经常互相发送邮件，所以数据集有重叠。除了删除的以外，每个电子邮件都存储在发件人和收件人文档中。将所有的电子邮件都归档在一个文件中，然后分析该文件，为此我选择了简单的大CSV 作为目标文件格式，这个主意很方便也很诱人，但却并没有那么容易。

从每个归档文件中抽取个人电子邮件，然后把它转换成 CSV 文件的一行，这个工作相对来说比较简单。我很快就意识到比较困难的是确保所有发信人和收信人都正确。结果，邮件的发信人和收信人字段的姓名不标准，发邮件时，SENDER 字段中出现的与 RECIPIENT 字段中出现的不能保证一致，因为有些人把邮件发给自己。事实上，即使在这两个字段中，名字也不一致。如果 Nikola Tesla 发一封电子邮件给 Thomas Edison（为了保护隐私，这里隐去真名），发件人和收件人字段看起来会像下面这样：

```
SENDER                               RECIPIENT
Nikola Tesla <nikola@ac.org>         Thomas Edison, CEO <thomas@
                                         coned.com>
Nikola <nikola.tesla@ac.org>         thomas.edison@dc.com
ntesla@gmail.com                     tommyed@comcast.com
nikola@tesla.me                      Tom <t@coned.com>
wirelesspower@@tesla.me              litebulbz@hotmail.com
```

即使没有上下文的配合，从其中的一些名字就可以认出来是特斯拉或爱迪生，但其他的却无法确定。要确保每个电子邮件都属于正确的人，还需要电子邮件地址列表匹配正确的名字。我没有这个列表，所以尽我所能做了一些假设，并使用了模糊字符串匹配与抽查（在下一章的数据整理中会更多地讨论），以匹配尽可能多的电子邮件和名字。我以为多个电子邮件数据集会很好地融合在一起，但很快就发现事实并非如此。

数据集可以在很多地方存在着差异，格式、命名方法和范围（地理和时间等）。如在 3.3.3 节中所讨论的那样，找出是否有足够的数据，在投入很多时间处理多个数据集或着手分析数据之前，先抽查几个数据点，然后在小规模数据集上做快速分析，这通常会特别有帮助。在电子邮件案例中，我快速地查看了一些 PST 文件，意识到文件和字段之间存在着不同的命名方法，这使我在项目计划中安排了额外的时间来解决这些不可避免的匹配错误。

现在，想象将电子邮件数据集和 JSON 格式的内部聊天信息结合起来，这可能包含一组不同的用户名字，一组以专有日历格式表示的事件及约会。将它们组成带有明确用户名的单一时间表不是个简单任务，除非对其潜在陷阱存在危机意识。

3.3.5 网络抓取

有时可以在互联网上找到需要的信息，但这并不是传统意义上的数据集。像脸谱（Facebook）或领英（LinkedIn）这样的社交媒体是在互联网上可以看到的非常好的数据案例，但并不是以标准的数据格式呈现。因此，有些人选择从网络上抓取数据。

一定要提到的是，网络抓取违反许多网站的服务条款。有些网站配有安全防护，可以在发现有人抓取数据时关闭访问。有时会因为访问网页的速度比人们正常访问要快得多而被察觉，比如只花几分钟甚至几小时就访问几千页。不管怎样，人们会在没有其他办法的情况下，用抓取技术来收集有用的数据，并在某些情况下，通过更自然地模拟人们的行为绕过任何安全防护措施来抓取数据。

网络抓取必须做好两件重要的事，通过编程访问大量 URL，从页面捕获正确信息。如果想知道你朋友在脸谱上的朋友圈，理论上可以写个脚本访问脸谱页面上的所有朋友，保存他们的页面，然后解析获得朋友的名单，再访问他们朋友的页面，如此往复。这只适用于那些允许你查看他们页面和朋友列表的人，对私人保密的页面不起作用。

有一个走红于 2014 年年初的网络抓取案例，数学家克里斯 · 麦金利（Chris McKinlay）使用网络抓取，获得了流行约会网站 OKCupid 成千上万的页面数据。所收集到的这些数据大多是妇女对多项选择题的答案，他利用数据把网站上的妇女分成几种类型，随后针对每种类型优化自己的个人资料并形成单独的更有吸引力的页面。因为针对每种妇女类型优化自己的页面，其中妇女对他相应的页面具有较高的匹配度（根据 OKCupid 自己的算法），因此更容易与他交谈并最终与他约会。这似乎对他很有帮助，在遇到理想的终身伴侣之前，他已经有几十次约会了。

更多关于构建网络抓取系统的信息，请看与 HTTP 和 HTML 相关的文档，你喜爱的编程语言构建工具和大量的在线指南，也包括本书 3.2 节中关于数据格式特别是 HTML 的讨论。

3.3.6　自己度量和收集

与本章展示数据的主要方式相反，这里存在着无论是否有人打算使用，纯粹是由于自身缘故而需要数据的产品文化，有时候以传统方式收集数据。这些方法可以简单到站在个人行横道上统计过马路的人数，或者通过电子邮件向一组感兴趣的人发送调查问卷。当启动新项目时，如果自问："我需要的数据存在吗？"结果发现答案是"否"或者"是！但无法访问。"那么也许这么问会更有帮助："数据是否存在？"

提出"数据是否存在？"这个问题的目的是吸引对可以采取简单措施创建所需要数据集的潜力的注意。这些措施包括以下内容：

- **实际测量**——用卷尺测量、计数、亲自提问等似乎已经过时，但往往被低估。
- **在线测量**——浏览互联网并对相关网页数量、谷歌搜索结果数量以及维基百科页面上某些术语出现的次数等做统计，这可能会对项目有帮助。
- **脚本及网络抓取**——当 API 或网页中的某些元素发生变化而无法访问历史时，在一段时间内，对某些网页反复调用 API 或者抓取网页可能会有用。
- **数据收集设备**——今天的物联网概念已经在媒体上有相当大的影响，部分是因为物理设备创造的数据，其中一些能够记录物理世界，例如相机、温度计和陀螺仪。你有设备（手机）能帮你吗？可以买一个吗？
- **日志文件或档案**——有时术语称之为数字痕迹或废气，日志文件（或可以）由许多应用软件留下。基本上没人动，通常只有在特殊情况下（崩溃！错误！）使用。你能在项目中好好利用它们吗？

最后一点有点儿像网络抓取，首要任务是手动识别日志文件是否有需要的数据，以及哪些日志文件包含了需要的数据，它可以帮助你理解如何以编程的方式从一组日志文件中提取有用的数据，在大多数情况下，这是一堆永远也不需要的数据。这也许是荒蛮的数据之地的前沿：在概念上用为完全不同的目的而存在的数据创建新的数据集。我相信可以用数据炼金术来称呼这种现象，但我想让你自己去判断数据提取和转换是否配得上这样的神秘标题。

3.4　案例：microRNA 与基因表达

当我读博士时，大部分的研究都与基因表达的定量建模有关。虽然之前提到在遗传学方面做过些工作，但没有深入挖掘。然而，我觉得这是个非常有趣的领域。

遗传学是对所有生物都存在的遗传编码的研究。遗传编码存在于每个生物体的基因组中，由 DNA 或 RNA 组成，在每个细胞中都有副本。如果已经对一个生物体的基因组测序，那么它的基因组已经被分析成基因和其他类型的非基因序列。这里我只关注基因及其表达。生物学家的基因表达概念涉及生物样品中已知基因的活性，我们可以用任何一种工具来测量基因表达，这些工具可以测量副本数，或与这些基因直接相关的特定 RNA 序列片段的集中度。如果一个 RNA 片段包含已知的基因序列，那么该序列可以作为该基因表达的指标。如果该 RNA 序列在生物样品中经常发生（高副本数或集中度），那么相应的基因表达被认为是高水平的，较少发生的序列表明其相关基因在低水平上表达。

有两种技术分别被称为微阵列和测序，是通过生物样品中发现的 RNA 序列的集中度或副本数来测量基因表达的常用方法。测序现在越来越受到青睐，而我在读博士研究生的时候，则专门分析过微阵列数据。数据由马里兰大学医学院的合作者所提供，他们研究 Mus musculus（普通老鼠的干细胞）在不同阶段的发展。在最早的阶段，干细胞被认为是一种通用类型的细胞，后续可以发展成分化的或专门的细胞类型。经过分化和特别再分化阶段的干细胞类型还不完全清楚，我的合作者和其他研究者假设，这可能涉及被称为 microRNA 的特殊类型 RNA 序列的参与。

microRNA（或 miR）是在几乎所有生物体中已知存在的短 RNA 序列（仅 20 个碱基对，明显短于大多数基因）。为了帮助确定 miR 是否有助于调节干细胞的发育和分化，我的合作者在干细胞发育的早期阶段，利用微阵列来测量基因和 miR 表达。

数据集由 7 种干细胞类型的基因和 miR 的微阵列数据组成。单个微阵列测量几千个基因或者几百个 miR。每种干细胞类型有 2～3 个副本，这意味着对每个生物样品，要分析 2～3 个面向基因的微阵列和面向 miR 的微阵列。拷贝有助于分析样本之间的差别以及识别离群值。7 种干细胞类型，每个基因和 miR 有 2～3 个副本，算下来共 33 个微阵列。

人们认为 miR 主要用于抑制基因表达，显然它们与基因 RNA 互补结合，抑制 RNA 的复制，关于该数据集，我的主要问题是：“能否找到证据，证明某个 miR 抑制了某个基因表达？”当某个 miR 的基因表达很高时，另外某个基因表达很低吗？另外，我想知道 miR 的抑制和表达活动是否与干细胞发育分化的某个阶段高度相关。

虽然没人曾对“miR 对老鼠干细胞发育的作用”这个专题做过研究，但对于相关话题已经有人做了大量的工作。特别值得注意的是，仅基于序列信息本身，就有人试图采用统计学的分类算法，描述某个 miR 是否会把遗传 RNA 的某部分作为抑制目标。如果 miR 的碱基序列看起来像下面这样：

ACATGTAACCTGTAGATAGAT

再次声明，为了方便起见，用 T 代替 U，那么，一个完美互补的遗传 RNA 序列将是：

TGTACATTGGACATCTATCTA

在 RNA 序列中，核苷酸 A 与 T 互补，核苷酸 C 与 G 互补。miR 在细胞质中漂浮，基因的 RNA 序列也在漂浮，这就无法保证产生完美的配对并能抑制基因表达。在最好的条件下，这样的序列互补会产生，但生物学中不存在十全十美。很可能 miR 和它的完美配对会像暗夜里的两艘船一样彼此错过。而且，所有的 RNA 序列有个有趣的怪癖，有时它们弯曲得太厉害以至于把自己卡住，对 miR 而言，这样的结果因其形状被称为发夹。无论如何，产生完美互补序列不是必然的，不产生完美的配对也不是真实的结论。许多研究人员已经对此进行了探讨并研发了算法，以根据互补性和序列的其他情况为 miR-基因配对情况打分。这通常被称为目标预测算法，我在工作中使用了这样的两个算法：一个叫 TargetScan（www.targetscan.org），另一个叫 miRanda（www.microrna.org）。

TargetScan 和 miRanda 两个软件被广泛视为靠谱的科研产品，而且这两种算法及其预测可以在互联网上免费获得。在我的微阵列数据集里，任何一个 miR 基因对至少会有两个目标预测分数，用来表明 miR 抑制该基因表达的可能性有多大。从 TargetScan 获得如下结果（为突出重点，有意删除了一些列）：

```
Gene ID     miRNA          context+ score     percentile
71667       xtr-miR-9b     -0.259             89
71667       xtr-miR-9      -0.248             88
71667       xtr-miR-9a     -0.248             88
```

可以看到，TargetScan 分别为每个基因和 miR/miRNA 打分，表示 miR 把基因 RNA 作为目标的可能性大小。miRanda 也提供类似的数据。虽然这些分数不完美，但却包含很多有用的信息，所以我决定将它们作为证据，而不是基于 miR 抑制基因表达的定论。

我仍然是以从合作实验室获得的微阵列数据为主，可以此分析基因和 miR 的表达数据，并确定它们之间的正负相关关系。此外，还用目标预测作为支持某些 miR 基因目标对的进一步证据。更多内容将在第 8 章中讨论，可以把目标预测考虑为先验知识，基于合作者新收集到的微阵列数据进行调整。虽然这种方式没有把预测和噪音数据当成真理，但都在为估计最终哪个 miR- 基因对最有可能产生真正的靶向作用提供信息。

到目前为止，本节谈到了结合基因表达数据与 microRNA 数据，搜索它们之间的靶向作用，来分析 miR 对干细胞发育的影响。另外，把两个目标预测数据集作为某个基因针对某个 miR 的进一步证据。完成这些数据集分析后，要能够说明模型所发现的 miR 和基因与干细胞发育相关联，这在某种程度上是有意义的。做这件事通常可能会有两种方法：与生物学家合作在实验室测试结果以确认其正确性；寻找更多经过验证的在线数据集，这在某种程度上可以支持我的结果。

如果没有处理这类数据的工作经验，我可能会在 Google 中搜索“验证过的 microRNA 靶向”或“干细胞发育的基因注释”，在过去的项目中，我知道有大量被称为基因分类（GO）的公开基因注释数据集可用，也了解验证过的 miR- 基因靶向作用的数据库已经在科学出版物中报道，所以没必要做更多的搜索。GO 注释可以通过网络工具（geneontology.org）和 R 语言软件包访问。我以前曾用这些注释来分析过基因组，看它们是否有共同之处。如果该项目在干细胞发育模型中发现任何一组基因是显著的，那将有助于确认我的结果，另外，也有大量与干细胞和干细胞发育相关的 GO 注释。

此外，显然我希望任何在模型中发现的显著 miR- 基因目标对，已经以其他可靠的方式得到了验证。这就是使用 www.microrna.org 上的数据集来验证靶向作用的结果。这肯定是有用的数据集，其重点在于对已经得到确认的 miR- 基因目标对而言，只因一对尚未得到证实并不意味着它不是真正的目标对。如果我的模型发现了某个没有被验证的目标对，根本不能说明模型是错误的。另一方面，如果根据我的模型对经过验证的某个目标对并不显著，那么有理由予以关注。总的来说，在项目的验证阶段，我希望模型计算的结果，显示所有或大部分经过验证的目标对显著，但没必要看到那些经过验证的最显著结果。

最后，我的合作者对于哪个 microRNA 家族（部分序列匹配的 miR 组）对干细胞发育的哪个阶段起作用感兴趣。原来，TargetScan 提供了一个格式良好的文件来匹配 miR 和它们的家族。在基因表达微阵列、microRNA 表达微阵列、两个目标预测算法的结果、一套基因注释数据以及一些经过验证的 miR- 基因目标对的基础上，我增加了一个 miR 家族数据集。

毋庸置疑，该项目有很多不确定性。此外，项目产生的科学论文不可能包括所有的分析，这在学术界早已司空见惯。有一篇描述模型及其在公共数据集上应用的论文（“用部分配对表达数据的有序样本，推断 mRNA 的 microRNA 调控和外源性预测算法”，来自 2012 年《PLoS ONE》期刊），另一篇是描述在老鼠数据集上应用的论文（“老鼠造血干细胞和祖细胞亚群相关的 miR-mRNA 表达特征预测‘干性’和‘髓’的互动网络”，来自 2014 年《PLoS ONE》期刊）。

虽然对该项目很满意，但我不会在此详细描述所有的结果。根据各表达数据集把 miR 和基因与 TargetScan 和 miRanda 的预测目标匹配，我利用包含所有数据的贝叶斯模型对它们进行了分析，使用 GO 注释验证了已知的目标对，用 miR 家族分析作为补充。结果并不完美，生物信息学的复杂性恶名远播，更不用说数据的质量。大多数经过验证的目标都很显著，一些相关的 GO 注释在大量基因组中过多出现。后续章节将深入研究统计模型及其意义，并根据结果得出结论，但我想暂时留下这个例子，其中各种数据集已被整合以使新的分析成为可能。

练习

继续前一章练习中用脏钱公司个人理财应用做预测的场景，尝试完成下述练习：

1. 列出对本项目有益的三个潜在数据源，并分别说明如何访问（数据库、API 等）。

2. 考虑前一章练习 3 中列出的三个项目目标。要实现这些目标，需要什么样的数据？

小结

- 数据科学认为数据可以不为任何特定目的而存在。正如自然界，所有生物和物种存在于其中，无论是已发现的还是未被发现的，数据领域都值得探索和研究。
- 可以在很多地方找到数据，它们具有不同的可访问性、复杂性和可靠性。
- 最好熟悉一些可能的数据表达形式，以及如何查看和操作这些形式的数据。
- 在假设数据集包含想要的内容之前，最好先评估数据的范围和质量。
- 发现和识别对项目有用的数据集并不总是简单的，一些初步的调查可以帮助实现目标。

第 4 章　数据整理：从捕捉到驯化

本章内容：

- 数据整理的方法
- 实用工具与技巧
- 常见问题

关于数据整理，有一种听上去不错的定义。数据整理就是“解决不同数据来源之间不一致问题的漫长而复杂的过程”。

数据整理是把不容易处理的、非结构化或其他任意格式的数据和信息转换成常规软件可用数据的过程。与数据科学的许多方面类似，它并非一个简单的过程，而是在项目的整体战略背景下一系列可应用的策略和技术。数据整理并不是可以预先规定好步骤的任务，要因时因地制宜，解决问题才会有好的效果。下面通过贯穿全章的案例研究来说明数据整理的技术和策略，如图 4-1 所示。

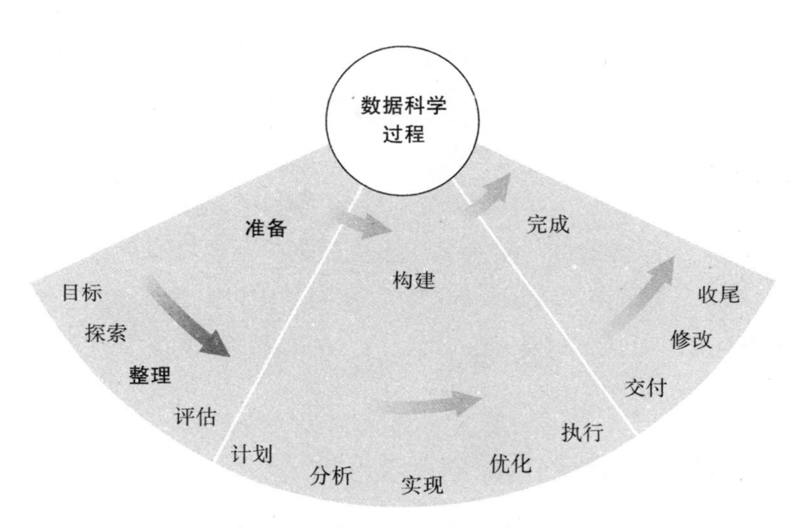

图 4-1　数据科学过程准备阶段的第三步：数据整理

4.1　案例研究：最佳田径表演

当我读研究生的时候，牙买加短跑名将博尔特以 100 米和 200 米短跑的优异成绩震惊世界。在 2008 年北京奥运会上，博尔特以 100 米短跑 9.69 秒的成绩打破了世界纪录，在越过终点线时他张开双臂庆祝胜利。几天后，博尔特在 200 米决赛中，以 19.30 秒的成绩打破了迈克尔·约翰逊保持的世界纪录，该纪录曾被认为是整个田径运动中最好成绩之一。尽管博尔特已被誉为历史上最伟大的短跑选手，但他仍在不断地提高。

在 2009 年柏林世界田径锦标赛上，博尔特打破了自己保持的两个世界纪录。他在 100 米短跑中跑出了 9.58 秒的成绩，在 200 米短跑中跑出了 19.19 秒的成绩，让他的所有对手——那些世界上跑得最快的人都黯然失色。比如，历来擅长短跑的美国人泰森·盖伊，创造了 100 米短跑的全美纪录，但却在到达终点线时，落后博尔特几米远。诸如“博尔特的成绩与其他世界纪录相比怎么样?”以及“没有其他的运动员能像博尔特这样霸气”这样的讨论无处不在，这让我对博尔特的精彩表现印象深刻，决定对其进行量化分析。目的是为那些纸上谈兵的猜测博尔特的田径爱好者建立一个分数机制，并通过轶事和启发式比较的方法展示博尔特的表现是多么罕见。

4.1.1　常见的启发式比较

纸上谈兵的田径爱好者倾向于用纪录保持时间或还差多少秒可以打破纪录来比较不同项目的世界纪录。博尔特 12 岁打破了迈克尔·约翰逊保持的 200 米短跑世界纪录，2008 年初首次打破了 100 米世界纪录，而这距离他在 2008 年奥运会和 2009 年世界锦标赛上再次打破纪录只有不到一年时间。世界纪录的保持时间确实能表明这个记录的一些实力，但一定不是完美的测量方法。难道因为纪录保持时间较短，就说博尔特 200 米短跑 19.19 秒的成绩比 19.30 秒的差吗？当然不是。

有时用成绩提高百分比作为判断标准。简·泽莱兹尼投出的 98.48 米标枪世界纪录比原来的最好成绩提高了 2.9%，超过其他所有选手 5.8%。博尔特 9.58 秒的成绩仍然是目前的世界纪录，比他自己原来的最好成绩提高了快 1.1%，比曾经最快的人（刚好是同一比赛亚军泰森·盖伊的成绩）快 1.3%。虽然这是良好表现的合理指标，但因为次佳表现波动范围很大，所以仍然不尽完美。如果出于某种原因，次佳成绩从未发生过，该百分比可能会发生极大的变化。

4.1.2　IAAF 评分表

在 2009 年开始这个项目时，有更多复杂的评分方法，但都存在缺点。在田径比赛中，教练员、球迷和许多其他人用 IAAF（国际田径联合会）评分表来比较不同项目之间的成绩。IAAF 通常每隔几年就更新发布一组成绩表。同时还发布组合项目分数表，例如男子十项全能和女子七项全能，裁判会按选手在各项目中的表现分别打分，冠军是总积分最高的选手。组合项目的分数表是比赛的基础，除了一些基于成绩表的田径大赛外，单项比赛的评分表对比赛的影响很小。

2008 年的评分表是博尔特在 100 米短跑中跑出 9.58 秒时的最新成绩表，如果换算成世界纪录，成绩为 1374 分（表中最高得分是 1400 分）。在 2011 年更新的评分表中，博尔特 2009 年的表现为 1356 分。这是相当大的分数变化，在大多数比赛项目中从未出现过如此大的变化。作为参考，根据 2008 年的 IAAF 表，100 米短跑 9.58 秒相当于 400 米短跑 42.09 秒，而根据 2011 年的 IAAF 表，100 米短跑 9.58 秒相当于 400 米 42.37 秒。0.28 秒在奥运会 400 米决赛中可以轻而易举地把金牌和无奖牌区别开。根据评分表，博尔特的世界纪录变得越来越差。

这种情况是有道理的。众所周知，国际田联的综合评分表是基于单项比赛中一组选手相对较少的最好成绩。因为具体方法并没有完全公开，我猜测每组可能是前 10 或 25 名。假设成绩表严重依赖于小组选手的最好成绩，那么如果个别选手数据发生剧烈变化，将显著影响下一次更新的分数。2008 年、2009 年的田径赛季产生了一些令人难以置信的 100 米成绩，甚至在博尔特不出场时亦是如此。这些成绩影响了 2011 年的分数。在某种意义上，通过评分表，博尔特世界纪录的表现与其竞争对手的强劲表现势均力敌，最终使人们对他们的印象不那么深刻。

以上的详述只想说明基于太少数据得到的基础模型会明显扭曲结果和结论。依据评分表，如果最好的成绩在两三年时间里发生剧烈的变化，会彻底改变我们对优秀成绩的印象。我的目标是用所有可以找到的数据创建一个评分方法，不对最好成绩的变化过于敏感，它代表了一整套好的样本数据，能很好地预测未来的成绩水平。

4.1.3 用所有可用数据来比较成绩

开始时，我遇到的最大问题是：能找到多少数据？通过各种互联网搜索、询问朋友后得知，alltime-athletics.com 可以提供一套最完整的田径精英成绩。该网站提供了所有奥运会田径项目中顶级成绩选手的名单，对于一些项目，包含数以千计的比赛成绩。我认为如果使用所有这些数据加上一些统计知识，就可以改善 IAAF 评分表的健壮性并提高预测能力。

第一步是整理数据。顶级选手的成绩列表可以在网上找到，但没有像 CSV 这样方便的文件格式，所以我不得不采取网页抓取的方式。此外，还需要把我提取的分数和结果与 IAAF 的评分表（只有 PDF 格式）进行比较。无论是网页还是 PDF 文件，采用编程方式来解析都不太理想，当考虑网页的 HTML 结构和 PDF 文件的页眉、页脚和数字时，其会变得相当混乱。简单地说，这需要做些数据整理。

下面几节将继续讨论田径评分项目中所涉及的两个数据整理任务。

- 整理来自于网站 alltime-athletics.com 的顶尖选手成绩列表。
- 整理 IAAF PDF 格式的评分表。

4.2　准备整理数据

有些人喜欢在项目一开始就立即投入，四处移动数据，但这不是我的风格。我会经过深思熟虑，喜欢在动手写代码或决定尝试策略之前多看看。为了收集那些可以帮助我更有效地整理数据的有用信息和数据，我会做几件事情。

本节首先想告诉你，那些看起来混乱需要整理的数据是什么样的。然后，在开始整理之前，先列出可采取的步骤，这样有助于确定已有什么、该做什么以及可能会遇到什么麻烦。

4.2.1　混乱的数据

数据集之所以混乱，是因为每个数据集均有自己的格式。如果所有混乱的数据看起来都一样，那么就可以找到一种方法快速解析并有效利用。虽然不可能列举出所有需要整理的混乱数据，但我希望能描述一些方法来帮助你了解研究新数据集时可能出现的错误，以及应做好的准备。

如果你在数据科学领域已经有了几年工作经验，我敢肯定你一定遇到过类似的情况。2016 年时我们还没有进入清洁数据时代，我甚至开始怀疑将来是否还有机会进入。

要抓取的数据

第 3 章提到过网络抓取，但你也可以从 PDF 等非常规来源抓取数据。数据源中没有编程可以调用的接口，抓取是通过脚本从数据源中提取选定要素的过程。通常要抓取的是非结构化数据，如果能编写一个复杂的抓取程序，就可以得到整洁的数据。

损坏的数据

有时你会发现不仅数据格式不好，而且内容也被彻底损坏。通常这意味着文件的某些内容丢失，或因磁盘错误及其他低级问题造成数据混淆。这就像制作模型飞机的过程中丢失了说明，或不小心弄乱了一堆本应保存完好的索引卡。电子邮件归档 PST 文件经常容易损坏。但值得庆幸的是，有许多工具可以用来恢复损坏文件中的大部分数据。（这是此类容易损坏文件的少数优势之一，即已有人研发了防治损坏的工具！）

设计不良的数据库

数据库也有扩展问题，有时从未打算在一起使用的两个数据库却成了最好的信息来源，就会存在数据库键值不匹配，以及在范围、深度、API 或模式上不一致等诸多问题。

4.2.2　假如你是算法

前面已经讨论过普通的网络抓取，由于可以在网站获得田径项目数据，抓取似乎是个不错的选择。在谷歌 Chrome 浏览器中，可以用“View Page Source”选项来查看页面的 HTML，它列出了所有男子 100 米短跑顶尖选手的成绩。这是抓取脚本要提取的部分。

有时候很容易通过 HTML 解析来提取想要的数据，但有时需要些想象力。我倾向于角色扮演。假设自己是数据整理脚本，以编程的方式把凌乱的数据变得整齐，这有助于了解如何编写脚本、了解任务难度以及分析可能会遇到的问题。

数据整理的第一步（假设自己是脚本）是查看原始数据（例如，在网页上用“View Page Source”或在文本编辑器中查看 HTML）。这些是脚本可以看到和想办法要处理的内容。页面顶部有标题行和其他信息，展示男子 100 米短跑数据的网页片段如下：

```
...
<A HREF="#7">faulty wind gauge - possibly wind assisted</a>
    <br></FONT>
<center><p>
<A name="1"><H1>All-time men's best 100m </H1></a><P>
<PRE>
1    9.58    Usain Bolt    JAM    Berlin      16.08.2009
2    9.63    Usain Bolt    JAM    London      05.08.2012
3    9.69    Usain Bolt    JAM    Beijing     16.08.2008
3    9.69    Tyson Gay     USA    Shanghai    20.09.2009
3    9.69    Yohan Blake   JAM    Lausanne    23.08.2012
6    9.71    Tyson Gay     USA    Berlin      16.08.2009
...
```

这是男子 100 米最佳选手名单的开始部分。我写本书时已是 2016 年，第一次分析时所用的 2011 年的部分数据目前可能已经不存在了，但格式仍然相同。

进入数据整理脚本的角色，想想如果遇到这样大块的 HTML 我该怎么做。本节之前的内容对我没有什么用途，现在的主要目标是捕捉最高分。我找到含有博尔特创造的 9.58 秒世界纪录的那行数据作为捕获数据的开始，但脚本应如何识别它呢？

识别运动员成绩的方法是逐行验证文件，检查它看起来是否像这样：

```
[INTEGER]    [NUMBER]    [NAME]    [COUNTRY]    [CITY]    [DATE]
```

任何要匹配该 HTML 的每行数据的方法，都必须能够识别整数、数字、姓名、国家等。这个任务往往要比最初看起来更加复杂。例如，第三列是否要验证名字？要测试首字母大写吗？要测试两个词中间隔的空格吗？Joshua J. Johnson 符合标准吗？Leonard Miles-Mills 或 Kuala Lumpur 符合标准吗？所有这些都出现在列表中。这个过程不像看起来那么简单，所以我通常会尝试不同的策略，最后才诉诸模式识别。

文档结构，特别是 HTML 或 XML，可以为整理脚本找到有价值的数据起始点提供线索。数据之前会有什么？在这种情况下，数据前面会有 <PRE> 标签。不管这个标签是什么意思都值得检查，看它是否经常出现在页面上，还是仅出现在数据开始之前。深入调查后，我发现页面中标签 <PRE> 首次出现的位置正好是数据开始的地方。值得庆幸的是，所有田径比赛项目的页面都是如此，所以可以安全地用 <PRE> 来标记每个比赛项目数据集的开始。

把自己想象成数据整理脚本，逐行处理 HTML，并寻找 <PRE> 标签。找到 <PRE> 时，我知道下一行将是有特定表格格式的数据，第二列是成绩，第三列是名字，第四是国家，等等。用自己喜欢的脚本语言编写的文本解析器可以读取该行数据，使用制表符或多个连续空格将列分隔为字段，并将每个文本字段存储在变量或数据结构中。

4.2.3　继续想象：可能的不确定性和障碍是什么

虽然已经知道了在每个 HTML 页面中有价值的数据的起始点，以及如何捕获数据，但仍然需要你继续在头脑中扮演脚本的角色，一行一行地在文件中继续前行。

当在男子 100 米成绩的 HTML 中向下滚动时，大多数行看起来应该像这样：成绩、名字、国家等，所有数据都在适当的位置。但偶尔会出现有趣的字符序列。在城市列有时可以看到文本 ü ; 或者 é ; 夹杂在其他一些字符之间。这些字符串看起来有些怪异，我担心脚本（等一下，我就是那个脚本！）可能不知如何是好。在渲染好的 HTML 网页上相应的位置寻找，我意识到这些字符串分别是 HTML 对 ü 和 é 的表示。还可以进一步通过互联网搜索，找出那些字符串到底意味着什么。

Zürich 和 San José 经常出现在一些顶级选手所在城市的名字上，所以显然我需要考虑如何处理 HTML 中的特殊字符串所表示的内容。还有什么其他没发现的问题吗？是否应该对在任何字段里出现的 & 记号提高警惕？答案很可能是“对”，但我想提醒的是，事实上，“我暂时还不知道”。

这是数据整理的重点：有很多想不到的事可能发生。如果数据整理有座右铭，那么这个座右铭就应该是：

复查一切

手动复查是首选，如果足够谨慎，编程检查也很有效。如果没有那么多的数据，我喜欢从头到尾检查数据文件来进行复查。有时快速浏览就可以发现一些明显的错误，而通过软件测试则可能要花一个小时的时间。如果某列数据的位置移到了其他地方该怎么办？

一个额外的制表符就足以搞乱很多解析算法，包括标准的 R 软件包和偶尔的 Excel 导入等。

当试图以编程方式整理数据时，还有什么地方可能会出错？文件里有哪些地方看起来有点怪？做哪些事后检查可能发现数据整理中的一些重要错误？情况各异，但每种解析错误的可能性都值得深思熟虑。这种意识对数据科学家而言是最重要的。

4.2.4　看看数据和文件的结尾

假设我是数据整理的脚本，我会从头到尾处理文件。中间可能会遇到许多意想不到的事，所以无法保证会如期到达文件结尾。可能会错把城市位置的字符串当成人名去处理，把国家位置的字符串当成日期去处理。谁知道还会有什么意外呢？除非我运气特别好，用无缺陷的脚本处理非常规范的数据集。但存在这样的脚本或数据集吗？如果不存在，假设整理脚本至少有一个缺陷，我可能需要在文件开头、结尾和至少中间几个地方检查已整理过的数据文件。

费了九牛二虎之力检查完男子 100 米成绩列表，我才发现 HTML 的第一行不属于数据集。我用了很长的时间，才意识到网页底部存在着额外的非标准最好成绩列表。在男子 100 米成绩网页的主要名单之后，还有起跑和手动计时的其他列表。这些列表看起来与主列表相同，但被一些 HTML 标签将其与主要列表隔开。从主列表到第一个辅助列表的过渡看起来像下面这样：

```
...
2132  10.09    Richard Thompson    TTO    Glasgow      11.07.2014
2132  10.09    Kemarley Brown      JAM    Sundsvall    20.07.2014
2132  10.09    Keston Bledman      TTO    Stockholm    21.08.2014
</pre></center>
```

```
2401 total
<p><center>
<A name="2"><H3>rolling start</H3></A><P>
<PRE>
1      9.91     Dennis Mitchell      USA     Tokyo          25.08.1991
2      9.94     Maurice Greene       USA     Berlin         01.09.1998
3      9.98     Donovan Bailey       CAN     Luzern         27.06.2000
...
```

HTML 标签 <PRE> 标明所需数据的起始点，在主列表的结尾使用标签 </pre> 表明数据结束。（注意，HTML 标签一般不区分大小写。）这是结束数据集解析的好方法。如果不需要捕获辅助列表，这就是我要做的整理脚本。在这种情况下，并不需要捕获辅助列表，我只想要完全符合世界纪录规则的那些成绩，从而比较世界纪录和每个接近的成绩。考虑非标准情况下的成绩可能没有帮助，因为这与合法成绩的核心数据集在本质上不同。

如果整理脚本忽略了有用数据集的结束标志，例如上面代码中的 </pre> 标签，并假定数据到文件的结尾结束，那么脚本可能会在页面底部收集到非标准的结果。当数据无法适应适当的列格式时，脚本将不知所措。和其他许多情况一样，查看整理后数据文件的结尾是数据整理成功与否的关键。要由数据科学家来决定哪方面的整理最重要，并确保这些整理能够正确完成。在脚本完成之前，除了确保没有发生奇怪的事情，还应在最后彻底扫描和检查数据文件。

4.2.5　制订计划

我们已经讨论了把自己想象成整理脚本，完成解析原始数据并提取需要的数据的过程，下一步是研究收集到的所有信息并制定整理方案。

从田径数据中看到，有个不错的选择是下载所有包含奥运会田径比赛项目的网页，然后像前面讨论的那样对其进行解析，合理地利用 HTML 结构，复查所有数据。但这时存在一个比较复杂的问题，如果打算使用纯网页抓取策略，就需要每个项目网页的地址列表，以便以编程的方式下载所有数据。有时不难生成这样的抓取网站地址列表，但对 48 个单独项目网页（24 个奥运会项目，每项分男女）中的每一个都需要复制或手动键入其唯一的地址。因此，可能要手工创建需要被抓取的 48 个网页的地址列表，而且还需要像前面讨论过的那样，编写 HTML 解析脚本，这是整理数据的潜在计划。因为每个网页的地址都需要手工复制或输入，所以与手工下载页面相比，代码下载不会节省太多时间。这是两个不错的选择，但并不是整理所需数据的唯一途径。

最终我决定不采用网页抓取的策略。如你所见，解析 HTML 的难度令人难以置信，我意识到会有其他解决方案。alltime-athletics.com 网页并未深入使用 HTML。页面上的 HTML 和文本与经过 HTML 渲染后的网页相比差别不大。网页的风格不多，特别是那些包含所需数据的网页。顶尖选手的成绩在两种情况下都是以空格符分隔的表，每个成绩一行。所以原始的 HTML 和渲染后的 HTML 差别不大。然而，个别字符在原始 HTML 和渲染后的 HTML 页面上呈现出不同的结果。例如，城市名在原始 HTML 中可能显示为 Zürich，而在渲染后的页面上呈现的结果是 Zürich。

我决定采用 HTML 渲染后的页面版本，不再担心字符渲染或其他 HTML 解析问题。这样做仍然需要 48 个页面的数据，但不是写脚本下载奥运会每个项目的网页然后解析 HTML，而是直接从每个网页本身复制文本。

我使用 Chrome 浏览器逐一访问 48 个项目的网页，按 Ctrl+A 选择页面上的所有文本，再按 Ctrl+C 复制文本，最后按 Ctrl+V 把文本粘贴到单独的普通文件。虽然通过手工操作来复制网页有些麻烦，但不必担心解析 HTML 或用脚本下载网页。下面是我最后选择实施的正确计划：绕过 HTML 解析，手动复制所有页面，然后编写简单脚本，把田径项目成绩转换成可用格式的数据。尽管这可能不是每个项目的最佳计划，但就本书中的例子来讲，肯定是最好的。

一般来说，如何选择合适的数据整理计划，很大程度上取决于第一次数据调查时发现的所有信息。如果以假设的方式想象那些解析数据或访问数据的场景（如试着扮演整理脚本的角色），那么可以编写脚本完成同样的事。假设你是整理脚本，想象数据可能会发生哪些事，然后把脚本写出来。数据整理过程充满了不确定性，因此最好先做些探索，然后再根据当时的情况制订数据整理计划。

4.3 技巧与工具

数据整理是令人难以置信的抽象过程，几乎每一步都有不确定的结果。没有哪种方法或工具可以轻易实现清理杂乱数据的目标。如果有人告诉你他们有可以整理任何数据的工具，那么要么这种工具是编程语言，要么他们在说谎。许多工具可以做很多事情，但是没有哪种工具有能力整理任何数据。虽然可以逐步优化，但老实地说，我不认为有这种可能。数据形式多样且用途广泛，没有哪个应用能够为了不确定的目的而读取任意数据。简单地说，数据整理是不确定的事情，需要特定工具在特定情况下完成工作。

4.3.1　文件格式转换

在 HTML、CSV、PDF、TXT 以及其他常见的文件格式中，了解如何把数据从一种文件格式直接转换成另外一种格式，这对我们会很有帮助。

IAAF 公布的评分表是 PDF 格式的，这种格式不利于数据分析。但通过工具可以把 PDF 格式转换成如文本和 HTML 等其他格式。例如，UNIX 应用 pdf2txt 可以从 PDF 文件提取文本，然后将其保存到另一个文本文件中去。pdf2html 可能是另一个对大多数数据科学家都有用的格式转换器。

有许多可用的文件格式转换器，其中许多是免费或开源的，利用谷歌搜索来确定现有文件的格式是否能很容易地转换为需要的其他格式。

4.3.2　专门的数据整理工具

在 2016 年，出现了一些有偿整理数据的公司。许多公司声称其产品有能力做好数据整理工作，但根据我的个人经验，其中很多公司做得非常有限，不过确实有些产品的效果很好。

如果能找到任何专门产品，可以把数据转换成想要的格式，那么值得考虑购买。如果项目能提早完成，那么在这些专门工具上花点钱也是值得的，目前这个行业还很年轻，而且变化得太快，我在此无法给予任何有意义的建议。

4.3.3　脚本：使用计划，然后猜测和检查

前文讨论过，先假设自己是整理脚本，并描述在这个角色上要做的事。这正是编写整理数据的脚本的基础。

当你把自己想象成脚本，从头到尾读取文件，发现有用数据的开始和结束位置，以及了解如何解析这些数据后，会对任务的复杂性和要实现的主要功能有所了解。对于简单的任务，往往用简单的工具来实现。例如，UNIX 命令行对下面这样的任务很有帮助：

- 从文件中提取含有某个单词的所有行（grep 就是这样的工具）。
- 把某个词或字转换成另外一个词或字（tr、sed、awk）。
- 把文件分割成更小的部分（split）。

这只是几个例子，如果整理计划需要几个类似的简单步骤，命令行可能是首选。

但如果你需要执行更为复杂的操作，前面提到的文件格式转换器或专门的工具都不适合，那么脚本语言通常是最佳选择。Python 和 R 都是编写整理脚本的常用语言，最好选择自己喜欢的语言，因为可能会在短期内尝试几种不同的技术。

编写的数据整理脚本通常不是精心策划的，至少第 1 版不是。事实上，当前使用的“hacking”（黑客）一词恰如其分地表达了这种情况，即尝试一堆东西直到找到完成工作的方法。在选择脚本语言或工具时，应该重点关注加载、调整、写入和快速转换数据这些最重要的功能。

因为你已经设身处地把自己想象成脚本来解析数据，应该对脚本最终能做什么大概也已经有了不错的想法，但我不确定你对细节完全清楚。你可以针对如何最好地完成数据整理做出一些明智的决定，也可以采用先猜测后检查的方法，如果这么做更省时的话。大概现在也是回顾手工还是自动问题的好机会：手工整理比脚本整理花的时间更少吗？脚本可以复用吗？选择那些在时间和精力上投入最小成本，但可以获得最大回报的方案。

写脚本时保持清醒的意识很重要，其中包括对数据状态、脚本、结果、目标，以及许多整理步骤和工具，乃至一些潜在问题的意识。

4.4　常见的陷阱

面对混乱的数据，任何只根据部分数据构建的整理脚本注定会忽略重要的事情。即使敏锐地觉察到了所有的可能性，而且考虑得很彻底，但仍有出错的风险。本节将简要介绍这些陷阱，并给出整理脚本时值得注意的一些陷阱的特征。

4.4.1　注意 Windows / Mac / Linux 的问题

当我在 2005 年左右第一次开始整理数据时，数据不兼容问题主要发生在两个最流行的操作系统之间，我不认为这个问题在 2016 年仍然存在。但三大主流操作系统的服务商仍然未对文本文件结尾行的标准问题达成一致。将来的某一天，所有文本文件的标准可能会在不同操作系统之间神奇地统一，但在此之前，文件从一个操作系统转换到另一个操作系统都存在问题。

从 20 世纪 70 年代开始，UNIX 及其继承者 Linux 一直使用换行符（LF）表示新的一行，而 Mac OS 在版本 9.0 之前使用回车符（CR）来表示新的一行。1999 年以来，Mac OS 与其他 Unix 的衍生品统一使用换行符来表示新的一行，但微软的 Windows 系统继续使用回车符 + 换行符（CR+LF）来表示一行的结束。

我无意在此解决任何具体问题，因为它们细致入微且不断变化。但我想强调的是它们带来的影响。不正确地解析行结尾会带来各种问题，所以必须小心地对待解析结果。除了该问题和其他操作系统的复杂性以外，每种编程语言都有阅读不同类型文件的能力。根据所选择的文件读取包或原生方法，要确保留意其如何解析文本、每行的结尾和其他特殊字符。这些信息应该能在编程语言的文档中找到。

在查看刚整理过的数据时，下面的一些迹象表明你可能遇到了与操作系统文件格式有关的问题：

- 似乎比想象的文本行数要多。
- 似乎比想象的文本行数要少。
- 文件中穿插着怪异的字符。

4.4.2　转义字符

在处理文本时，有些字符具有特殊的含义。例如，在常见的 UNIX（或 Linux）shell（命令行解释器）中，字符 * 是通配符，表示当前目录中的所有文件。但是如果你把常见的转义字符 \ 放在 * 的前面，* 的特殊含义则被去掉，只表示星号。下面的命令行

```
rm *
```

表示删除当前目录中的所有文件，而

```
rm \*
```

表示删除名为 * 的文件。在这种情况下，反斜杠 \ 表示逃避通配符。

这种转义字符可能在编程语言的文本文件和文本 / 字符串变量中出现。比如，你想用文本编辑器读取内容如下的文本文件：

```
this is line 1
this is line 2
A	B	C	D
```

该文本有三行，后面是没有字符的空行。第三行的字母之间包含制表符。

许多常见的编程语言，包括 Python 和 R，用最简单的文件阅读器（或文件流）读取此文件后可以看到：

```
this is line 1\nthis is line 2\nA\tB\tC\tD\n
```

注意，换行已被 \n 取代，制表符被 \t 取代。其包含的信息与之前的相同，但通过使用 ASCII 字符（n，t）和转义字符（反斜杠）代表空格、换行和制表符等，编码后显示在一个字符串中。

另一个复杂之处是，在 Python 或 R 语言中创建字符串变量时，若其中包括引号，那么引号会以各种方式影响转义。我们把前面的字符串放在双引号中，把它分配给 Python 变量（>>> 代表 Python 解释器的提示符），然后检查变量的内容，首先只输入变量名本身，然后使用打印命令：

```
>>> s = "this is line 1\nthis is line 2\nA\tB\tC\tD\n"

>>> s
'this is line 1\nthis is line 2\nA\tB\tC\tD\n'

>>> print s
this is line 1
this is line 2
A    B    C    D
```

需要注意的是，对这两个变量内容的检查确认它是一个字符串（首先表现在单引号中），这个字符串呈现为原始文件，当使用打印命令时，经过渲染的字符串转换为相应的转义字符换行符和制表符。这样，字符串变量就可以代表整个文件数据，每一行由换行符分隔。

当在单引号中使用转义字符时，有意思的事情就来了。假设文本编辑器的第二行看起来像下面这样：

```
I call this "line 1"
I call this "line 2"
There are tabs in this quote: "A    B    C"
```

将这个文件存储在 Python 的一个变量中，然后检查它的内容：

```
>>> t = "I call this \"line 1\"\nI call this \"line 2\"\nThere
    are Tabs in
this quote: \"A\tB\tC\""

>>> t
'I call this "line 1"\nI call this "line 2"\nThere are Tabs
    in this quote:
"A\tB\tC"'

>>> print t
I call this "line 1"
I call this "line 2"
There are Tabs in this quote: "A B C"
```

这显然比前面的例子复杂得多。因为文本本身包含了引号，所以需要在字符串变量中转义。

作为转义字符的最后一个案例，假设你有一些包含电子邮件的数据集。人们可以在电子邮件中写任何他们想要的内容，包括引号、标签或任何其他东西。出于不确定性，你希望将电子邮件的数据存储在文本文件中，每行一个电子邮件。一个电子邮件读起来像下面这样：

```
Dear Edison,
I dislike "escaped characters" .
-N
```

该电子邮件可以被编码成以下的字符串：

```
Dear Edison,\nI dislike \"escaped characters\".\n\n-N\n
```

它可以在 Python 中存储为如下所示的字符串变量，转义内部的引号：

```
>>> s = "Dear Edison,\nI dislike \"escaped characters\".\n\n-
    N\n"
```

现在你想把这封电子邮件写入文件中的一行，从而检查变量的内容，然后打印/渲染它们（显示在终端上的 print 命令将写入文件）：

```
>>> s
'Dear Edison,\n\nI dislike "escaped characters".\n\n-N\n'
>>> print s
Tesla,Edison,Dear Edison,

I dislike "escaped characters".

-N
```

这不是你想要的。打印过程渲染换行符，结果数据不再是单独的一行。看起来你想要给换行符加上转义符，如下所示：

```
>>> s = "Dear Edison,\\nI dislike \"escaped characters\".\\n\\
    n-N\\n"
>>> print a
Dear Edison,\nI dislike "escaped characters".\n\n-N\n
```

现在它显示成我们想要的单独一行，因为用了双反斜杠。记住，在变量 s 中，序列 \\n 代表转义反斜扛（只有一个，两个中的第一个是转义）和字符 n，有时很容易混淆，所以在处理复杂的转义时最好要小心。

不需要在两个反斜杠处停止。反斜杠是一种常见的转义字符，如果使用智能文件读写程序则大可不必担心，但如果使用很多嵌套引号和换行符，那么转义就会有问题。有一次，为了一些微妙的转义处理，我在 R 语言中接连用了五、六个反斜杠。我感到相当地吃惊，意识到不得不用 \\\\\\n 来完成任务，因为所有文件阅读器的参数似乎都无法正确解析。

转义可能出现问题的症状包括以下几种：

- 一些行或字符串过长或过短。
- 试图逐行读取文件，结果却出现了一个长长的行。
- 发现不属于引号内的文本。
- 读写文件时遇到错误。

4.4.3　离群值

有时候，从逻辑的角度看，数据包含一个完全有效的值，但从专家的角度看，该值不现实。在田径比赛案例中，100 米短跑成绩单上可能会出现数字 8.9。从统计角度来看 8.9 是一个符合逻辑的完美数字，但了解田径项目的人都知道，100 米短跑从来没人跑出过 8.9 秒的成绩。出现这个 8.9 可能是中间过程中出现了输入错误，或对一行数据没有正确地格式化，或其他原因导致该数据放在了错误的地方。问题就是，不正确的数据有时可能偷偷溜进项目中，并且不会引起能被人轻易发现的错误。这时利用统计摘要和探测图形可以发现问题。

在这种情况下，仅仅检查最小值到最大值的范围，就可能发现错误。在这个项目中，我把所有的数据绘制进了直方图，不仅为了检查错误，也是为了获得对数据集的印象。直方图可能会突显出这样的数据错误。通常投入精力做些统计摘要或视图是个好主意，即使看起来似乎没有必要，但它们可以防止错误并提升意识。本书将在第 5 章讨论数据评估，包括基本描述性统计、摘要、诊断以及一些对应的技术，以确保数据整理的成功。

4.4.4 数据整理者篝火旁的“鬼故事”

任何久经沙场的数据科学家都会讲几个困扰多年的关于数据的“鬼故事”，在最后一分钟的缺陷检测中发现了几乎酿成灾难的“漏网之鱼”，除了抱怨“数据是如此糟糕……（它有多糟糕？）”之外，我们无话可说。你将会在本书读到大部分的故事，但别害怕，多去听听周围经验丰富的数据科学家们的“鬼故事”，故事可能很讨厌，但我们遇到的不也正是这样的问题吗？

练习

继续我们在第 2 章中描述过的脏钱预测个人理财应用的场景，并与前面章节的练习相关联，想象下面这些场景：

1. 你打算开始从 FMI 内部的关系型数据库中提取数据。请列出在访问和使用数据时需要注意的三个潜在问题。

2. 内部数据库的每个财务事务都有“description”字段，它包含的字符串（纯文本）似乎提供了一些有用的信息。但是这些字符串似乎没有一致的格式，没人可以告诉你该字段如何生成，或者提供更多的信息。若试图从该字段提取数据，你的策略是什么？

小结

- 数据整理是在一些不利条件下，从原始和凌乱的数据中获取有用部分的过程。
- 为了编写良好的数据整理脚本，把自己模拟成计算机程序。
- 熟悉一些典型的工具和策略，以及一些常见的数据整理陷阱将很有帮助。
- 好的数据整理源于整理前精心的规划，以及后续通过猜测和检验以确定是否奏效。
- 在数据整理上多花一些时间可以省去之后的许多麻烦。

第5章　数据评估：动手检查

本章内容：

- 描述性统计和其他了解数据的技巧
- 检查关于数据及其内容的假设
- 筛选所需要数据的样本
- 在大量投入软件或产品研发之前，进行简略分析以洞察数据

如图 5-1 展示了数据科学过程准备阶段的最后一步，即评估可用的数据和迄今的进展。在前面的章节中，我们已经完成了数据搜索、捕获和整理。你很可能已经在前进道路上学到了很多知识，但仍然未准备好用数据解决问题并得到理想的答案，那么你必须尽可能多地了解所拥有数据的内容、范围、局限性以及其他特征。

虽然尽快开始研发以数据为中心的产品或复杂的统计方法可能很诱人，但为了了解数据的益处就需要牺牲点儿时间和精力。知道更多关于数据的事，加强对数据以及如何分析数据的认识，将会使你在整个数据科学项目的每一步中作出更明智的决策，并因此收获

成功后的好处。

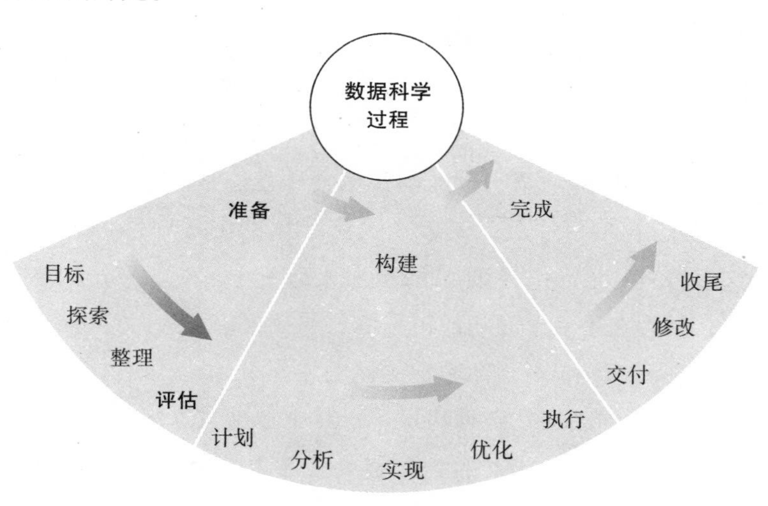

图 5-1　数据科学过程准备阶段的第四步（即最后一步）：评估可用的数据和迄今的进展

5.1　案例：安然的电子邮件数据

经过多年面向研究的学术性数据科学训练后，我在一家软件公司开始了第一份工作，研发用于分析受严格监管的大型机构员工通信的软件，以检测异常或有问题的行为。雇主是巴尔的摩的一家初创公司，所研发的软件有助于分析员工的大量数据。按照现行法律的规定，这些数据大多必须已经归档几年，其中可能包含不法行为的证据，该证据可能对已知违规行为的调查以及未知违规行为的检测非常有帮助。潜在的样板客户是大型金融机构和政府机构安全部门的合规人员，这两类客户都有明确的责任以防止任何人泄露机密信息或不适当地使用特权。通常监管机构授权并高度推荐监控员工使用内部网络的行为。毋庸置疑，需要对员工的沟通和其他活动进行深入的统计分析，同时在道德和隐私方面要非常谨慎。

用于演示目的的第一批数据集不太涉及隐私问题。因为在21世纪早期的安然事件后，调查人员所收集的电子邮件已经公开，研究人员对其进行了详细记录和深入研究（www.cs.cmu.edu/~./enron），因为它是最全面和最相关的公共数据集，我们希望能使用安然电子邮件来测试并演示软件的能力。

有几个版本的安然数据集可用，其中包括文本版的CSV格式以及专有的微软Outlook的PST格式。第4章涵盖了数据整理的基础知识，在那里所描述的所有问题和警告都适用于此。我们选择的数据集版本可能已经为我们做了各种预处理和整理，这大多是好事，但我们始终要警惕，因为在我们取得数据之前，可能已经犯下了错误或进行了不规范的选择。

鉴于此以及很多其他的原因，我们需要像对待陌生的野兽那样对待数据集。正如新发现的动物物种，我们认为这可能不是我们所拥有的。我们最初的假设可能并不真实，即便真实，相同物种内部个体之间仍然存在着巨大的差异。同样，即使你确信数据集包含了应该包含的东西，其本身也肯定会随不同数据点的变化而变化。没有初步的评估，可能会遇到离群值、偏差、精度、特性或任何其他数据内在的问题。为能更好地揭示并了解这些数据，数据分析整理后的第一步是进行描述性统计计算。

5.2　描述性统计

你可能以为描述性统计是：

- 一组数据的描述
- 一组数据的摘要
- 最大值
- 最小值
- 平均值
- 可能值的列表
- 相关数据集的时间范围
- 或者更多

这些都是例子，让我们来看看维基百科是怎么定义的：

> 描述性统计学是定量描述数据集本身或其主要特征的学科。

描述性统计既是指一组技术，也是指利用这些技术描述数据集。

通常很难仅讨论描述性统计而不提及推断性统计。推断性统计是使用所拥有的数据来推断知识或无法直接测量数据的实践。例如，在竞选中调查 1000 个选民，然后试图利用总体人口（远多过 1000 人）的推断性统计结果进行预测。描述性统计仅关注所拥有的数据，即 1000 项调查反应。在这个例子中，从样本到总体的归纳步骤将两者从概念上分开。

对于数据集，可以从下面的问题中看出差别：

- 描述性统计问：“我怎么了？”
- 推断性统计问：“我可以得出什么结论？”

虽然描述性统计和推断性统计可以被当成两种不同的技术，但它们之间的边界往往比较模糊。在竞选调查和许多其他例子中，为了推断关于未接受调查的其他投票民众，你将不得不对1000个数据点进行描述性统计，因此，描述性统计和推断性统计的界限并不总是清楚。

我认为大多数统计学家和商人都会同意，推断性统计可以给出最爽的结论：当世界人口达到峰值，然后开始下降时，病毒性传染病蔓延得多快；当股市开始上升时，在推特上的人们对某个话题是否普遍持积极或消极态度等。但要使这些结论成为可能，描述性统计起着非常重要的作用，也就是说我们应该知道自己拥有什么样的数据以及这些数据能为你做什么。

5.2.1　密切关注数据

第1章提到要密切关注数据，而这一点在这里需要再次强调。在数据科学项目的这个阶段，计算描述性统计的目的是了解数据集，以便掌握其能力和局限性，在这个阶段除了了解数据外，试图做任何事情都是错误的，因为在这个阶段根本不涉及复杂的统计技术（如机器学习、预测分析和概率建模）。

有些人会争辩说完全可以直接开始，并把机器学习应用到数据上，因为随着项目的开展，你会更加了解这些数据，如果够精明，可以发现并解决问题。我对此持完全不同的意见。像今天机器学习中使用的大多数复杂方法，都不那么容易分析甚至理解。随机森林、神经网络和支持向量机等是可以理解的理论，但每种技术都有众多组件，一个人或一个团队不可能理解所有在获得某个结果的过程中所涉及的具体组件及其价值。因此，当你注意到不正确的结果时，无法直接从复杂的模型中定位到底哪部分造成了这个惊人的错误。更重要的是，复杂模型涉及随机性，如果重新运行算法，可能无法重现特定的错误。统计方法的这种不可预测性也说明，在用任何随机过程或黑箱得出结论时，应先了解自己的数据。

密切关注数据的定义：

> 计算可以人工验证或用其他统计工具完全重现的统计学指标。

在项目的这个阶段，你应该计算可以很容易用其他方式验证的描述性统计，在某些情况下为了确认必须做这种验证。通过做简单的计算来复查结果，可以 100% 地确定结果的正确性，所积累的密切关注数据的那些描述性统计，将成为关于数据集的不可侵犯的认知标准，后期会非常有用。如果得到与此矛盾或看起来与此不太相关的结果，那么几乎可以肯定在获取这些结果的某个环节有重大错误。此外，结果与标准相抵触的地方可能蕴含大量有助于诊断错误的信息。

密切关注数据可以帮助你确定这些初步结果的正确性，在项目过程中保持一套好的描述性统计，将为比较后续更相关更深奥的结果，也是项目真正的聚焦点，提供方便的参考。

5.2.2　常见的描述性统计

有帮助而且有价值的描述性统计方法包括但不限于均值、方差、中位数、求和、直方图、散点图、表格摘要、分位数、最大、最小和累积分布。部分或全部方法可能会对下一个项目有所帮助，决定选择采用哪种统计方法来为项目提供目标，主要取决于偏好和相关性。

面对安然的电子邮件数据集，我首先提出了以下这些问题：

1. 有多少个人？

2. 有多少条信息？

3. 每个人写了多少条信息？

由 Brian Klimt 和 Yiming Yang 于 2004 年发表的简短论文 "Introducing the Enron Corpus"，为回答这些问题做了很好的准备。

在安然电子邮件语料库中，有 619 446 条来自于 158 名员工的信息。除去群发和重复的电子邮件后，Klimt 和 Yang 把数量减少到了 200 399，形成一个纯净版的数据集。在纯净版中，用户平均发送 757 封电子邮件。这些都是有用的信息。后期的统计模型计算出大多数人每天发几十封电子邮件，如果没有上面这些描述性统计，问题就不会那么明显。因为这些数据横跨两整年，在正常情况下，每天大致上有 2 或 3 封电子邮件。

说到安然和其他数据的时间范围，我曾见过有关日期错误的报告。由于日期格式的缘故，损坏的文件往往很容易把正确日期写成 1900 或 1970 甚至其他年份，显然这是错误的。直到很多年后安然才存在，电子邮件也是如此。如果要在以后的分析中把时间作为重要的变量，那么有些电子邮件比其他邮件早一个世纪可能就是个大问题。正如第 4 章所述，如果能在整理数据时发现这些问题将非常有帮助，但它也有可能会悄悄地溜过去，现在有些描述性统计可以帮助你发现这样的错误。

例如，假设你对分析每年发多少封电子邮件感兴趣，但是没有做描述性统计，直接开始写统计应用来处理从大约 1900 年到 2003 年之间的电子邮件。分析结果将会由于中间许多年内没有任何消息而出现严重偏差。你可能会较早发现这个错误，在过程中也不会浪费太多时间，但是对于更大和更复杂的分析，可能就不会那么幸运了。对比实际日期与假定日期，可以更快地发现错误。在今天的大数据世界里，有人写个应用很正常——分析某个时间范围内电子邮件数量的变化情况——要处理数十亿的电子邮件可能需要使用计算集群，每运行一次花费成百上千美元。在这种情况下，若不做好描述性统计这样的功课，其后果将是昂贵的。

5.2.3　选择特定的统计方法

在描述安然语料库的论文中，Klimt 和 Yang 清楚地说明，他们主要聚焦在把电子邮件按主题或其他标准分类上。在那种情况下，日期和时间的重要性远低于主题、术语频率和电子邮件发送历史。他们所选择的描述性统计就反映了这一点。

由于主要关注随着时间的推移，用户行为变化的情况，所以描述性统计计算如下：

- 每月发送电子邮件的总数
- 发送电子邮件最多的人及其发送量
- 发送电子邮件最多的人及其每月发送量
- 接受电子邮件最多的人及其接收量
- 电子邮件交换量最多的发送人—接收人配对

哪些统计方法将是特定项目的最佳选择，答案并不总是显而易见，但通过对一些问题的问答，将有助于引导你做出有利的选择：

1. 有多少数据？其中多少是相关的？

2. 数据与项目最相关的一个或两个方面是什么？

3. 对最相关的方面，典型的数据看起来是什么样的？

4. 对最相关的方面，最极端的数据看起来是什么样的？

问题 1 通常可以相当直截了当地回答。对于安然数据集，我已经提到过可以找电子邮件总数或电子邮件账户总数。如果该项目只涉及部分数据，例如，涉及后来被定多个欺诈罪名的 CEO Ken Lay 的电子邮件，或只是在 2001 年发送的电子邮件，你应该找到该子集的总和。是否有足够的相关数据来实现项目的目标？时刻保持警惕，以前的数据整理可能并不完善，要获得精确的子集并不是那么容易。名称、日期还有许多其他字段的格式错误，都可能会导致问题的发生。

问题 2 关注项目重点。如果正在研究安然作为一个组织的兴起和衰落，那么时间是数据的相关方面。如果像 Klimt 和 Yang 那样主要聚焦在电子邮件的分类上，那么邮件文件夹、邮件主题和正文就很重要。在这一点上，字数统计或其他的编程语言功能可能很有用。想想项目，看看数据，问问自己："我最关心哪一部分？"

对于问题 3，参考问题 2 的答案，并对相关方面的值做汇总统计。如果时间变量对你很重要，那么就计算出平均值、中位数，以及也许是所有数据集里邮件时间戳的分位数（别忘了将时间戳转换成数值（例如 UNIX 时间），然后再做个检查）。还有可能计算每周、每月或每年发送电子邮件的数量。如果电子邮件分类对你来说很重要，那么就把每个文件夹中的电子邮件数量累加，然后找出包含最多邮件的文件夹。或查看所有不同的人有多少不同数量的电子邮件，以及电子邮件在不同文件夹中的百分比。这些结果会让你感到吃惊吗？基于项目目标，你能预见到分析中可能出现的问题吗？

问题 4 与问题 3 类似，它不看典型值，而着眼于最大和最小这样的极端值。最早和最迟的时间戳以及一些极端的分位数（如 0.01 和 0.99）可能是有用的。对电子邮件分类，应该看包含最多以及最少电子邮件的文件夹，很有可能许多文件夹包含一个或几个电子邮件，其有很大几率对分析毫无用途。在项目后期你也许会考虑排除这些数据。在查看极端值时，数值的极高或极低是否有意义？有多少数值超出合理范围？对分类或其他非数值数据，最常见的和最不常见的类别是什么？所有这些对后续分析是否有意义和用途？

5.2.4　适当使用表格和图表

除了计算这些统计数据的原始值外，你可能会发现要将某些数值用表格方式表达——例如各类最大电子邮件数，将每月发送和接收电子邮件数的时间序列以图表方式展示。

表格和图表可以比纯文本更全面、更迅速地传递信息。制作表格和图表并在整个项目过程中供参考是个好主意。

图 5-2 显示了摘自 Klimt 和 Yang 论文的两张图。这是描述性统计的图形表示。第一张展示了在数据集内用户的累积分布及其电子邮件发送数。第二张展示了安然员工收件箱中电子邮件数，以及这些电子邮件账户中文件夹数量之间的关系。如果你对不同员工发送的电子邮件数，或员工如何使用文件夹感兴趣，那最好把这两张图放在身边，以便与后续结果进行比较。这会有助于验证结果的合理性，并帮助发现问题。

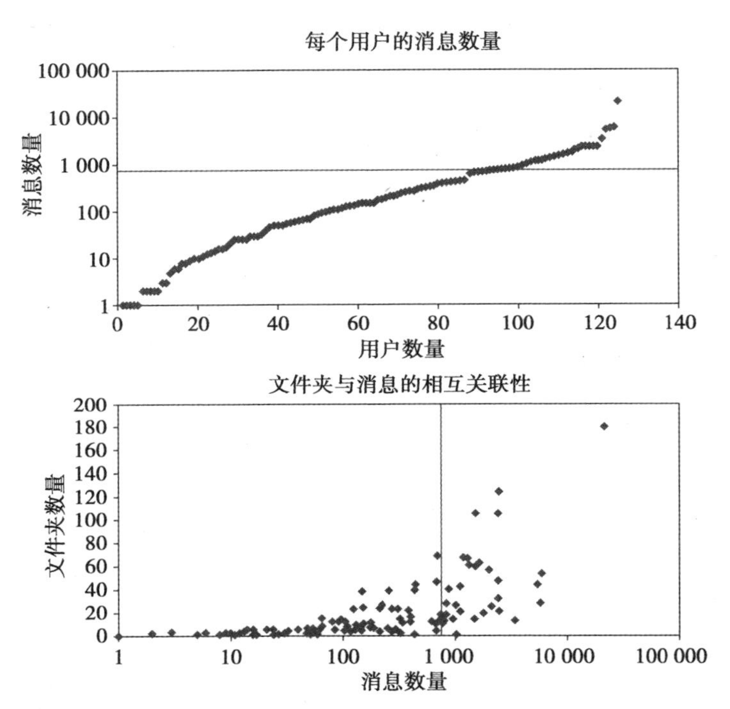

图 5-2　根据 Klimt 和 Yang 的论文 " The Enron Corpus: A New Dataset for Email Classification Research "（2004 年 Springer 出版社出版的机器学习丛书）重新绘制的两张图

适合项目的描述性图表或表格类型可能与上面这两张不同，但应该同样能回答与目标相关的数据问题，以及你希望得到回答的问题。

5.3　检查数据的假设

不管你是否愿意赞同，我们都会对数据集进行假设。正如上一节所提及的，我们可能假定包含特定时间段的数据。或假设包含电子邮件的文件夹名称，与所存邮件的主题或分类描述相符。这些关于数据的假设可以是你期望或希望的，同时也可以是有意识或潜意识的。

5.3.1　关于数据内容的假设

让我们考虑一下安然数据的时间因素。当开始看数据时，我会假设这些电子邮件将横跨二十世纪九十年代到二十一世纪早期，即电子邮件的出现到该公司灭亡之间这些年的时间。我会因为存在前面提到的日期格式中的损毁或潜在错误而犯错。实际上，我看到的结果比假设要离谱得多，还有其他的日期也值得怀疑。因此，我对日期范围的假设必然需要检验。

如果用电子邮件账户文件夹的名称来标明其中存储的邮件，这里就有一个暗藏的假设，即文件夹名字确实名副其实。当然要对此进行检验，这就涉及大量的人工工作，例如阅读电子邮件，然后尽可能判断文件夹名称是否涵盖了邮件内容。

要特别小心丢失数据和占位数值这两个问题。大多数人趋向于假设，至少是希望，数据中所有的字段都包含了有用的数值。但电子邮件经常没有主题，或是在发信人一栏不填名字，或是在 CSV 数据文件中出现 NA、NaN，亦或在需要数字的地方放空格。最好记得检查是否有这种占位数值的存在，这也是经常引发问题的原因。

5.3.2　关于数据分布的假设

除了数据内容和范围以外，关于数据分布也可以做进一步的假设。老实地说，我知道许多统计学者会因为本节标题而兴奋，但接着会对内容反感和失望。统计学家喜欢检查分布假设的适当性。尝试在谷歌或维基百科去搜索“正态分布测试”，你就会明白我的意思。似乎有大约上百万种方法来测试数据是否呈统计学的正态分布。

因为写这些内容，我可能会因为不严谨而被禁止出席未来所有的统计学大会。一般来说，可以通过绘制直方图或散点图来确定假设的合理性。例如，图 5-3 是分析田径比赛成绩研究论文中的图表。这是男子 400 米顶级选手比赛成绩的直方图（转换成对数以后），及其正态分布曲线。该研究假设顶级选手的成绩分布曲线符合正态分布的尾部曲线，因此，我们需要验证该假设。这里没有对正态性做任何统计检验，部分原因在于相关的尾部分布只包含了最好，而不是所有的成绩，也因为我打算使用正态分布进行分析，除非数据的分布明显不适合。对我来说，对直方图与正态分布图进行视觉比较，如果直方图与钟形曲线足够相似，就可以满足假设检验。

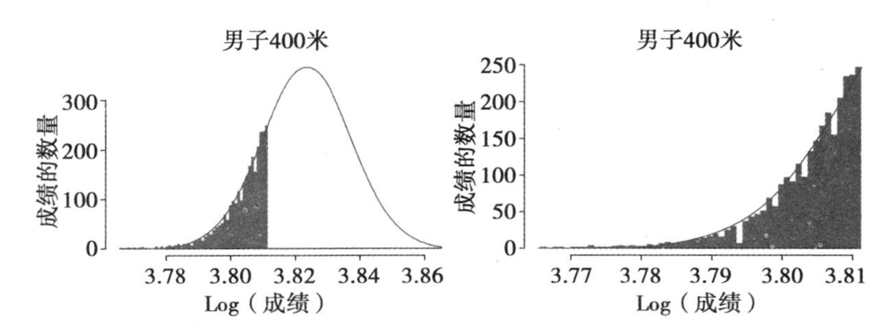

图 5-3　男子 400 米顶级选手的成绩分布与正态分布曲线的尾部拟合

尽管前面对田径比赛成绩数据的分布分析不太严格，但仍然要重视检查数据分布。如果假设数据呈正态分布而事实上不是，那么就会有麻烦。那些假设正态分布的统计模型对离群值的处理都不太好，绝大多数常见的统计模型会做某种常态性假设，包括最常见的线性回归以及 t 检验。假设数据呈正态分布而实际上相差很远时会导致分析结果看上去似是而非，甚至完全错误。

上面的结论不仅对正态分布有效，而且对任何统计分布都成立。可能你认为分类数据呈现一致分布，而事实上有些类别出现得比较频繁。社交网络统计，例如根据安然数据计算的邮件发送量、每天接触的人数等都是非正态分布的典型，通常它们呈现出指数型或几何型分布，也应该在对其做出假设前先做检验。

总之，尽管对数据是否呈某种分布可以不做统计检验，但必须确保数据与假设的分布大致上符合。省掉这个步骤可能会给分析结果带来灾难。

5.3.3　一招定假设

如果觉得没有假设，或者不知道假设是什么，甚至觉得自己知道全部的假设，那么试试这一招：向朋友描述项目和数据，数据集里有什么？你打算怎么处理？把自己的描述写下来。然后，分解这些描述，从中寻找假设。

例如，我会对当初做过的涉及安然数据的项目做如下描述：“数据集是一些电子邮件，我将利用社交网络分析技术建立机构级别的人际网络行为模式。希望能就雇员反应情况以及与老板沟通的层次结构得出结论。”

分解此描述，首先应该发现这些短语，然后再考虑其背后的假设，具体如下：

- **“数据集是一些电子邮件”**——很可能这是正确的，但值得检查一下看是否有非电子邮件的数据类型，例如聊天记录或通话记录。
- **“机构级别”**——什么是机构？假设已经清楚地定义了吗？或其边界是否模糊？对机构的边界问题做些统计描述或许会有所帮助，其可能是有些拥有某种电子邮件地址域名的人，或者发出超过某个数量电子邮件的人。
- **“行为模式”**——每个人都需要有同样的行为才能被定义为模式，你对构成这些行为模式有哪些假设？还是已经有了一套模式，然后寻找符合模式的个体案例。
- **“反应”**——该术语有什么假设？是否可以做些统计学的定义，并用基本定义以及某些描述性统计来证明数据支持这种定义？
- **“层次结构”**——是在假设你对组织机构的层次有全面了解吗？机构是严格定义的吗？机构是可以变更的吗？

通过剖析项目描述并提出这样的问题，可以意识到自己在做假设，可以帮助你避免以后的许多问题。你不希望在完成分析后猛然发现关键假设是错误的，先出现奇怪的结果，然后再返回来重新调查，更不希望某个关键假设是错误的而始终没有注意到。

5.4　寻找特定的实体

数据科学项目有各种各样的目标。一个共同的目标是能够在数据集中找到符合特定概念所描述的实体。在这里，我用术语“实体”一词来表示数据集中的某个唯一个体。实体可以是某个特定的人、地点、日期、IP、遗传序列或其他不同的东西。

如果你在从事网上零售业务，可能会考虑把客户作为主要的实体，并且想找出有可能购买新视频游戏系统的人，或那些想购买由某个作者写的一本新书的人；如果从事广告业务，你可能会寻找对某个广告最有兴趣的人；如果从事金融业业务，你可能会在股票市场寻找价格即将上涨的股票。如果能够根据这些特征进行简单的搜索，那么工作就变得更容易，不需要数据科学或统计学了。虽然这些特征不是数据所固有的（能想象某个股票自己告诉你什么时候会上升吗？），但当看到它们的时候，你常常能认出来，至少在事后回想的时候可以。这样，数据科学项目的主要挑战就是创建能及时找到这些有趣实体的方法。

在安然的电子邮件数据集中，我们要寻找与该公司已知发生的非法活动可能有关的可疑行为。电子邮件数据中的可疑行为可能有多种形式，例如员工讨论非法活动、试图掩盖一些事实、与可疑的人交谈或以异常的方式沟通等。

虽然已经有了可以应用到安然数据集上的社交及组织网络通信模型，也有很多种配置模型及其参数的方式配合我们发现各种可疑行为，但无法保证能找到想要寻找的结果，甚至也无法保证会找到任何结果，找不到的原因可能是没有任何非法行为。

5.4.1　找几个案例

如果正在寻找一些数据中特定的有趣东西。手动浏览数据，并使用一些简单的搜索，或基本统计，就可以找到一些有趣的例子。应该密切关注数据并能够验证这些例子确实很有趣。如果有大量难浏览的数据，可以抽取一个子集并从中寻找一些好例子。

如果没找到任何有趣的例子，那可能就麻烦了。有时候，有趣的东西不多或者不是以你认为的形式存在的。已经公布的安然数据其实并不包含任何详细的线索或确切的证据。它往往有助于深入挖掘，改变搜索方式，要以不同的方式看待数据和要寻找的目标，用尽所有可能的方法寻找数据中有趣的好例子。

有时候使用蛮力会奏效。几个人的团队，理论上可以在几天内阅读完所有安然电子邮件。这并不是件很有趣的事，我相信有几位律师真的这样做了，但这是可能而且最彻底的搜索方式。我相当自信地说，在调查分析安然数据的几个月中，我读了数据集中大部分的电子邮件，如果该项目目标没有超越安然数据集，那将是数据科学项目误入歧途的标志。当然我们没有必要为阅读所有的电子邮件而研发软件。我们希望使用安然数据来描述看起来可疑的通信，这样就可以利用这些特征在其他数据集查找类似的可疑通信。这就是为什么有时蛮力对我们有意义。根据数据的具体情况，人工查找所有数据对你可能也有意义。

同样，也可以对部分数据使用蛮力。如果 1000 个实体中有一个是我们感兴趣的，包括人、时间、消息等，那么人工抽查一百万条数据中 0.1% 的数据应该能发现 1 个。要确保不是运气问题，就应该查看更多的数据，但如果已经覆盖了 1% 的数据，仍然没有找到，那么应该知道有趣的实体比想象的更少或者不存在，你可以调整罕见与常见实体的百分比。

如果事实证明通过任何手段都找不到有趣的实体，剩下的唯一选择是寻找另外的有趣实体，追求项目的另一个目标，或者重新审视所有的数据源，寻找另一个包含一些你觉得有趣的线索的数据集。要做到这一点并不容易，但确实有真正的可能性，而且在实践中并不少见。要保持乐观的态度，相信在数据集中能成功地找到一些有趣的实体。

5.4.2　描述例子：它们有什么不同吗

至少要发现几个有趣的例子，然后认真研究它们在数据中如何表现。这一步的目的是找出数据的特征属性，以帮助我们实现寻找更多有趣例子的目标。通常可以通过简单地比对相同的模式或数值来寻找和识别那些有趣的例子。

对于电子邮件数据，感兴趣的地方是电子邮件的内容，还是发送时间？或是发送者和接收者本身？对其他数据类型，查看各个字段和数值，并留意那些能把有趣的事物和其他事物区分开的最重要内容。区分两组或多组事物毕竟是大多数统计（特别是机器学习）项目的基础。若能大概知道如何手动完成，那就很容易创建统计模型并可以在代码中实现，这会帮我们找到更多的例子，本书将在后续章节中做进一步讨论。

通常虽然无法量化那些很显著或有别于典型的数据点，但仍然很有趣。例如，Andrew Fastow 是安然在最后几年的 CFO，也是欺诈活动的主要实施者，一封来自于他的电子邮件把他自己和其他几位送进了监狱。在数据集中，Fastow 的电子邮件没有任何欺诈或保密的迹象，但有趣的是在整个语料库中只有 9 封电子邮件来自于 Fastow。作为 CFO，人们会认为这样的角色每隔几个月会与其他人沟通一次。因此，他要么避免使用电子邮件，要么坚持从服务器及其个人收件箱和档案中删除自己的邮件。在任何情况下，来自 Fastow 的电子邮件都可能是显著的，不是因为任何固有的信息，而是由于这种情况的罕见。

同样，数据中有趣的事情之所以被发现可能是因为其内容特征，也可能是因为“邻域”。邻域是我从数学分支拓扑学中借用的一个术语，其定义是：

> [数据]点的邻域大概是一组在问题中相似或邻近的其他点。

相似性和位置可以有很多含义。对安然数据，可以把某个特定邮件的邻域定义为“该电子邮件的发件人所发送邮件的集合。”或者可以把一个邻域定义为“在一周内所发送邮件的集合。”这两种定义都包含了相似或相近的概念。根据第一个定义，由 Andrew Fastow 发送的一个电子邮件确实形成了一个小邻域，其中只有八个其他的电子邮件。第二个定义的邻域更大，一个星期内往往有数百封电子邮件。

除了数据点本身，还可以用它的邻域来描述其特征。如果对 Andrew Fastow 的电子邮件感兴趣，也许就要关注所有很少写电子邮件的发送者。在这种情况下，可以用相同的发送者所定义的邻域来定量表征“有趣的”，描述如下：

> 有趣的电子邮件是指那些由很少发邮件的人发出的邮件。

可以据此形成统计模型。它是量化的（很少可以量化）而且可以由所拥有数据集中包含的信息决定。

同样，可以用基于时间的邻域来创建另一个有趣的特征。假如在搜索时发现在半夜有人从一个工作账号发出一封电子邮件到了一个私人的地址，询问是否可以在通宵营业的餐馆见面。安然数据中并不存在这样的电子邮件，我只是在假设，这样案件或许会更有戏剧性，也许是数据科学版本的斗篷和匕首。

午夜或古怪时间的概念可以在几个方面量化。一种方法是选择代表午夜的时间段。另一种方法是把几乎没有电子邮件通信的时间段定义为古怪时间。你可以用时间邻域和下面这样的特征来寻找有趣的电子邮件：

> 在某个电子邮件发送之前和之后两个小时内，如果有几个其他的电子邮件发出，那么这个邮件可能是我们感兴趣的。

像前面那个一样，这是数据集中定量（很少可以量化实证）而且可以回答的特性。

对于有趣的实体或数据点，其很好的特性是可以定量，可以从数据集中展示或者计算，这在某种程度上有助于区别正常的数据，哪怕只有一点点。我们将利用这些特性在后面的章节中对其进行初步分析并选择统计模型。

5.4.3　数据窥探

有些人可能会把在数据中寻找线索，通过找到感兴趣的例子，然后根据例子调整后续的分析，称为数据窥探。有些人可能会说，这会对结果产生不公平的影响，使其看起来比实际更好。例如想要估计邻里蓝色卡车的数量，刚好你知道经常有辆蓝色的小卡车停在几个街区外，你可能就会向着那个方向统计蓝色卡车的数量，预先知道那辆卡车的情况可能会对结果有轻微的影响。所以最好的情况是随意走动，但在靠近自己家和常走的路线时，你很有可能会顺路过去。

为了避免对结果产生显著影响，首先要小心不要被暗示的初步描述所影响。虽然数据窥探可能是个问题，精明的批评者有时会说应该避免此问题也实属正常，但也只有在评估结果准确性或质量时，窥探才会成为问题。特别是，如果已对采用某种方法重复产生的结果有所了解，那么探寻很可能会取得成功，但这种做法有失公平。

然而目前还没有进入评估阶段。我们应尽可能确保艰巨的任务取得成功，尝试找到有特征的数据点、实体以及数据集内其他有趣及罕见的东西。所有这些有用的窥探可能会使后期的结果评估变得复杂，因此，现在把它提出来引起你的注意，让你对潜在批评者可能提出不应该窥探数据这个问题有所准备。

5.5　大概的统计分析

本章已经讨论了基本的描述性统计、假设检验以及对正在寻找的有趣东西的描述。鉴于统计学的复杂性，是时候提升我们的分析水平了。第 7 章将会全面讨论统计建模与分析，但在此之前，我们先沿这个方向走一步看看它是如何运作的。

大多数复杂统计算法的实现都需要时间，有时需要时间来对所有数据进行处理或计算。正如前面所提到的，当理解怎样或为什么会得出在某种意义上正确的结果时，很多算法都是相当脆弱和困难的。这就是为什么我更喜欢缓慢而谨慎地处理这些复杂的分析，尤其是针对全新甚至不熟悉的数据集。

如果对本节中的一些统计概念感到陌生，可在完成本书其余部分或至少第 7 章后再返回本节。如果已经熟悉了最复杂的统计方法，那么这部分可以帮你确定计划中最佳统计方法。或者，如果你还不清楚应使用哪种统计方法，那么这部分可以帮你找到。

5.5.1　化难为易

大多数复杂的统计方法可以转化为简略版，与完整的方法相比，简略版可用较少的时间去实现和测试。在开始全面实施和分析之前，我们先略试一二，便可对哪种统计方法有益以及如何受益具有极好的认识。

如果在最后的分析中打算做线性回归或 t 检验，那尽可能全力出击。本节主要关注那些包括分类、聚类、推理、建模，或任何其他包含多个不变或可变参数的统计方法。

分类

如果计划把分类作为分析的一部分，从随机森林到向量机，再到梯度提升，有许多的统计学模型可以担当此任，但最简单的分类方法之一是逻辑回归。

分类的任务是以最简单的形式，根据实体所选择的特征和计算结果为其分配一两个类标签。通常情况下，标签是 0 和 1，其中 0 表示正常，1 表示有趣（与本书前面用过的意义相同）。本书后面会详细介绍更多的类和更复杂的分类逻辑。

大多数复杂的分类方法有许多不确定的部分，因此有可能比逻辑回归要好。如前所述，这些方法很难理解也很难查错。相对而言，逻辑回归是个简单的方法，除了输出值是 0 和 1 之外（预测新数据），其他的与线性回归类似。

与机器学习的分类方法相比，逻辑回归的计算速度更快，几乎不需要参数调优。另一方面，它包含了一些假设，例如某种类型的正态性，所以当数据值偏差很大或存在其他的怪异问题时，该方法可能不是最好的选择。

如果你偏爱某个实体特征，认为该特征将有助于对那些未知实体分类，请尝试把它作为逻辑回归模型的唯一特征或参数。软件工具可以告诉你该特征是否确实有帮助，无论是独立进行还是在第一个特征的基础上，都可以继续尝试另一个特征。从简单开始通常是最好的选择，然后再逐步增加复杂性并检查是否有所帮助。

在安然数据集中，电子邮件的发送时间是可疑邮件较明显的信息特征。深夜发出的电子邮件可能被证明是可疑的。另外一个特征可能是电子邮件收件人的数量。

另一个更通用的调查特征分类的实用方法是看两类特征值（0 或 1）的分布。通过几张图可以看出两类特征值之间是否存在着显著的差异。图 5-4 用指定的形状标明三类数据点。*X* 轴和 *Y* 轴分别代表数据点的两个特征值。方形数据点的 *X* 和 *Y* 值都很高，如果目标是让统计软件发现方形的数据点，那效果可能会很好，因为很容易找到统计模型来正确地识别方形数据点。棘手的可能是寻找特征，绘出整齐的分类图。绘图有助于找到那些好的、有用的特征，让你对数据点的散落空间有感觉，以便于了解如何通过研发或功能调整使其完善。

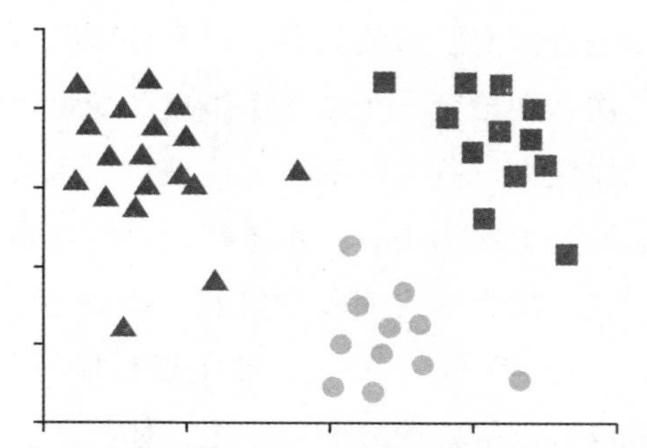

图 5-4　用指定的形状标明三类数据点的二维图[⊖]

最后，如果有自己最喜欢而且已掌握的统计分类方法，并且知道在统计软件中如何调整参数使其简单易懂，那么就可以将其用来进行粗略和快速的分类。例如，采用 10 棵树和最大深度为 2 的随机森林，或带有线性核函数的向量机，如果你清楚背后的理论，那么这种算法就容易掌握。如果熟悉这些技术，那么这两个算法都是不错的选择。如果做出这种选择，重要的是要了解如何评估这些方法所产生的结果，如何检查各种功能所带来的影响，以及如何确保算法按预期发挥作用。

聚类

聚类在概念上与分类非常像，即是除了那些没有明确的已知标签外，把带有特征值的实体分组。聚类的过程通常被称为无监督学习，因为结果由类似实体组成，但因为没有标签，可能不会立即明确每个组或集群所代表的类别。它往往需要通过手动检查或描述性统计来确定每组到底有什么样的实体。

我喜欢把与实体相关的各种数值标在图上，并用简单的视觉

⊖ 来自 https://en.wikipedia.org/wiki/Cluster_analysis (public domain)。

检查来判断实体是否倾向于形成集群。对有许多特性和数值的数据或实体来说，每次目视检查一个或两个维度 / 变量可能需要一段时间。但是，如果你认为一些关键的特征应该可以区分实体组群，那么应该能够在二维图上看出来。如果不能，就需要重新审查之前作出的一些假设。只是因为落入同一个集群，就盲目地假设两个实体是相似的，可能会带来后患。例如，即使没有标签和颜色，图 5-4 中的数据点似乎也可以很好地分为三个组，如果知道有三个集群存在，那么聚类算法应该能找到它们。另一方面，如果数据聚合得不是那么好，聚类计算的结果可能也会很差。

除视觉检查外，最简单的聚类包含很少的变量和很少的群（大多数时候，必须事先设置群数）。如果可以选择比如三、四个最喜欢的实体特征，采用最简单的聚类算法，例如 k- 均值算法，可以很好地计算出集群，这样就有了一个良好的开端，可以继续使用更复杂的聚类算法或配置，也有助于使用软件工具来绘制聚类算法的结果，确保一切都有意义。

推理

统计推断是对没有直接观察到的定量值进行估算。例如，在前面讨论的安然项目中，曾提到想估算每个员工向老板而不是其他人发送电子邮件的概率，我们打算把这个概率作为一个在通信统计模型中的潜在变量，这是一个复杂的模型，其最佳参数值只能通过一个复杂的优化技术发现，对于大量的数据，这个是一个缓慢的过程。但我们可以通过计算每个员工给老板发电子邮件的次数，概略计算这个潜在的推理参数。这只是个粗略估算，如果后来找到的全模型最优参数与此迥异，我们就知道可能是哪里搞错了。这两个值不同并不意味着确实有问题，但是如果我们不理解也搞不清楚为什么存在差异，那么肯定说明我们理解模型对数据的作用不深刻。

我们可以用同样的方式获取统计模型中其他潜在的变量：找到某种方法以得到粗略的估值，并将该估值记载下来，待与完整模型的估值进行比较。这不仅是对可能出现的错误做了很好的检查，也可以告诉我们更多关于数据的信息，这些信息可能在本章前面讨论的描述性统计计算结果中没有体现，但这些新的信息可能与项目目标相关。

其他的统计方法

虽然还没有涉及如何对每种统计方法做粗略估算，但希望前面的例子对大家有所启发。几乎与数据科学中的其他东西一样，统计分析不只有一种解决方案，也不是 10 或 100 种，而是过程中的每一步都有无限种方法。

因为项目及其目标各不同，在设计和应用粗略估算方法上必须要有创意。首先要确保复杂的统计方法适合项目目标和数据，并且可以正确地使用，然后才考虑是否应用。先尝试简单版本的统计分析方法，对该方法如何与数据交互，以及是否适当要有所感觉。本书第 7 章会详细讨论几种类型的统计方法，应该能够为你的分析带来更多的想法。

5.5.2　数据子集

即使是简单的分析通常也会有大量数据需要及时处理。在这个阶段要做许多粗略的初步分析，所以可以使用数据子集来测试简单统计方法的适用性。

在将粗略统计方法应用于数据子集时要注意以下陷阱：

- 确保统计方法有足够数据和实体以得到显著的结果，方法越复杂需要的数据越多。
- 如果数据子集不具有代表性，那么结果可能会偏离。计算该数据子集的描述性统计，并将其与完整数据集的相关描述性统计进行比较，如果它们在符合项目目标等主要方面相似，那么情况很不错。
- 如果只尝试一个数据子集，即使运行一些描述性统计，也有可能不知不觉地选择了一个有针对性或者存在偏见的子集。但是，如果对三个完全不同的子集做快速分析而且能得到类似的结果，那么可以合理地肯定该结果将对完整的数据集有效。
- 如果尝试不同的子集得到了不同的结果，这未尝不是一件好事，可试图找出原因。数据本身存在着方差，不同的数据或多或少可能会得出不同的结果，可使用简单统计方法中的描述性统计和诊断以确保自己清楚事情的缘由。

5.5.3 提高复杂性会改善结果吗

如果不能从简单的统计方法中得到好的或至少是有希望的结果，那么进一步采用更复杂的方法会很危险。只有当你处在正确的轨道上时，增加方法的复杂性才可能改善结果。如果该方法的简单版本不适合数据或项目，或者如果该算法没有配置正确，那么提高复杂性很可能不会有帮助。此外，更复杂方法的配置很难调整，所以，如果一开始简单方法配置不当，更复杂的版本配置很可能也不当，甚至更难调整。

我想确保有一个坚实、简单和明白的方法，它可以带来一些即使不是理想也是有益的结果，然后在提高方法的复杂度时对其进行检查，如果每步的结果都有所改善，那么我知道自己在做正确的事情，如果结果没有改善，那么我知道自己要么做错了，要么达到了数据或项目目标所能处理的复杂性极限。

过度拟合一般是指把过于复杂的方法应用到数据上，或者设定无法处理的目标。具体来说，这意味着该方法有太多的不确定部分，虽然所有这些不确定部分与数据可以完美地配合，但是当把该方法应用到新数据上时，所产生结果的准确性并没有那么好。本书将在第 7 章中详细介绍过度拟合，但现在可暂时说复杂性应该带来更好的结果，如果没有经历过，那有可能是个问题。

练习

继续在本书第 2 章中描述过的脏钱预测公司个人财务应用场景，与上几章的练习相关联，试着完成下面的练习：

1. 鉴于应用的主要目标是提供准确的预测，请描述三种数据上应用的描述性统计类型，以便更好地理解它们。

2. 假设你非常想用统计模型来对重复性和一次性金融交易进行分类。在这两类交易中可能有哪三个假设？

小结

- 因为可以通过知识和意识避免或者迅速解决大多数问题，所以在数据科学的探索阶段，要提高探索意识而不是直接选择复杂的统计分析。

- 在分析数据之前，说明事先假设的数据并且检查其是否合适。
- 在大海捞针之前，如有必要，先手动筛选数据，找出那些在项目过程中想找到的好例子。
- 在投入大量时间实现完整软件之前，对数据子集做粗略的统计分析，以确定项目处在正轨上。
- 把任何探索性的结果记录下来，可能在做后续决定时会有用。

第二部分

构建软件和统计产品

数据科学项目的主要目标是产出一些能够帮助解决问题和实现目标的产品。这可能是软件产品、报告、一系列见解或者重要问题的答案。生产这些产品的主要工具是软件和统计学。

基于从第一部分的探索和评估中学到的知识，本书第二部分从制订实现目标的计划开始；然后第 7 章绕道进入统计学领域，介绍各种重要的概念、工具和方法，聚焦它们的主要能力以及如何助力实现项目目标；第 8 章介绍统计软件，旨在提供足够的知识为项目做出明智的软件选择；第 9 章接着概述了一些流行的软件工具，虽然不是特别针对统计，但或许能让我们更容易或更有效地构建和使用产品；最后，第 10 章基于前面几章获得的统计和软件知识，以及参考与数据、统计和软件打交道时遇到的许多陷阱，通过考虑一些在执行项目计划时难以预见的细微差别，把所有这些章节组织起来。

第 6 章　制 订 计 划

本章内容：

- 评估在项目的初始阶段了解到的内容
- 根据新信息调整项目目标
- 可以认识到什么时候该返工
- 用新信息与客户沟通并获得反馈
- 为执行阶段制订计划

图 6-1 显示了我们在数据科学过程中所处的位置：根据正式的规划，开始构建阶段。本书一直强调不确定性是数据科学工作的主要特点之一，如果没有不确定性，数据科学家就没有必要去探索、假设、评估、发现或者采用科学方法解决问题了，数据科学家也就不需要把建立在不确定性上的统计学应用到由绝对确定性组成的项目。正因为如此，每个数据科学项目都包括一系列待解答的问题，这些问题需要通过数据科学的后续过程得到部分或全部解答。

到了新阶段，如果不考虑哪些新答案错误，这相当于已经知道前方道路封闭，却仍然继续沿着既定的道路向前驾驶。在过去的十年里，与互联网连接的导航设备无所不在，最常见的是智能手机，这些设备不断地更新信息，特别是交通和事故方面的信息，并且利用这些信息不断地尝试将优化路线提供给司机，这也是数据科学家在不确定性逐渐减少时需要做的。

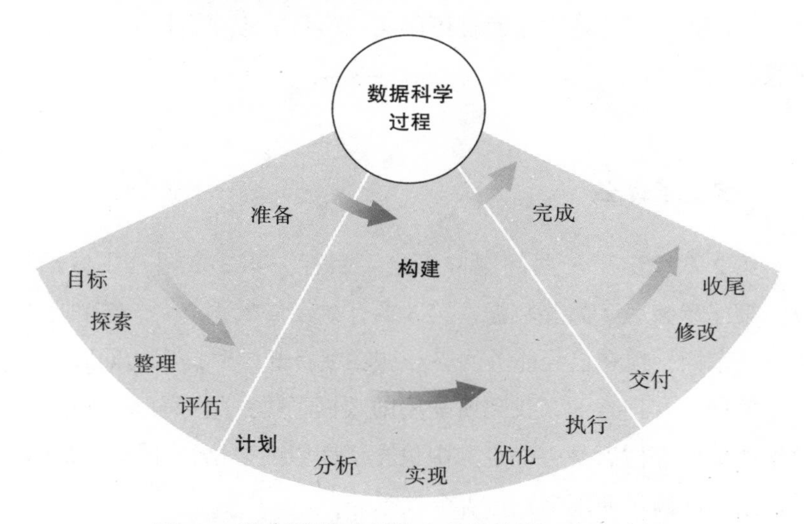

图 6-1　数据科学过程构建阶段的第一步：计划

我喜欢在项目过程中定期停下来复盘，并在大背景下考虑主要目标，类似第 2 章描述的如何形成好问题和目标。这样做有可能会产生影响决策的新信息，可能有人认为没必要故意暂停项目，然后回顾所有的新信息，但这通常很管用，因为很多人都倾向于努力向前，跑在计划的前面，而事实上原计划有可能已不再是最好的计划了。这涉及我一直强调的数据科学家应该具有定期复盘有助于与团队分享的意识。即使独立工作，有个正式点儿的复盘也可以帮助组织以及客户或其他利益相关者传达项目的进展情况。

本章所描述的这类进展评估和计划不是一次性的，最好连续或定期地进行。但绝对有必要在前面章节中讨论过的项目初始阶段进行。下一章将开始讨论所谓的执行阶段，该阶段包括大多数典型项目都有的正式统计建模和软件研发，因为执行阶段属于劳动力密集型，所以要确保计划完善而且可以实现项目的主要目标，毕竟没人愿意返工重来。

6.1　学到了什么

第 2 章提出了一些问题并设定了目标，第 3 章调查了数据世界，第 4 章整理了某些数据，第 5 章开始了解数据。每一步都学到了一些东西，现在已经能够回答一些在项目开始时提出的问题了。

例如，在搜索时，找到所需要的数据了吗？是否有一段关键的数据遗失？评估后是否确定其中包含了期望的数据？计算的描述性统计结果能满足期望吗？是否令人意外？

6.1.1　案例

因为这些问题的答案在很大程度上将取决于项目的细节，所以我很难把问答过程规范起来。相反，我会考虑本书已经展现的案例，并描述在项目这个阶段的一些经验。在本章的后面，我会回到这些案例继续讨论如何利用新信息做项目的后续决策。

啤酒的推荐算法

第 2 章简要描述了一个虚构项目，其目标是根据用户提供的啤酒评级，为啤酒网站用户推荐啤酒。因为这是我从未承担过的虚构项目（尽管很多其他人做过），所以我可以在项目的初始阶段比较自由地回答“学到了什么？”。

我特别提到原始数据，一个包含用户啤酒评级的 CSV 文件，但列数据不包含啤酒类型，这是一个问题，因为啤酒类型或风格通常是人们决定是否喜欢的重要因素。在知道了啤酒类型缺失的前提下，我计划找到包含类型的数据集，然后根据啤酒名称推断其类型。如果这两种情况都不可能，我就得在没有类型的情况下完成项目。分析和推荐啤酒有三种不同的路径，确定最佳路径需要一些初步的数据科学知识。

如第 2 章所述，在调查数据过程中，我可能已经找到了与类型匹配的啤酒列表，那么不确定性将变成确定性，我会在推荐算法中得到给定啤酒的类型；如果没有找到啤酒类型列表，那么如第 4 章所描述的那样，在评估数据时，可能会快速写个脚本，解析每种啤酒的名称并确定其风格；如果脚本似乎运行良好，我会制订计划优化脚本实现路径。

如果找不到啤酒类型的数据，也无法写脚本成功地推断出啤酒类型，那只剩下一条可能的路径：我必须在没有啤酒类型的情况下继续项目，制订一个考虑到没有啤酒类型的项目计划，这具有很大挑战性。在所描述的三个案例中，我从搜索、整理、评估数据的过程中获得了新知识，这种新知识会影响保证项目继续进行的最佳计划。

生物信息学与基因表达

第 3 章介绍了博士研究中的一个项目，涉及分析特定 microRNA

和个别基因表达之间的关系。

从公共生物信息数据库和出版物中寻找更多有用的数据和信息时，我发现了几个数据库，其中包含了哪个 microRNA（miR）预期会调控某些基因表达的算法预测数据。我还发现用其他的一些分析工具也可以实现相同的目标，但与我原来计划用的方式不同。

算法预测的每个数据集都只基于 RNA 序列，我必须确定它们是否对项目有帮助，以及这种帮助是否值得。每个新数据集都需要投入资源访问、解析和转换数据。基于以上两种情况，我决定投入工作以利用这些预测来通知那些还没有构建的统计模型。

但在整理和评估数据时，我意识到 miR 的名称和基因在微阵列表达主数据集中不完全匹配。不同的科学组织根据特定的需求制订了不同的基因命名方案，虽然这些方案尚未统一，但名称转换工具确实存在。如果希望利用这些预测数据集，就必须在计划中包括名字格式转换工具，以便匹配预测与微阵列数据的特定值，在某种意义上实现预测的结果。

除了有关命名方案的新知识，在评估数据过程中，我学到了关于微阵列表达数据分布的知识，因为我用大部分生物样本微阵列复制，把相同的生物 RNA 样本放到多个微阵列，可以计算技术方差，而技术方差是由技术（微阵列）引起的变异，与生物学过程无关。我发现在 10 000 个左右的基因中，技术方差大于生物方差，这意味着与生物效应相比，所测量基因的表达水平更多与微观化合物测量随机性相关，因此必须决定是否在分析中包括那些高技术方差（或低生物方差）的基因，或者忽略它们。有些统计方法不能很好地处理方差，而其他的统计方法则做得不错，所以必须做出明智的选择。

顶级选手田径比赛成绩

第4章讨论了我曾经是如何以比较不同项目男女比赛的成绩的方法来分析田径史上最好的成绩列表的。我特别想要比较所有项目的世界纪录，找出哪个项目的成绩最好。

在这个项目中我必须做的第一个选择是使用免费来源中最好的www.alltime-athletics.com数据集，还是使用付费网站上面据说更完整的数据集？我是开放访问数据的粉丝，所以自然选择了免费数据集，如果后来意识到没有足够数据来通知统计模型，那将不得不重新考虑我的选择。

在检查数据的过程中，我检查了每个成绩列表的长度，发现有些比赛，如女子一英里跑，只包含几百场比赛数据，而其他比赛，如女子障碍赛有10 000条记录。目前尚不清楚成绩列表长度的巨大差异是否会造成影响，但无疑这是我计划时必须要考虑的新信息。

另一部分我没有预见到的信息是，一些比赛项目，如跳高、撑杆跳、100米和200米短跑所产生的成绩价值要比其他连续项目的成绩更离散。在跳高和撑杆跳项目上，横杆逐步提高高度，运动员要么跳过要么跳不过，这意味着在每天都有许多运动员具有相同的成绩。在有史以来跳高最好成绩列表中，超过10名选手在2.40米打成平手，超过30名选手在2.37米不相上下，高度越低，相同成绩就越多。利用像直方图或类似的东西来查看成绩分布情况，可以做出关于连续分布成绩的论断，例如对数正态分布可能不是最好的选择，在计划时，必须决定是否及如何比较项目，例如长跑比赛所产生的成绩呈明显的连续性，因为几乎无人在最佳成绩列表上与其他人不分高下。

安然邮件分析

第5章谈到了已经公开的安然电子邮件数据集，以及我与当时的同事们是如何使用社交网络分析技术试图检测出可疑行为的。

这是开放式项目，我们知道安然公司发生了一些犯罪事件，但不知道它们会如何在数据上表现出来？我们确实希望把电子邮件数据作为社交网络的通信数据，所以分析的第一步是从数据中构建出社交网络。

第一个令人惊讶和失望的是发现有100多个PST文件包含电子邮件，同一电子邮件发送者或收件者可以有多个不同的名字。例如，发邮件数量最多的Jeff Dasovich，他的名字出现在发件人一栏的形式可能是Jeff Dasovich、Jeffrey Dasovich、jeff.dasovich@enron.com、甚至DASOVICH，这只是许多可能表现形式中的一部分，乍看似乎不是个大问题，但确实是个挑战，Dasovich本人并不难识别，但也有很多叫Davis、Thomas的人，因而事情并没有那么容易。

作为数据整理过程的一部分，我最终写了一个脚本，试图解析任何出现的名字，并确定是否遇到过，包括精心格式化的名字和电子邮件地址，当然脚本绝非完美。在构建社交网络时，两个或更多不同的人，事实上是同一个人，但因为脚本无法识别匹配的名字，我们无法把他们关联起来，我们手动检查了收发邮件最多的前100或200人，但仍然无法保证用脚本可以正确地匹配其他人的名字。在计划中，我们必须考虑到匹配电子邮件发件人和收件人的不确定性。

毋庸置疑，在项目开始阶段，我们并不知道匹配名字将是面临的最大挑战之一。如果没记错的话，编写相当成功的脚本而不是项目的其他方面，消耗了我大部分的精力。其实对任务不确定性和问题复杂性的认识对于项目执行阶段的评估和规划至关重要。

在对名字匹配问题有了合理的解决方案后，我们开始对安然数据集进行描述性统计。令人惊讶是，我们很快意识到某些人，如Jeff Dasovich在几年时间里曾发出过数千封电子邮件，而像Ken Lay这样的关键执行人员几乎没发什么邮件，也就是说要在统计模型中考虑涉及电子邮件的个人行为。安然的所有重要员工所发送的电子邮件已经足以支持模拟，这个假设明显不成立，而以后任何分析都要过滤掉一般的行为，而检查那些有犯罪倾向的行为，这也是规划时要考虑的另外一个问题。

6.1.2 评估所学内容

关于在具体项目中可能学到什么，我提供了一些案例，但没有给出具体的指导，因为每个项目都是不同的，所以很难获得具体的指导；又因为不太可能将项目归纳成类，所以也很难按类提供经验和新信息。这个评估阶段体现了数据科学项目的不确定性，并强调如何以及为什么数据科学家首先且始终需要意识到自己是基于技术的问题解决者。数据科学中存在的实际问题并不存在已准备好的解决方案，唯一的解决方案是应用现成或自定义的工具和智慧来解释结果过程中的意识和创造力。在任何数据科学项目的初始阶段，你应该像对待其他任何信息一样重视刚学到的东西特别是随着项目的推进，当它们处在项目主要执行阶段时，可提供的与项目最相关的具体信息。由于新信息的重要性，本章中描述的评估阶段可能会对其有所帮助。

评估阶段是项目的复盘阶段。如果你喜欢做大量笔记，那么记住所做的事情和结果将不会是一个问题，但如果你和我一样，很少在工作中做笔记，那么回忆的任务可能会非常困难。我倾向于靠技术自动记录工作。Git 有个非有意设计的功能，可以记住项目最近的历史中发生了什么。如果提交信息包含较多内容，我们可以利用它重建项目的历史，但显然这不是理想的做法。电子邮件也可以成为回忆的助手，因此，我也倾向于写冗长的电子邮件和 Git 提交消息，因为我不知道什么时候需要回忆起某件事情或某个有用的具体细节。

无论什么情况，如果能够收集和总结从项目开始以来所学到的东西，那说明你处于良好的状态。人们往往在项目开始时抱有不切实际的期望，按照这些期望来定义目标，由于他们等待太长时间，以至于无法根据新信息来调整期望，这就是本节的要点：每位数据科学家都应该在项目过程中暂停一下，以考虑是否有新信息影响了项目目标所依赖的基本预期和假设，因为原来设定项目目标时只有很少的信息可用。根据新信息重新考虑目标和期望是下一节要讨论的主题。

6.2　重新考虑期望和目标

根据上一节的描述可以得出收集到的新信息可能是大量的，微不足道的，不足为奇的，变革性的，坏的，好的或者任何能够想出来的其他描述，但你不知道刚开始时应当如何描述新信息直到真正了解它。新信息能影响你如何看待项目的进步性和实用性等，有助于再次确认以前认为真实的事情。正如第5章中讨论的，确认假设很重要，项目期望亦如此，如果做了大量工作，但结果期望保持不变，可能感觉进展不大，但事实上在消除不确定性方面已经取得了进展，消除不确定性是加强项目基础的一种形式，在此基础上，其他更为审慎的进展也随之建立起来。

另一方面，如果项目的新信息无法满足期望，那么就完全不同了。有些人的期望得到了证实，而另一些人则相反，他们喜欢自己的期望受到挑战，因为这意味着他们正在学习和发现新东西，在这种情况下，项目期望受到挑战，甚至完全被否定，这是数据科学大显身手的好机会。

6.2.1 预料之外的新信息

在数据科学项目的初始阶段发现新东西并不奇怪，你可能会想，“当然！如果有了新信息，我肯定会很快采取行动并充分利用”，但事情通常没有这么简单。

有时人们迫切地希望某样东西是真的，即使已经被证明是假的之后，他们仍然相信。生物信息学领域有许多这样的人（这并不是说整个领域有什么错误）研究在细胞水平上提取和测定分子生物活性的机器与现有最复杂的统计方法，希望通过这两类不同尖端技术之间的关系，让一些人认为它们之间可以相互拯救。

我曾经不止一次遇到过这样的事，实验室把需要几天甚至几周准备才能得到的数据给了我，结果在分析时发觉数据质量很差。这种情况有时会发生在生物信息学中，即使是最小的污染或错误也会破坏作为整个实验基础的溶解 RNA。然而，可以理解的是，由于数据的产生过程中涉及大量的实验室工作，所以生物学家不愿意放弃。我在一个案例中发现微阵列数据的技术方差远大于生物学方差，这意味着与有意义的基因表达值相比，测量更像是随机发生器。在另一种情况下，我们采用被视为测量个别基因表达最高标准的时间密集过程，得到了自相矛盾的数据。据我的估计，这两个案例的数据都已被证明基本上毫无价值，需要重做实验（这在生物信息学中常见，也是检查数据质量的重要原因）。但在上述两个案例中，如果参与项目的人不能面对现实，反而再花上一星期或更多的时间试图弄清楚如何拯救这些数据，或者如何在不受数据缺陷影响的情况下巧妙地完成分析，我认为这不合理，这相当于财务上的沉没成本：实验已经完成，其结果成为不良投资。研究人员不应该去担心费用、时间和精力上的浪费，而应该想办法继续前进，最大化取得更好效果的机会。这并不是说不吸取失败的教训，弄清楚为什么失败虽然有帮助，但主要目标应该是优化未来而不是证明过去。

在新信息与预期相悖的情况下，由于不确定性减少得不如预期，所以可能会产生相反的感觉，因为相关的参与者可能还没有把所有的影响想清楚。例如，一场势均力敌的选举，如果处于劣势的选举者最终获胜，所有的不确定性都会在宣布胜选的那一刻消失。但由于这个结果出乎意料，所以感觉到的确定性不如候选人预期获胜多，因为大多数人对赢得期待中的胜利已经有心理准备。

这似乎不像数据科学，但这个思路无疑在工作中已经起到了一定的作用。无论期望被证明是正确、错误，或介于两者之间，都会涉及感情因素。感情不是数据科学，但如果感情影响到对新信息的反应，那就成为了相关因素。虽然处理不确定性是数据科学家的主要技能之一，但人们会在对不确定性以及正确与错误产生情绪上的反应，而数据科学家毕竟也是人。

如果说有解决所有这些问题的方法，那就是在决策过程中屏蔽所有的情绪，但这对于我以及几乎所有曾经共事过的人来说知易行难。每个人都喜欢正确，很少有数据科学家或者软件工程师喜欢在中途改变计划，特别是大项目。下面是一些从数据科学决策过程中消除情感因素的策略：

- **形式**——列出清单，画流程图，或用 if-then 逻辑判断来说明新信息对未来的结果会有直接的影响，最重要的是把这些写下来，以便有永久的记录说明为什么会根据新信息选择一条新道路。
- **咨询**——向未参加该项目的同事咨询可能是最好的，当然也可以咨询参与项目的人，详细谈论新的信息往往会有所帮助，让一个局外人聆听并思考新的信息以及你的应对计划可以产生意想不到的价值。
- **搜索**——某些情况可能不适用，但世界上的数据科学家和统计学家已经看到了很多预想不到的结果，如果擅于使用搜索引擎，可以把结果和待做的决策浓缩成通用术语，因此互联网会提供很大的帮助。

一旦抓住了问题的实质，无论是所有新信息，还是已经完成的所有工作，设置任何新目标或者基于新信息调整旧目标都将是一个理性过程，不会受到因否定以前工作（对未来毫无价值）而带来的情感因素的影响。

6.2.2 调整目标

不管是否达到期望，或是否对初始结果感到惊讶，项目往往都值得评估并可能调整项目目标。第 2 章描述了采集初始信息的过程，提出好问题并给出方法回答问题以实现目标，在这里要经历同样的过程，把新信息作为项目早期探索阶段的结果，并再次回答下述问题：

- 什么是可能的？
- 什么是有价值的？
- 什么是有效率的？

“什么是可能的？”实际上是制衡业务导向的空想家“什么是有价值的？”的问题，它们是用来探究“什么是有效率的？”框架的两个极端，最后的结果可能是两者的混合物。

什么是可能的

在项目的这个阶段问自己“什么是可能的？”时候，应该考虑在项目开始时做过的事情：数据、软件、障碍和许多其他的东西。但因为现在比以前知道得更多，那么一些过去看起来似乎不可能的事现在就完全有可能，过去觉得可能的事情现在正好相反。

通常数据集使事情显得不那么可能，在深入挖掘和探索之前，对数据能力和内容有过于乐观的倾向。现在知道了更多可能性就可以得出更英明的结论。

什么是有价值的

虽然项目目标的价值可能并没有发生太多改变，但为了参考往往值得再度考虑。另一方面，在一些快速发展的行业，各种目标的评估价值可能发生了变化，这种情况下最好是检查客户的目标清单，看看发生了什么变化以及如何发生的变化?

什么是有效率的

特别是数据和软件的细节导致一些路径和目标似乎更容易或更难，或多或少的资源密集型，或者与以前不同。再次验证可有助于优化计划以便从所拥有的资源中获得最大的利益。

6.2.3 考虑更多探索性的工作

在评估阶段，很明显我们希望了解的不如探索阶段多，但你可能有更明智的想法带来更多和更好的知识。

例如，考虑一下前面已经讨论过的啤酒推荐算法项目。也许在探索阶段，你写了一个脚本试图从啤酒名称推断啤酒类型，这是本章前面讨论过的一种可能的战术，脚本看起来不错，但有人问你："效果怎么样啊?"你意识到还没有明确地评估脚本的性能，在这种情况下，最好以客观的方式来衡量性能，这样可以合理地肯定它的效果。体面的性能度量策略，是抽查由脚本推断出的一组啤酒类型，随机抽检20，50，甚至100种啤酒来检查推断类型的准确率，例如，啤酒网站的页面可能是获得统计结果的可靠方式，推断类型正确率可以反映出脚本的工作情况，好的统计结果可以为你所做的事情带来很多成绩，而坏的统计结果意味着你可能需要改进脚本。

同样，评估和规划阶段的问题经常可以展示出那些还没来得及做的其他探索性工作的价值，有时返工重做更多探索性工作也是好的选择。

6.3　规划

正如第 2 章描述的那样，应该在评估和设定目标之前先制订规划。有些人可能喜欢放在一起做，但我想至少把它们从概念上分开，因为规划涉及很多因素，例如时间、资源、人、任务和成本，这些通常与设定目标没有直接的关系。安排哪个团队成员在项目的哪个方向工作，以及什么时候开始，不应该在设定项目主要目标时发挥太大的作用。

规划的早期阶段应该把不确定性和灵活性放在心上。现在对项目了解得更多了，所以以前的一些不确定性现在也不存在了，但会出现一些新东西。

把计划想象成穿过一条需要经常翻修的城市街道。你知道目的地及路径，但每个十字路口都可能遇到道路封闭、交通不畅或路面坑洼不平的情况，当遇到这些障碍时，必须做出决定，但目前有一两个备份计划就足够了。

实例

早些时候我们讨论了四个项目以及在这些项目的探索阶段之前了解到的一些具体东西。现在我想在设定目标和制订规划的背景下再次讨论它们，像吸取经验教训一样，设定目标和制订规划的过程是面向项目的，无法借助具体到 if-then 这样的判断语句，所以这些案例不能说明问题，也没有价值。

啤酒的推荐算法

啤酒推荐算法的目标可能很简单：有效地推荐啤酒。但你可能想要该目标更加具体，想为每个用户推荐前十名的啤酒列表吗？或者想在推荐之前先让用户选择自己喜欢的啤酒？这是数据科学家的工作，是与产品设计师的典型职责比较接近的一种情况。回忆一下第2章关于聆听与讨论理解客户是如何使用产品的。我们假设经过深思熟虑并咨询了项目团队和潜在用户后，目标应该让每个用户品尝排在前10名的啤酒。

让我们回顾前面提过的目标设置过滤器：可能、有价值、高效。做出这样的前十名列表取决于统计方法的质量，列表可以从好到坏，但无论如何，做出这样的列表是可能的。在某种意义上列表是有价值的，该项目的前提是基于有人在某处想发现一些新啤酒的事实，所以我们假设它有价值，否则，项目本身就没有价值。目标似乎很有效，似乎可能性有100%，而且很难想象出可以用较少的努力提供更多价值的相关目标。这个目标在可能性、价值和效率方面很简单，虽然可以考虑替代方案，但很少会比十大名单还要好。

因此，项目的主要目标是：如果允许用户尝试他们可能喜欢的啤酒列表，该怎么进行规划呢？我曾说过规划交织着不确定性的因素，构建啤酒推荐算法的不确定性主要体现在统计方法以及数据集的支持能力上，如果数据集太小或不可靠，那么即使是最好的统计方法也得不到好结果，因此，项目最大的不确定性是算法本身输出的质量，因为你不知道用户喜欢由算法推荐啤酒的概率有多大。

好的规划会考虑到算法可能不如预期那么好，如果存在完美的算法，所有的用户都会喜欢推荐的啤酒，但如果算法出现错误，那该怎么办？作为统计学家，我首先会建议对一些坏的推荐进行诊断并修改算法来改进。这些迭代可能会解决这个问题，或者可能不会。

另一种选择是研发可以处理错误的产品。根据用户与算法的交互方式，可以预期完美的啤酒推荐，或者可能完全理解错误。如果更多地从产品设计而不是分析的角度来看，评分系统是一种解决方案。就算算法出错，也能给出表明该推荐可靠性（分数本身是可靠的）的推荐分数，那么用户可能会容忍因为冒险寻找好啤酒而出现的错误。

有了这两种选择，就形成了一个好的计划。如果该算法的结果可靠，那么你可以相信十佳啤酒列表，可以放心地把列表呈现给用户，但如果列表不那么可靠，要么修改统计方法，要么产生带有可靠性的推荐分数，告诉用户不能保证每个推荐都满意，因此，未来有两个可能的选择。但如何做出选择？只要有可能，选择过程也应包括在计划中。

在这种情况下，未来的选择取决于算法产生推荐的可靠性，所以需要在计划中包括评价推荐可靠性的方法，本书将在以后的章节中详细讨论这些统计方法。检查统计算法预测准确性的好方法是利用在训练算法时留下的一些数据，来检查算法是否正确地做出了预测。在这个项目中，你可能会在统计方法的训练过程里面为每个用户保留一些啤酒推荐，然后检查算法是否确实推荐了在训练过程中保留的那些用户评价高的啤酒。同样，也可以检查评价不高的啤酒是否在推荐名单上。在任何情况下，推荐算法应该能证实预留啤酒的用户评价，不然算法就没有那么好，并且你也需要采用前面提到的办法进行补救。

总的来说，基本上这是一个好计划。图 6-2 以流程图的形式展示了该计划，注意该计划包含了一系列要遵循的步骤，也有关于算法表现的主要不确定性。根据对表现评估的结果可以采取不同的路径，在计划阶段，事先承认这种不确定性对确定接下来会发生什么起着重要的作用，对数据科学家以及客户都非常有价值。在完成这个案例的剩下部分后，下一节将讨论如何与客户沟通修改后的目标与计划。

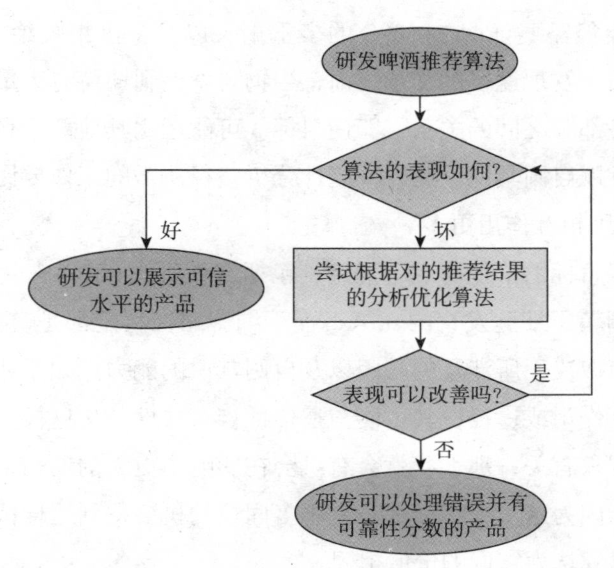

图 6-2　制订啤酒推荐应用研发计划的可能流程图

生物信息学与基因表达

这个项目的目的是弄清楚在老鼠干细胞发育过程中 miR 是否

影响基因的表达水平。目标可能包括以下内容:

1. 发现最有可能相互影响的 miR- 基因对

2. 发现 miR 对干细胞发育的调节作用

3. 发现可以影响干细胞发育和调节的 miR 以及基因途径

目标 1 包括利用已有的时间序列数据对 miR 和基因之间具体关系进行统计分析，不保证结果可靠，但肯定可以分析。同样，目标 2 需要对 miR 在干细胞发育过程中的表达水平做统计分析，这完全有可能，虽然从功能生物学角度无法确定统计方法结果的正确性。目标 3 有点复杂，途径涉及两个以上的 miR 或基因，因此发现一个路径需要证明 3+ 成分的多重相关以及多重相关绝非偶然。在发表关于发现途径的文章之前，生物科学期刊期待有大量证据可以证明各部分之间的关系，即使目标 3 可能远比其他两个目标更复杂，更难以自圆其说。此外，统计分析路径所需的工作要比简单的 miR- 基因相互作用更多。

这些目标的价值有点不确定，包括发现新的 miR- 基因的相互作用和调节干细胞发育的 miR，而干细胞路径肯定都是有价值的，但其价值取决于所涉及的基因以及自圆其说的能力。如果我发现了新的相互作用或途径，其可能与遗传性疾病或性分化这样受欢迎的生物学现象有关，那么我就会有机会在影响力更大的期刊上发表研究论文。因为这三个目标都有差不多同样的机会得到这样价值的结果，所以我认为它们的价值相同。

在评估目标的效率时，很明显目标 3 要复杂得多，需要做比别人更多的工作，目标 1 和目标 2 的工作量大致相同，产生有意义结果的机会也大致相同，这两个目标之间唯一的优势是确定具体的

miR 与特定基因之间的相互作用，对于科学界来说其似乎比发现与发育相关的干细胞更有趣。

所以目标 1 与目标 2 相比，稍微更有价值和效率，我选择了以目标 1 为主，目标 2 为辅，目标 3 次之，只有在完成了前两个目标后仍有大量额外精力的情况下，我才会去做第 3 个。

考虑到这些目标，计划应包括研发发现目标 1 中 miR–基因对的统计方法，同时可能考虑目标 2 的调节 miR，把在实现这两个目标的过程中发现的相关性组装起来，构建目标 3 中可行的路径。

图 6-3 的流程图描述了我的计划。如你所见，该计划相当简单。科学研究倾向于这种结构：不断地改进工作方法和结果直到获得科学界欣赏的结果，这时候写一篇研究论文然后提交出版，这与典型的商业项目相抵触，通常商业项目对时间的限制更严格，而且在一定程度上要求数据科学家对结果的质量妥协，以满足最后的期限。另一方面，对学术研究人员来说，除了会议的申请截止日期外，通常没有很强的时间限制，但他们通常持有比业界标准更高的统计严谨性和发现的重要性。学术型数据科学家的计划可能会与具有可比性的私人企业数据科学家的计划不同，这也是为某个项目制定具体计划需要考虑的另一个因素。

顶尖的田径表演

第 4 章讨论了我曾做过的一个项目，该项目分析了有史以来各种田径项目比赛最佳成绩，正如本章前面提到的，项目中存在的两个主要不确定因素是数据质量和完整性以及与所应用的统计方法。

第一个不确定性可能是：是否有足够的数据？虽然有精英运动员的最好成绩，但并不完整，因此只能看到统计分布中数据的尾部，这使参数评估比较困难，我将在以后的章节中更深入地讨论如何判断是否有足够的数据；检验估计参数方差是否足够小；也检查模型预测结果的方差，以确保不会因数据过少带来波动而导致预测结果的巨大起伏。关键是在用代码把统计模型应用到数据并生成方差估计之前，我并不知道是否有足够的数据，如果没有足够的数据，将不得不考虑从另一个网站购买（虽然不确定它们是否有更多的数据），或者如果有可能的话需要简化模型以减少对数据的需求。

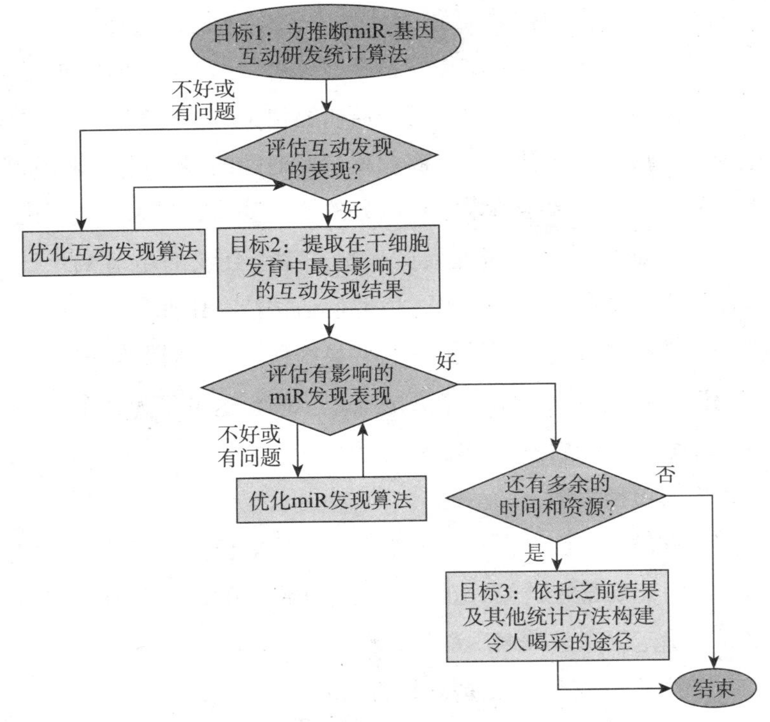

图 6-3　基因互动项目基本计划的流程图

第二个主要的不确定性与要使用的统计分布有关。我想用对数正态分布的统计模型，但在写统计代码前，我无法知道该统计分布是否合适。在第 5 章描述的探索阶段，我用数据生成了直方图，直方图看起来似乎像正态分布那样遵循钟形曲线的尾部，但直到写完估计这种曲线最佳参数的代码，并将其与数据进行比对后才确定，所以，对本节的目的而言，不确定性仍然存在。

最后，在统计挑战中一直存在着不确定性：结果够好吗？几乎从来都无法保证会得到好的结果，这个项目也不例外。以学术研究为目的，我打算把该项目的研究结果在科学期刊上发表，“足够好”通常意味着“比其他的论文好”，也就是说在某种意义上必须能证明所研发的评分系统比其他现有为同一目的而设计的方法更可靠。主要的竞争对手是国际田联的田径评分表，我选择比较他们的评分表和我预测的评分表，看哪个的预测结果更准，如果功亏一篑，那么就发表不了论文，就要改善模型提高预测准确率，或者采用邪恶统计学家才会用的阴招以对我有利的方式比较两种评分系统，我提到了后面这个非常非常糟糕的结果改善方法，不是我建议大家这么做，而是因为有人在这样做，所以看任何统计方法的比较时都应该小心！

鉴于这三个不确定因素，我制订了计划，如图 6-4 所示。这里有两个检查点，一是数据的拟合分布情况，二是预测质量，如果无法通过检查，那么应该分别有一两个可能的解决方案。如果统计分布检查点有什么不妥，我会寻找更好的统计分布；如果预测的质量检查点出现问题，可以随意获取更多数据或者优化模型，而这取决于哪种方法看似更合理。如果想制订一个更完整的计划，我会在数据和模型质量的路径选择上包括更具体的判定标准。

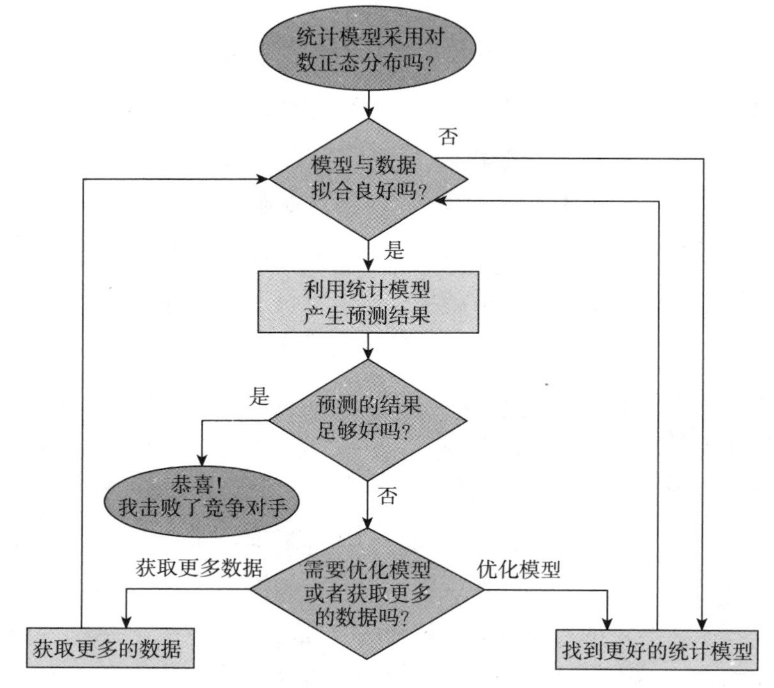

图 6-4　田径比赛成绩分析项目基本计划的流程图

可能现在你已经注意到，不确定性的主要来源与数据和统计密切相关，通常这是正确的，对我来说也是如此，因为与其说是软件研发人员，我更像统计学家，而只要涉及统计模型，就一定存在着不确定性。

安然邮件分析

在第 5 章中我介绍了从公开的安然电子邮件数据内发现和分析犯罪的、可疑的或者疏忽的行为，并用社交网络分析概念对其进行描述的项目，而几乎所有关于该项目的事都不确定。我们不仅要面对本章开篇提到的数据挑战，而且也不知道在数据里存在着具体什么犯罪或可疑行为案例。主要是因为安然做了不少坏事，所以我们就以为其必然存在，但是从超过100 000封电子邮件中很难找到蛛丝马迹。

因为关于安然丑闻有很多新闻报道，而且团队里有一些研究公司欺诈的专家，所以我们认为，先研发一些粗略的统计分析过滤数据，然后再阅读前100封电子邮件，从中寻找可疑行为案例，这可能是合理的想法，如果我们有这方面的经验，就可能比试图阅读所有电子邮件来发现可疑迹象更有效。

另一个建议是建立一个成熟的社交网络统计模型，然后尝试使用它来寻找可疑的行为。对我而言，这似乎是本末倒置的，或者至少会让我们在确认结果时面临严重的偏见，如果碰巧找到一些有趣的电子邮件，是使用该方法的原因还是偶然发现了正在寻找的结果？

对这个项目几乎没有什么具体措施或者保证，与具体步骤相比，我们所制订的计划更关心时间和资源管理，鉴于项目有最后期限，即使是模糊的，我们也必须在项目结束前产出结果。我们不能采用持续工作直到有好结果才提交的学术研究策略，所以使用了所谓时间拳击的策略，而这个策略不如听起来那么令人兴奋，其目的是在开放式项目中人为设置时间限制以提醒自己必须继续前进。

对于一个为期10天的项目，松散定义的计划看起来像图6-5的流程图，这肯定是一个模糊的计划，但至少有开始点，可以确保整个团队都知道你期望什么样的时间要求，即使并不完全契合。如果有新信息或者在目标、优先级或其他方面发生变化，那么计划本身也可以做相应的调整，与其他案例相比，该案例最为显著的特点在于几乎毫无确定性，目标也不确定，但却存在最后期限，在这种情况下如何制订项目的时间表？

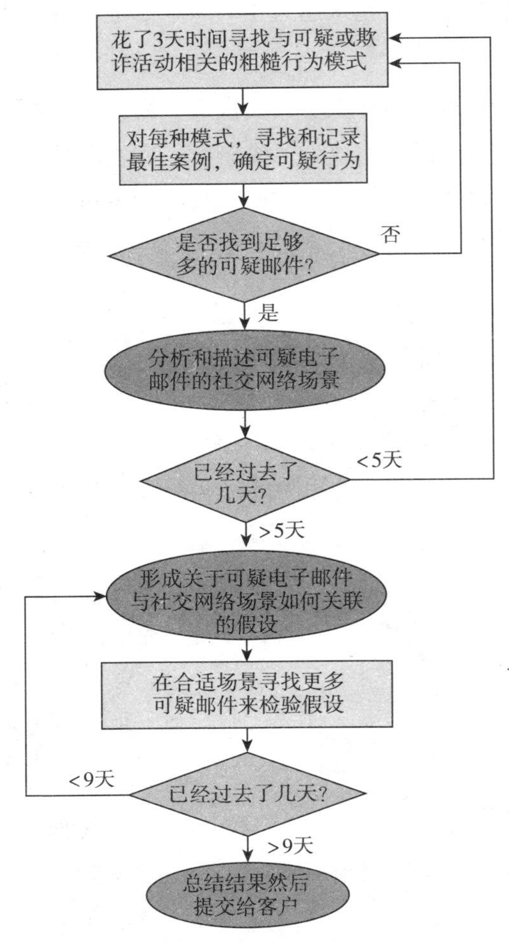

图 6-5　安然项目基本计划流程图

6.4 沟通新目标

由于出现新信息、新限制或任何其他原因，计划和目标随时可能改变，所以你必须和参与项目的每个人，包括客户沟通这些重大的变化。项目客户显然在项目的最终产品上应该有既得利益，否则项目也不会存在，所以客户应该知道在目标上发生的任何变化。因为大多数顾客喜欢被告知，所以通报如何实现这些目标的计划往往是明智的，无论新旧。客户可能对包括迄今为止初步结果的进展报告以及如何取得结果感兴趣，但这些的优先级都是最低的。

通常数据科学家对优先级感兴趣或觉得重要，对非数据科学家的客户而言，兴趣不大或不重要。例如，我曾参加过多次生物学会议，演讲者似乎对讲述如何得到结果的故事比展现结果本身及其影响更感兴趣。对数据科学家来说，他们更感兴趣的是项目的故事，通常包括过程中所经历过的弯路，转折和障碍（已完成工作中的纠葛），困难和最终的胜利，但数据科学家最感兴趣的是是否取得了好成绩以及是否可以相信这个好成绩不是侥幸的？例如，向客户解释数据整理整整花了一个星期，只会是说，“工作曾经非常艰难”，也可能是对错过最后期限的一种解释。

专注于客户关心的事情：已经取得的进展，当前预期的结果，可以实现的目标 X、Y 和 Z。他们可能会提出问题，也可能对项目的各个方面都感兴趣，但在我的经验中大多数不是这样，在这个阶段与客户开会讨论后，唯一必须要得到的结论是清楚地沟通了新目标到底是什么，而且得到了他们的批准，其他的一切都是可选项。

你可以考虑把基本计划传达给客户，特别是当你需要使用他们的资源来完成项目时，他们可能有提议、建议或者你还没有经历过的其他领域的知识，如果涉及他们的资源，如数据库、计算机以及其他的员工，那么他们当然有兴趣听到你会如何利用以及利用多少？

最后，正如我提到的，初步结果以及如何得到这个结果的故事优先级最低，根据我的经验，分享这些可能会有所帮助，但仅如下几种情况适合：

- 有前景的初步结果可以加强客户的信心；
- 通过展示方法的合理性获得客户的信任；
- 客户可以理解的好故事，让客户感觉团队中有数据科学家。

上述这些在各种情况下都是可取的，在与顾客沟通时，最好确保能看到项目角色与客户目标之间最相关的部分。

练习

继续第 2 章描述的脏钱预测个人理财应用场景，以及与前面章节相关的练习，尝试回答下述问题：

1. 假设上一章的初步分析和描述性统计让你相信，对账户有许多交易的活跃用户的预测可能会产生可靠的结果，但不认为该预测也同样适用于交易相对较少的用户账户。可以将此转换为调整目标的框架性问题，“什么是可能的？什么是有价值的？什么是有效率的？”

2. 根据对前面问题的回答，描述在应用内生成预测的总体规划。

小结

- 如我建议，明确和正式的评估阶段有助于项目进展、目标、计划以及对项目的认识。
- 在项目继续进行之前自问："我学到了什么？"
- 在初步发现的基础上调整预期和目标。
- 基于新信息和新目标作出计划，同时考虑到那些难以避免的不确定性。
- 与客户沟通新目标、计划和进度。

第 7 章　统计建模：概念与基础

本章内容：

- 作为数据科学核心概念的统计建模
- 数学是统计学的基础
- 其他有用的统计方法如聚类与机器学习

图 7-1 显示了目前我们在数据科学过程中所处的位置：数据的统计分析。在良好的数据科学中，统计学所需要的技能和知识，占了至少三分之一甚至一半；其他大部分是软件研发及应用，剩下的较小部分是专业领域的知识。统计理论与方法对数据科学极为重要，但迄今为止本书说得相对较少，本章试图给予宏观的概述。

统计学是一个大领域。我不认为本书能通过这一章内容涵盖统计学的全部。数以百计的教科书和期刊文章，甚至有更多的在线资源在讨论这个问题，所以如果有具体的问题，可以参考大量的文献。目前我还没看到过一本书，可以对统计学最重要的思想进行概念性描述，并为那些对数据科学有抱负，但没有受过正式统计培训或教育的人，提供坚实的理论基础。本章将通过相关工具集来介绍统计学领域，为实现数据科学的目标，每种工具都各有利弊。这样介绍的目的是使你开始考虑可能应用在项目上的统计方法的范围，让你在从详细的技术参考资料中寻求具体信息时感觉更加自信。

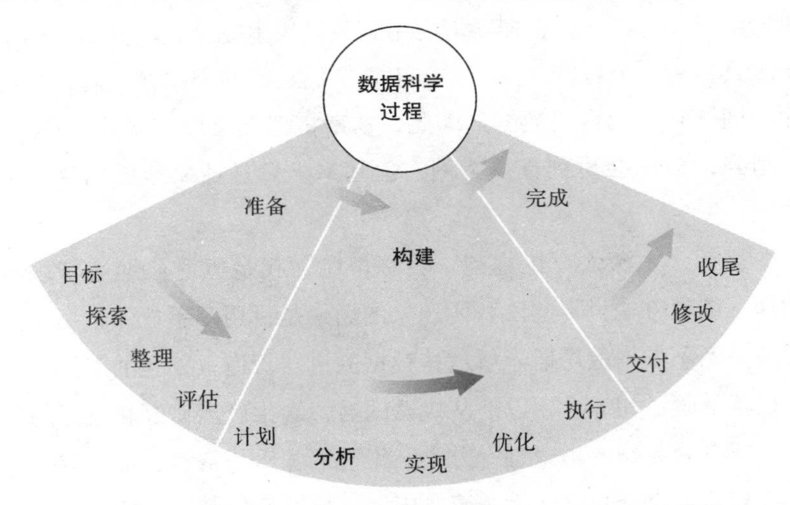

图 7-1　数据科学过程构建阶段的重要方面：数据统计分析

7.1　如何看待统计

如果你已经对统计相关的描述（像如何将繁杂手段应用到统计和技术参考资料上）感到很自信，在这种情况下，本章似乎没有存在的必要。而事实是，除非接受过很多正规的统计学教育，否则最有可能的是，你还有许多领域没看到过，或是对各种统计学领域如何相互关联不太熟悉。我觉得即使是经验丰富的数据科学家，如果把统计学的不同领域当成整体来思考，思考它的组成部分如何相互关联，以及统计方法与执行它们的软件和所使用数据两者之间的区别，那么其对他们也是有益的。我不打算对任何概念提出明确的描述，但确实想对概念本身及其重要性以及相互的关联性进行讨论。

本章将继续强调方法、软件和数据的特异性。在数据集上使用机器学习库与将一种机器学习应用到数据集上完全是两回事。一个是工具，另一个是行动。同样，不管它们是如何交织在一起，数据库不同于它所包含的数据。因此，本章将把重点放在统计方法上，在适当的时候会讲到具体案例，但基本上只是抽象地提到软件和数据。

最后，在深入讨论之前，我想声明，我是概念化地进行思考和描写统计方法世界的。我所想象的场景是，用双手抓住数据，然后填充到不知何故可以了解这些数据的机器管道里，我的工作是调整机器的管道和表盘，以便从机器的另一端生产出良好和有用的信息。或者为数据的场景进行分类，用粉笔画出一条线，恰如其分地把红点和蓝点分开，然后接着考虑如何再画另外一条线把落在另一边的红点划过来，反之亦然。如果你对这一章的内容所期待的满是微分方程和关联系数的讨论，那可能会大失所望。相反，本章将以大量的概念性和想象性段落进行宏观描述。我喜欢思考这些东西，希望这种展现方式对你来说也充满了乐趣。

7.2　统计学：与数据科学相关的领域

牛津统计学术语词典（2006 年牛津大学出版社）把统计学描述为“研究收集、分析、解释、展示和组织数据的科学”。根据本章的需要，我们将跳过收集、展示和组织数据的介绍，只聚焦于分析和解释。假设已经在前几章收集和整理了数据，后面的章节将开始讨论展示。

从我的角度来看，分析和解释是统计学的科学方面。所关心的是从数据中获取知识并了解是否有足够的证据来支持既定的假设或推论。面对大量的不确定性，良好的分析和解释对数据科学中需要统计性质很强的项目始终非常重要，所以我想把本章的大部分留下来讨论那些依靠统计学实现的方法。

7.2.1　统计学是什么

统计学是介于数学的理论领域和可观测数据现实之间的领域。令大多数人惊讶的是数学与数据的关系并不大。尽管如此，数学与数据科学却有很大的关系。数据科学家需要依靠数学来完成有意义的统计分析，如果在开始讨论数据科学中的统计学之前，还没有讨论数学，那是我的失职。下一节的重点是数学，将讨论其主要概念以及在现实世界的应用中如何发挥作用。

统计学的一面是数学，另一面是数据。数学，特别是应用数学，为统计学提供了一组分析和解释的工具，这也是本章的主要焦点。除了数学，统计学还拥有一套自己的以数据为中心的技术。

第 5 章介绍的描述性统计通常是直接或简单的统计，可以提供简单易懂的数据概述。描述性统计与数据关系密切。

推断性统计与数据在本质上有一步或几步之遥。推理是基于可度量数量估计未知数量的过程。通常情况下，推断性统计涉及定义数量、可度量与否及其相互关系的统计模型。推断性统计方法可以非常简单，也可以异常复杂，因为其在精度、抽象度和可解释性方面存在着差异。

统计建模一般是指利用统计学模型构建描述性系统的过程，然后利用该模型对相关系统的数据进行分析和解释。描述性统计和推断性统计都依赖于统计模型，但在有些情况下，清楚构建和解释模型并不是重点，重点在于了解模型及其所描述的系统。数学建模是一个相关概念，但更强调对模型的构建与解释，而不是它与数据的关系。

与原始数据关系最远的是通常被称为黑箱方法（不管是更好还是更坏）的一组统计技术。黑箱指有很多可变部分以及相互间存在复杂关系的一些统计方法，因为数据被应用到特定场景，所以几乎无法剖析方法本身。机器学习和人工智能中有许多方法适合这个描述。如果试图应用机器学习技术（如随机森林或神经网络）将数据中的个体分类，事后往往很难解释为什么某个体被分到某类。黑箱输入数据，输出分类结果，通常并不知其内部乾坤。本章后面对此进行讨论。

在下面的章节中，我将详细介绍统计学中的各种概念。与特定应用相比，通常我更喜欢概要描述以便有更广泛的应用场景，如果觉得说明性案例似乎更有帮助，我也会使用。关于每个主题都有许多非常好的技术资源可提供更多细节，我会尽可能多地提供包括关键字和常用方法在内的详细信息，以便你能够在互联网或其他地方快速找到更多资源。

7.2.2 统计学不是什么

最常见的误解是，当作为数据科学家的我与其他公司或机构的招聘代理交谈时，偶尔会被误解我已接受了工作并在完成某个项目的过程中。误解在于，作为数据科学家，我可以设置、加载和管理许多数据仓库，并以各种方式为大量人提供服务。我曾向很多人多次解释过，数据科学不是数据管理，当然也绝对不是数据库管理。这两个角色在本书中绝对没有弄错，事实上，当我有机会与能力很强的数据库管理员（DBA）一起工作时，我永远都会心存感激，但这两个角色在科学上是完全相反的。

科学是努力发现未知。移动数据和改善查询可靠性与性能非常重要，但与发现未知无关。我不止一次遇到过而且不知道到底是为何有人会把面向数据的这两个工作混淆，特别有趣的是有人还让我构建大型数据库。因为在所有最常见的数据科学任务中，也许我最缺乏就是数据库管理经验。我可以构建为自己服务的数据库，但是绝不能指望我构建数据管理解决方案来为大型组织提供服务。

也许是因为我是数学家，但我认为数据管理属于对我有用而非核心的技能。我要做的是数据分析。任何有益于数据分析的无疑都是好东西，在觉得需要以性能优化的名义，接管并解决所有数据库管理的头痛问题之前，我会长期忍受凑合的性能。我聚焦的是统计，管它数据库处理需要花多长时间。

数据管理与统计之间的关系同食品供应商与厨师之间的关系类似：统计是一门艺术，在很大程度上取决于可靠的数据管理，以培根鲑鱼闻名的餐厅在很大程度上依赖于当地猪和鲑鱼养殖场及时提供的优质原料（向爱好素食和野生鲑鱼的读者道歉）。对我来说，统计是工作，其他的一切都只是辅助性的。食客需要且最重要的是好的食材及烹饪；其次，他们可能想知道食材的来源是否可靠且快速。统计分析的消费者，即数据科学项目的客户，想知道他们已经以某种方式收集了可靠的信息。也只有在这个时候，他们才会关心所用的数据存储、软件、工作流程是否既可靠又快速。统计分析是产品，数据管理是过程的必要组成部分。

统计学在数据科学中所起的作用不是次要的、处理性的外围功能，而是为数据科学提供洞察力的部分。数据科学家所做的软件研发和数据库管理，确实对提高统计分析能力有贡献。网站研发与用户界面设计是另外两项可能要求数据科学家完成的任务，他们的本职工作是为客户提供统计分析。作为数学家和统计学家，我可能会有偏见，但我认为统计是数据科学家工作中最具智力挑战性的部分。

另一方面，在数据科学中遇到的一些极大挑战也会涉及整合各种软件组件，以使其相互良好配合并发挥作用的情况，所以我有可能低估了软件工程。我认为这一切都取决于你所处的位置。下一章将介绍软件的基本知识，因此我暂时将这部分留待那时讨论。

7.3　数学

尽管对数学领域的确切边界有所争议，但其完全基于逻辑。具体来说，每个数学概念都可以解析为一系列的 if-then 判断语句和假设。即使是长除法和计算周长也可以归结为纯粹的逻辑步骤和假设。数学历史悠久，无数的逻辑步骤和假设被人们长期普遍使用，且已经习以为常。

7.3.1　实例：长除法

长除法，或者普通除法，是在小学学到的在两个数字之间有很多假设的一种运算。阅读本书的每个人很可能都学过如何通过一组步骤来完成长除法，实际上是以除数和被除数两个数字作为输入，输出结果被称为商的一种算法。在日常生活中长除法很有用（在没有计算器或计算机的情况下更是如此），例如，你想在几个人中间平等划分餐费或与朋友分享几杯蛋糕。

许多人认为数学领域是由许多为计算而构建的中等有用的算法所组成，这些人不算完全错误。但比数学算法更为重要的是假设和逻辑步骤，它们可以组合起来证明某事的真假。事实上，每个数学算法都是由一系列逻辑语句所构成，最终可以证明算法本身是否可以在给定假设下做到它应该做的事情。

例如，有 X、Y 和 Z 三个逻辑语句及以下的陈述，其中每个语句在各种不同情况下的判断结果真假均有可能：

- 如果 X 为真，那么 Y 一定为假。
- 如果 Y 为假，那么 Z 为真。

显然这是一组可直接从逻辑文本输出的人为逻辑语句，但这样的逻辑陈述正是数学的核心。

根据这些陈述，假设发现 X 为真。那么 Y 为假的且 Z 为真。这就是逻辑，这似乎并不令人兴奋。但如果我把真实生活中的含义，例如访问者、潜在客户和零售网站分别赋予 X、Y 和 Z，那么：

- 语句 X——潜在客户把两个以上的商品放入在线购物车。
- 语句 Y——客户只浏览。

- 语句 Z——潜在客户将会购买。

这些语句对在线零售商均有意义。你知道“ Z 为真”是令任何想要赚钱的零售商都兴奋的语句，所以前面所述“ X 为真”也应该是令零售商激动人心的逻辑语句。如果更接近实际生活，这可能意味着，如果零售商能让潜在客户把两个以上的商品放入购物车，则达成交易。如果其他的销售路径更困难，那么这可能是可行的网上营销策略。显然，现实生活很少是纯粹的逻辑，但如果你把所有语句模糊化，例如，“为真”变成“可能为真”，“为假”的情况也做同样处理，那么数据科学家确实可能通过这样的场景帮助零售商增加销售额。这种模糊的语句往往最好用概率语句来处理，本章后面将会对此介绍。

回到长除法的例子：即基本算术的算法（可能在学校里学过）是基于假设和逻辑的陈述。在讨论这些问题之前，我不想无聊地描述如何做长除法，假设你有最喜欢的做长除法的正确方法，如用笔和纸。我们将在以后的例子中把这种方法称为算术。算术必须给出十进制的结果，而不是那种给出接近的结果外加余数的长除法（接下来的几分钟你会明白）。更进一步，假设该算法最初由数学家研究发现，而且其已经证明算法结果在适当条件下的正确性。现在让我们探索为了正确地使用这种算法，数学家需要的一些条件。

首先，必须假定被除数、除数和商是实数。实数包括你所习惯使用的所有小数和整数，但不包括其他的数，例如可能会得到虚数或当你试图取负数平方根时。还有各种其他非实数集的集合以及不含数字的集合，我将把它们留给数学课本去讨论。

除了假设所处理的是一组实数外，同时假设这个特殊的实数集是被称为域的特定类型集合。域是抽象代数的中心概念之一，由几个属性和两个通常叫加法和乘法的操作所定义，在抽象意义上不保证其以和普通算术一样的运算方式工作。大家都知道域中的两种运算总是以某种特定方式对域中的两个元素进行处理，特定的加法和乘法运算事实上是进行长除法所必须做的另一个假设。要了解更多域的知识，请参考抽象代数。

假设有一个由实数组成的域及在学校学过的加法和乘法运算。作为域定义的一部分，这两个运算必须同时具有可逆性。你可能已经猜到我们经常把加法的逆运算称为减法，把乘法的逆运算称为除法。任何运算的逆操作必须能对运算还原。A 乘以 B 得到 C，C 除以 B 还原到 A。除法被定义为乘法的逆运算。这并不是假设，而来自于其他的假设和域定义。总结长除法如下：

- 假设：

1. 有一个实数集。

2. 在实数集上有一个域。

3. 域的加法和乘法运算与普通算术一样。

- 陈述：

1. 有一个域，而且加法和乘法分别有减法和除法为逆运算。

2. 域的加法和乘法运算与普通算术一样，减法和除法运算亦如此。

3. 如果除法与普通算术运算相同，那么算法将得出正确的答案。

综合这些假设与陈述：

- 假设 1 和 2 与陈述 1 配合意味着减法和除法操作存在。

- 假设 3 与陈述 2 意味着减法和除法与普通算术一样。
- 前两个陈述与陈述 3 意味着算法将得到正确答案。

这个例子在某些方面看起来很琐碎，但我认为它说明了我们对世界的认识是建立在数学构造的具体实例上，尤其是关于定量这个主题。如果实数集因某种理由不适用，那么小数长除法不成立。相反，如果采用整数集，那么不同的长除法算法更合适，其结果可能是商加余数。整数长除法无法像实数长除法一样运算，其原因是整数无法构成集合。基础数学知识是判断算法是否适当的唯一确定方式，诸如什么时候域存在或什么时候域不存在。同理，在选择数据科学项目的分析方法及采用这些方法诊断最终问题与结果时，数学知识有用。

7.3.2　数学模型

模型是对系统如何工作的描述。数学模型使用方程、变量、常数和其他的数学概念来描述系统。如果试图描述现实世界存在的系统，那么就闯入了应用数学领域，应用数学所做的工作通常可以应用到数学以外的地方，如物理学、语言学或数据科学。应用数学当然与统计学很接近，但我不想去尝试如何清楚地区分二者。然而，应用数学一般来说可能没有任何数据，其重点在于改善模型和技术，而统计学聚焦于利用数学模型和技术研究数据。数学建模和应用数学同样不易区分清楚；前者侧重于模型，后者侧重于某种现实世界的应用，但两者并不相互排斥。数学模型的概念与应用并不是固有的，所以我将在这里简要讨论。

线性模型是最简单和最常用的数学模型之一。线性模型仅仅是由线性方程描述的一条直线，用于表示两个或多个变量之间的关系。当关系呈线性时，相当于变量成正比，该术语在一些领域中经常使用。线性方程以斜截式（回忆一下从学校中学过的数学知识！）的方法用两个维度（两个变量）来描述线性模型如下：

$$y=\mathrm{M}x+\mathrm{B}$$

其中 M 是斜率，B 是 y 截点。

线性模型因为易用且许多自然数量相互之间大致合理地遵循线性关系，所以被许多应用使用。开车距离与耗油量之间的关系就是个好例子。开得越远，汽油耗费得越多。耗油量也取决于其他因素，如车型、速度、交通和天气。因此，尽管可以合理地假设距离和耗油量近似线性相关，但其他的随机因素也会影响不同行程的耗汽量。

经常用模型来做预测。如果有基于距离的耗油量线性模型，那么就可以在下次旅行时，把距离放入线性方程来预测耗油量。假设所用的线性模型是：

$$y=0.032x+0.0027$$

y 是耗油量（升），x 是距离（公里），斜率 0.032 意味着平均每公里行驶需要 0.032 升汽油。此外，似乎每次还需要耗费额外 0.0027 升汽油。这是汽车启动和旅行开始前闲置的几分钟所需要的能源。无论如何，可以用这个模型预测下次行程的耗油量，例如 100 公里的行程需要设置 $x=100$，然后根据模型计算，预测结果为 $y=3.2027$ 升。这是用线性模型预测的基本例子。

图 7-2 是一个没有任何轴线标注和其他标签的线性模型图。该图上没有任何标签，因为我想聚焦于模型和数学的纯概念方面，标

签有时会分散注意力。图中的线就是模型，而圆点则试图表示模型的线性数据。Y 轴截距似乎是 5.0，斜率约为 0.25，直线似乎相当好地拟合了数据。但要注意线附近分散的数据点。例如，如果想根据 x 值来预测 y 值，该模型可能不会给出完美的预测，甚至得到错误结果。预测 y 值出现在线性模型大约 3 或 4 个单位的地方，这可能好也可能不好，完全取决于项目目标。我将在统计建模部分讨论模型与数据的拟合。这里主要想讨论模型与数据之间的概念关系。在头脑中有这样的印象及对其的概念理解，可以在数据建模时提高意识，在整个分析过程中改善决策。

重要的是要强调数学模型是虚构的，与现实生活没有任何内在的联系。模型所描述的是这些系统的内在工作机制，但并不能保证其运转良好。寻找足以适合项目目标的模型并正确地予以应用是数据科学家（或数学家或统计学家）的责任。

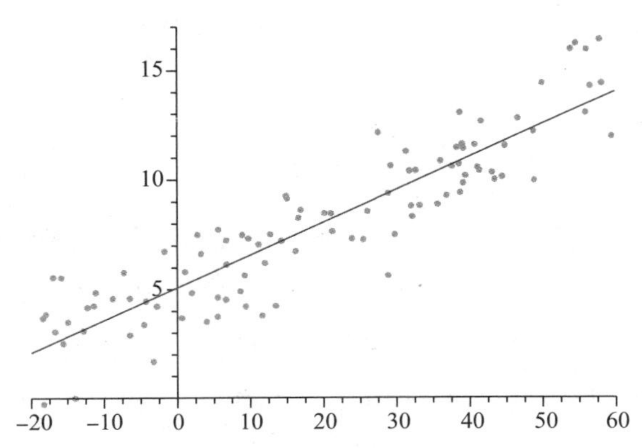

图 7-2　线性模型和一些数据点。该直线是一个数学模型，可以用统计建模技术找到最优的斜率和截距参数[⊖]

⊖ 来自 https://en.wikipedia.org/wiki/Linear_regression, in the public domain。

数学模型的例子

如广义相对论所描述的，爱因斯坦的引力模型取代了著名的牛顿引力模型。牛顿模型用一个简单的方程准确地描述了在正常质量和距离情况下的引力，而爱因斯坦模型在度量张量（一种描述线性关系的高阶对象）的基础上用数学模型，极端尺度情况下更准确。

目前粒子物理学的标准模型是于 20 世纪 70 年代完成的数学模型，其理论基础是解释物理力量和亚原子粒子行为的量子场论。最近在确认希格斯玻色子存在的过程中，挽救了作为模型适用性测试的几个实验。希格斯玻色子是由标准模型预测的基本粒子，但在 2012 年前很少有实验能证明其存在。从此以后，欧洲核子研究中心的大 Hadron Collider 实验证实存在与希格斯玻色子一致的粒子。像任何优秀科学家一样，欧洲核子研究中心的研究人员肯定不会说自己发现的是而且仅是希格斯玻色子，虽然粒子的一些属性仍然未知的，但他们肯定实验证据不与标准模型中的任何东西相抵触。

以我的经验，一些比较有趣的数学模型应用在社交网络分析中。社交网络是由个人及其相互之间的联系组成的，图论成为寻找合适模型的优秀数学领域。有关的连通性、中心性、比邻性理论几乎可以直接应用于现实生活的场景中，不同组别的人以各种方式相互作用。图论有许多其他应用，坦白地说它也有一些很有趣的纯数学问题，但最近在互联网上出现的社交网络为建模和数据支持提供了大量新机会。

线性模型的几何等价是欧几里德几何的概念，这是长、宽、高三维空间如何作用的正常概念，所有的线都可以无限延伸而且永不相交，可以扩展到任何维数。但也存在着其他的几何学，有可能在为某些系统建模时有用。球面几何是研究球面的几何学。如果在地球这个球体上（大致）不考虑海洋一直向前走，你会走回到起点。这不会发生在欧几里德几何学中，在那里你会走进无限，这个属性在某些建模的过程中可以派上用场。当然，任何飞机交通都能从球形几何中受益，而且我相信还有很多其他的用途，如制造工程中精度铣削球节点，或其他的曲面可能需要球形几何才能得到完全正确的形状。

数学模型用在每个定量领域，无论是直接的还是间接的。像在日常算术中必须做的一些逻辑陈述和假设，数学模型经常在某些特定场合大显身手。例如，民主选举投票中的摸底调查，医疗检测中利用变量之间的相关性得出有价值的结论。常见的相互关联概念，特别是皮尔森关联系数被假定为线性模型，但事实上通常被认为是理所当然的或至少这不是常识。当你再读到关于即将到来的选举预测时就知道预测以及误差是基于线性模型。

7.3.3　数学与统计

真正的数学由假设和逻辑组成，只有在具体实例中才涉及数量。因此，在美国高中数学所教授的所有主题中，证明三角形全等和平行线的几何学最接近数学的核心。但日常生活经常会遇到数量，所以我们倾向于把注意力集中在处理数量的数学分支。数据科学也经常这样，但它也开始渗透一些不那么定量或者不那么纯的数学分支，例如群论、非欧几里德几何学和拓扑学。如果它们可能起到作用，一些纯数学方面的知识就可能对数据科学家有用。

无论如何，数学一般不会触及现实世界。其完全基于逻辑，而且总是从一组假设开始，数学必须首先假设它可以描述的世界，然后才开始描述。每个数学的语句可以从 if 开始（如果假设为真）由 if 提出陈述并获得抽象的结论。这并不是说数学在现实世界中无用，事实上恰恰相反。与其说数学是一门科学，不如说是可以用来描述事物的词汇。有些东西可能在现实世界。词汇及其所包含的词很少描述得完全正确，目标是尽可能接近正确。数学家和统计学家乔治・博克斯曾写道："本质上，所有的模型都是错误的，但有些有用。"确实，如果模型合理地接近正确，那么它可能有用。

统计学领域对这些模型正确性的担忧已有共识，统计学并不是词汇和逻辑系统，而是看世界的镜头。统计学始于数据，尽管统计模型与数学模型没有太大的区别，但它们的意图完全不同。统计模型不是从内部向外寻求描述系统，而是通过汇总和分析相关的观测数据从外部观察系统。

然而，数学的确为统计学提供了许多重型装备。统计分布经常由具有实际和科学意义的复杂方程和根来描述，往往使用数学优化技术来拟合统计模型。即使项目数据的所在空间也必须用数学来描述，即使描述仅仅是"N 维欧几里德空间"，虽然边界有点儿模糊，但我喜欢说数学的终结点和统计学的开始点是真实数据进入方程的地方。

7.4　统计模型与推理

第 5 章中，在我建议把概略统计分析作为数据评估的一部分时提到过统计推理。推理是在不能直接度量时估计数值。因为没有直接度量的数值，所以有必要建立一个模型，至少可以描述需要的数量与已有度量值之间的关系。由于推理模型的存在，所以我把统计模型和推理放在本节一起讨论。

本章已经涵盖了统计模型，其与数学模型没有太大差异。正如前面提到的，它们的主要区别在于侧重点的不同：数学建模侧重于模型及其内在属性，统计建模侧重于模型与数据的关系。在这两种情况下，模型是由方程和其他数学关系描述的变量集关系。前面已经介绍过线性模型数量 x 和 y 之间看起来可能像：

$$y=\mathrm{M}x+\mathrm{B}$$

而指数模型看起来像：

$$y=\mathrm{A}\mathrm{e}^{x}$$

这里 e 是指数常数，也叫欧拉常数。模型的参数 M、B 和 A，在通过一些统计推理完成估算之前可能是未知的。

这两个模型都在描述 x 和 y 如何相互关联。在第一种情况下的线性模型中，假定 x 上升一定数量，无论 x 多大，则 y 上升（或者下降，取决于 M 值）相同的数量。在第二种情况下的指数模型中，如果 x 增加一定的数量，y 增加的数量则取决于 x 的大小；如果 x 比较大，那么 x 的增加会使 y 的增加比在 x 较小情况下的增加更大。总之，如果 x 变大后再增大，那么第二次的变化将导致 y 增加得比 x 第一次变大时增加得更多。

指数增长的常见例子是无约束人口增长。如果资源不稀缺，那么细菌、植物、动物、甚至人口有时呈指数增长。增长率可能是5%、20%或者更大，但指数一词意味着使用百分比（或者比例），而不是描述成长的普通标量。例如，如果一个种群有100只且正在以每年20%的速度增长，那么一年后该种群将增至120只。两年后，预计会有比120多20%只，其中总共增加了24只，从而使总数达到144只。正如你所看到的，增长率随着人口增长而加大，这是指数增长模型的特征之一。

线性模型和指数模型都可以由单个方程来描述。在项目中使用这些模型所面临的挑战是要找到参数M、B和A的估值，它代表数据且可以为正在建模的系统提供洞察力。模型的能力可以延伸并远远超出方程。

现在已经看到了几个简单的例子，让我们来看看一般的统计模型。

7.4.1　定义统计模型

统计模型是对所涉及系统的一组数量或变量，以及这些数量之间数学关系的描述。到目前为止，已经看到了线性模型和指数模型，两者都只涉及x和y两个变量，暂时不管这些数量代表了什么。模型可以更复杂，包括许多维度的变量以及需要许多不同类型的方程。

除了线性和指数方程以外，还有许多其他功能类型的统计模型：多项式、分段多项式（样条）、微分方程、非线性方程等。有些方程或函数类型比其他的拥有更多变量（变动的部分），这影响了模型描述的复杂性以及对所有模型参数估算的难度。

除了这些模型的数学描述以外，统计模型应该有与系统建模相关数据的一些明确关系。通常这意味着数据存在的价值包含在模型的显式变量中。例如，如果考虑前面人口增长的例子，数据集包括了对一定时间阶段人口规模的几个度量维度，所以要在模型中包括人口规模以及时间变量。在这种情况下可以简单地使用模型方程：

$$P = P_0e^{rt}$$

其中 P 是 t 时刻的人口规模，P_0 是零时间点的人口规模（可以选择何时为零时），那么所有其他时间点都是相对于 t=0 的时间点，r 是增长率参数（e 仍然是指数常数）。

依据这些数据建模的目标之一是希望能够预测未来某个时刻的人口规模。所拥有的随着时间推移的人口规模是 P 和 t 数值对的集合。任务就是使用这些过去的数值寻找合适的模型参数，以帮助作出关于未来人口规模的良好预测。在该模型中，P_0 定义为在 t=0 时的人口规模，所以唯一剩下的未知模型参数是 r。在这个假设项目中，为 r 估计一个良好的数值是统计建模的主要任务之一。

一旦模型参数 r 有了很好的估值，而且已经知道 P_0 的值是由数据和所选择的时间变量 t 定义的，这样我们就有了可供研究使用的人口增长模型。接着就可以用它来对人口的过去、现在和未来状态作出结论和预测。这就是统计建模的目的：根据系统模型和一些数据对正在研究的系统得出有意义的结论。

为了能通过统计建模得出有意义的结论，模型必须好，数据必须好，而且它们之间的关系也必须要好。但是说起来容易做起来难，大多数现实生活中的系统都相当复杂，需要特别照顾复杂系统，经常要考虑到系统中许多未知数和不确定部分，以确保模型及其与数据的关系足够好，从而得到那些要寻找的有意义结论。一些未知数可以明确地包含在模型中，例如人口指数模型中的增长率，我们会在下一节中描述这些潜变量。

7.4.2 潜变量

当创建系统模型时，有些可以度量，有些却不能。即使可度量，也有些已经度量好了，存在数据集里，而其他的则没有。在指数增长模型中，无论度量与否，增长率都是已经存在的相当明显的数值。即使用不同的模型，如线性模型，可能至少仍然有表示人口增长率的变量或参数。无论如何，这个增长参数都可能无法测量。可能在一些罕见情况下，可以跟踪新增人口数量，在这种情况下，有可能直接度量人口的增长率，但可能性似乎不大。假设无法直接度量增长率，或至少没有直接度量的数据。尽管知道变量或参数存在，但无法对其度量，则把此变量称为潜变量。

潜变量往往是基于系统内在规律运转的概念，如人口指数增长模型中的增长率参数。如果知道人口在增长，就知道一定会有增长率，因此创建增长率变量就很自然，有助于解释系统及其他变量如何相互关联。此外，如果可以对增长率得出结论，那么可能会有助于项目目标的实现。在统计模型中包括潜变量的两个最常见的原因如下：

- 变量对系统运转内在规律起直接的作用。
- 想针对某个特定变量得出统计结论。

在这两种情况下，潜变量代表变量或者想知道但因某种原因无法测量数值的数据。为了能使用潜变量，我们必须根据所知道的其他相关变量进行推理。

在人口增长的指数模型中，如果知道在多个时间点的人口规模P，那么可以很容易得到人口变化的速度。一种方法是计算连续时间点之间的人口变化，这相当接近直接度量但不完全。问题是绝对差异是否恒定，这意味着线性增长，如果是人口增长，这意味着指数性增长。如果单位时间（例如年、月、日）的人口增长固定，那么似乎更适合线性，但如果人口似乎在单位时间以一定比例增长，那么指数性模型可能更合适。

本章稍后将进行模型比较，找到好的统计模型很重要，但现在我将聚焦在数量性质似乎有内在规律这个事实上，例子中的人口增长率在很大程度上取决于模型选择。想把人口增长率当成直接度量，实际上，即使可以度量，至少还必须要确定，单位时间人口是按固定的绝对数增长，还是按固定的百分比增长。此外，还有许多其他可能的模型存在；线性（绝对）和指数（百分比）只是人口增长中两种最常用的模型。该模型的选择与潜变量的性质密切相关。两者都受到了系统运转方式的内在规律以及系统与数据之间关系的高度影响。

7.4.3　量化不确定性：随机性、方差和误差

如果不能直接度量，潜变量的估值总无法确定，即使可以度量，结果也一样。很难逼近精确的潜在变量值和模型参数，所以在模型中明确地包括一些方差和误差经常很有用，这通常由数值的概率分布来表示。

统计模型中的概率分布

如果模型所描述的数据存在经过统计方法估算出的期望值，那么方差就是描述个别数据点与该期望值之间的可能差距。例如，如果模型模拟人类身高，可能会发现男人的平均身高为 179 厘米。但每个人的身高都与该期望值有差距；每个男人大概会比这个高度高或矮几厘米，也有些男人身高几乎正好 179 厘米，也有非常高和非常矮的人，高矮差别达 20 或 30 厘米。数值围绕期望值分布的概念，自然引出了大多数人都熟悉的钟形曲线或正态分布。

在一般情况下，概率分布可以精确地描述在一个范围内随机分布的数值，从随机过程中取样获得一系列可能的数值。如果观察由随机过程生成的数值，这个过程的概率分布会告诉你有多大机会看到期望值。大多数人都知道正态分布是如何形成的，他们也许能够说出，在由正态分布的随机过程所产生的数值中，有多大百分比的数值高于或低于某个水平。虽然正态分布是最常见的概率分布，但还有其他各种形态的分布，有连续的也有离散的，每个都伴随着一组假设。特别是正态分布没有处理好离群值，所以当存在离群值式时，采用更强大的分布或方法可能会更好。每种具体的分布都有自己的优点和缺点，选择合适的分布可以对分析结果产生重大影响。随机性并不都是等同的，所以在选择某个特定的随机分布之前最好先做个调查。有很多关于该主题的统计学文献。

正态分布是包含均值和方差两个参数的概率分布。在用单一数据，如人类的身高建模时，正态分布就可以描述整个模型。在这种情况下，所建的模型从某种意义上说是一个可以生产各种人类身高的系统。均值表示系统想要努力达到的身高，而方差则代表系统与高度均值之间的差距。

以某个值为目标，而在实现时有一定程度的差距，这是统计模型中误差的核心思想。该意义上的误差是指数值距离标准多远。从概念上讲，这意味着每个男人身高都应该是 179 厘米，但系统中的一些错误导致有些人更高而另外一些更矮。统计模型通常认为这些错误是无法解释的噪音，主要关注的是确保所有误差都以正常方式在合理范围内分布。

不确定性统计模型

一个可能的涉及人类身高模型误差的版本如下

$$h_i = h_p + \varepsilon_i$$

其中，h_p 为人类身高系统的期望高度，h_i 为某个标记为 i 的个人身高。误差由变量 ε_i 代表，假定其呈均值为零而且个体独立的正态分布。希腊字母 ε 是个受欢迎的误差和其他任意小数的标记符号。注意下标 i 表示每个人有不同的误差。如果对 h_p 和方差有个靠谱的估计值，那么就会有可靠的男性身高模型。这并不是男性身高建模的唯一方式。

根据经验，人类男性身高每个人各不相同，你可能会考虑某个人群的预期身高与个体身高之间的概念性差异。个人可以考虑相同数量或数量集的不同实例。不同个体在同一指标上为什么不同，在概念上有两个可能原因：

- 系统或度量过程中的噪声。
- 指标数量本身因个体而异。

请注意这两个原因之间存在着细微的差别。第一个原因体现了误差的概念。第二个原因对应随机变量的概念。

随机变量有其固有的随机性，一般不认为是噪音。在人类身高的例子中，与其称为系统噪声，可以假定系统本身随机选择身高，然后产生一个几乎有这样身高的人。这种概念上的差别有好处，特别是在更复杂的模型中。这个版本的模型可以描述如下：

$$h_i \sim N(h_p, \sigma^2)$$

$$m_i = h_i + \varepsilon_i$$

第一个语句表示个人 i 的身高 h_i 是由均值为 h_p 和方差为 σ^2 的正态分布随机产生。第二个语句表示 h_i 的度量中有噪声，从而导致测量结果 m_i。在这种情况下，误差 ε_i 只相当于现实生活中的度量过程，因此结果可能只在 1 厘米以内。

把概率分布与误差混合在一个模型中描述可能不是一种好的表达形式，因为它们描述几乎相同的随机过程，但我认为这说明，在对模型很重要的固有随机变量和假定的不明原因误差之间，存在着内在概念上的差异。

如果想抽象男性身高模型使其也包括女性身高，那么固有的随机变量不是误差的情况就会出现。世界各地的男性比当地女性高是普遍现象，所以把男性和女性身高放在一个模型中可能是错误的。假设建模任务的目标是能预测随机选择的某个人（不分男女）的身高。可能像前面做过的那样，为男性构建一个模型，相应地为女性构建另外一个。但如果要预测随机选择的某人身高，就无法确切地知道哪个模型更加适用，所以应该包括一个表示个体性别的随机变量。这可能是假设要首先选择的一个二维变量，随后再用适合该性别的正态分布身高模型进行预测。这种模型可能会由方程描述如下：

$$s_i \sim B(1, p)$$

$$h_i \sim N(h_p(s_i), \sigma^2(s_i))$$

s_i 是某个人的性别，根据第一个陈述从伯努利分布随机选择（一个有两种可能结果的常用分布），选择结果为女性的概率假定为 p，男性的概率假定为 1-p。如果某个人的性别为 s_i，$h_p(s_i)$ 代表该性别人口的平均身高，而 $\sigma^2(s_i)$ 是该性别的方差。第二个陈述总体上描述了预测的身高如何遵从由伯努利分布随机选择的性别参数的正态分布。

从不确定性模型得出结论

假设已经为该模型找到了合适的参数估计，可以对随机选择个体的身高做预测。这种预测对小样本分析有用；如果随机选择 10 个人，会发现他们的平均身高是 161 厘米，就可能想知道该样本是否代表整个人口。通过每组 10 人的多组身高预测可以看到，得到如此小平均身高的机会有多大。如果这样的情况比较罕见，那么这证明所选择的样本不能代表整个人口，因此可能要采取行动以某种方式对样本进行改进。

随机变量有助于统计建模，可能有几个原因，至少许多现实生活中的系统都包含随机性。在用模型描述这样的系统时，重要的是千万不要混淆模型的期望和模型所依赖的分布。例如，即使人类男性身高模型预期个体身高为 179 厘米，但也并不意味着每个男人都是 179 厘米。这似乎很明显，但我见过很多学术论文混淆了两者，走统计学的捷径，假设每个人都是平均身高很方便。有时可能这并不是很重要，但有时最好花些时间清楚地区分两者。建筑师当然不想把门廊都建成 180 厘米高，这么做虽然对普通人不存在问题，但大概会有 40% 或更多的人将不得不弯着腰走过。如果要根据项目结论作出重要的决策，最好承认在各个阶段存在的不确定性，并把它们包括在统计模型中。

我希望关于随机变量、方差和误差的讨论，已经说明了在整个数据科学中如此普遍的不确定性如何影响统计模型。这可能是轻描淡写，但事实上我认为减少不确定性是统计工作的首要任务。有时为了以期望的方式减少不确定性，就必须先承认在模型内各部分存在着不确定性。处理包括随机性、方差或者误差在内的不确定性，必然会导致过于自信，甚至是错误的结论。这些都是不确定性本身，除了那些不能用严谨而且有用的方式解释的不良类型。出于这个原因，我倾向于起初先把每个数量当成随机变量对待，只有在已经严格地说服了自己这样做是适当的之后，才用确定的固定值进行替换。

7.4.4　拟合模型

到目前为止，已经在抽象意义上讨论了模型，并没有涉及太多模型与数据之间的关系。这是我有意为之，因为我相信这对考虑要构建模型的系统有益，而且在尝试将模型应用到数据之前，确定了我认为模型应该如何工作。模型拟合数据的过程是用设计好的模型寻找能最好地描述数据参数值的过程。“模型拟合”是估计模型参数值的同义词。

模型拟合是对所有可能参数值组合的拟合优度函数的优化。拟合优度可以有许多定义方式。如果模型以预测为目的，那么预测应接近最终结果，所以可以定义预测接近度的函数。如果模型代表一个种群，如本章前面讨论过的人类身高模型，那么模拟建模可能需要具有代表性的随机样本。有很多方法来想象模型接近于所拥有的数据。

因为有许多可能的方法来定义拟合优度，哪种方法能最好地满足，这个问题目前可能比较令人费解。但有些常见函数适合大部分应用。其中最常见的是所谓的似然性，事实上，这种类型的函数如此普遍且被研究得非常透彻，我建议用它作为拟合优度函数，除非另有强有力的理由不这样做。其中一个令人信服的原因是似然函数只适用于概率分布所定义的模型，所以如果模型不是基于概率分布，那就不能使用似然性。在这种情况下，最好查阅有关模型拟合的统计学文献，以寻找适合模型的拟合优度函数。

似然函数

"似然"一词在英语中普遍使用，但在统计学中具有特别含义。它很像概率，但在某种程度上是反过来的。

当模型的参数值已知时，可以任意选择一个可能的结果并计算其概率（或者概率密度），这是评估概率密度的函数。如果有数据和模型，但不知道模型的参数值，可以进行近乎反向运用：采用相同的概率函数并为数据集中的所有点计算联合概率（或概率密度），但在一系列模型参数值上这样做。似然函数的输入是一组参数值，而输出则是似然率，也可以被称为（有点不适当）数据的联合概率。变换输入参数值可以得到数据的不同似然率。

概率是基于已知参数的结果函数，似然率是基于数据集中已知结果参数值的函数。

最大似然率估计

顾名思义，一个数据集模型的最大似然解，正是对给定数据的似然函数产生最高值的模型参数集。最大似然估计（MLE）的任务是发现最优的参数集。

对于呈正态分布的线性模型误差，最大似然估计可以快速且简便地获得数学解。但这不适合所有的模型，优化因困难且复杂的参数空间而臭名远扬。最大似然估计和其他依赖优化的方法是要在复杂和多维表面寻找最高点。我总是把它想象成登山探险队在无人探索过的广阔地域寻找最高峰。如果没有人去过该地区，也没有航拍照片可用，那么将很难找到最高峰。在地面上，你可能会看到最近的山峰，如果朝着看起来最高的山峰走去，常常会从所站的位置发现另一个看起来更高的山峰。更糟糕的是，优化通常更像没有能见度的攀登。沿着试图优化的数学曲面，经常无法看到超过视野的环境。尽管知道所处的高度和地面的倾斜方向，但看得不够远无法找到更高的点。

许多优化算法可以对此有所帮助。最简单的策略是始终走上坡路，这就是所谓的贪婪算法，除非可以保证该地区只有一个高峰，否则效果不佳。其他策略包括某些随机性和使用某些智能手段，暂定向一个方向运动，如果效果不彰则返回。

无论如何，最大似然估计试图在包含所有可能参数的空间里寻找最高峰。如果知道找到的最高峰正是想要找的那个，那就太好了。但有些时候，最好能找到有几个非常高山峰的最高高原，或在做决定前，对整个地区的状况有大概了解。这样可以使用其他的模型拟合方法来实现。

最大后验估计

最大似然估计沿着模型的所有可能参数值表面搜索最高峰，这对项目的目标而言可能不理想。与发现绝对最高的山峰相比，有时可能对找到最高山峰的集合更感兴趣。

例如，在前面章节中大篇幅讨论过的安然电子邮件数据，该项目涉及基于社交网络分析对安然员工的行为建模。基于一系列人类行为的社交网络分析，充其量模糊地描述了人与人之间以某种方式互动的倾向。我往往不太依赖任何单一行为作出对项目有意义的结论，而宁愿基于一组行为得出结论，其中任何一个行为都可以解释我所看到的现象。正因为如此，所以我对蹩脚的行为解释也持怀疑态度，它们似乎是对社交网络中发生事情的最好解释，但事实上，如果解释的任何一个方面不正确，即使一点点，那么整个解释和结论将土崩瓦解。找到一系列不错的解释，会比找到一个看似很好但存在潜在脆弱解释的要好。

如果想要找到一些高峰的集合，而不仅是所有山峰中最高的那个，最大后验估计（MAP）方法可以提供帮助。MAP 方法与 MLE 方法相关，但利用从贝叶斯统计得到的数值（本章稍后讨论），特别是关于兴趣变量的先验分布概念，MAP 方法有助于在模型参数空间中寻找与数据拟合很好位置周围的点，尽管结果不如单一的最高山峰好。不过是否选择该方法取决于目标与假设。

期望最大化与变分贝叶斯

MLE 和 MAP 方法都会得到参数值的估计点，可以通过期望最大化（EM）和变分贝叶斯（VB）方法找到最优参数值的分布。我个人相当倾向于贝叶斯统计而不是频率统计（如果不熟悉，别担心，本章稍后讨论），像 EM 和 VB 这样的方法对我也很有吸引力。我喜欢把每个数量作为一个随机变量来对待，直到能说服自己，如果可能的话，我喜欢在建模的所有步骤中，包括参数估计和找寻最终结果，一直考虑和保留方差与不确定性。

相对于描述数据，EM 和 VB 以分布为中心，试图为模型中每个随机变量找到最佳概率分布。如果 MLE 找到最高峰，MAP 发现一个被许多高地围绕的点，那么 EM 和 VB 可以分别在一个方向上探索自己的区域，而且始终处在相当高的海拔。此外，EM 和 VB 还能告诉你可以漫游多远才会进入低得多的地区。在某种意义上，它们是随机变量版的 MAP，但使用这些方法有代价。因为这两种方法属于计算密集型方法且很难用数学语言表达。

EM 和 VB 的具体区别主要在于优化模型中潜变量分布算法的不同。优化变量分布时，EM 简化模型中关于其他变量的假设，所以在涉及数学和计算需求方面，EM 有时没有 VB 复杂。VB 考虑所有随机变量在任何时候的全面分布估计，无捷径可循，但它确实做了一些与 EM 一样的其他假设，诸如大多数变量的独立性。

类似于 MLE 和 MAP，EM 和 VB 聚焦于寻找参数空间内高似然性的区域。主要区别在于它们对变化的敏感性。MLE 可能坠落悬崖，而 MAP 可能不会，但它无法作出超越单一位置的许多保证。EM 了解周边地区，此外，VB 更关注沿着一个方向走如何影响其他方向的景观。这就是常见的参数优化简单方法的层次结构。

马尔可夫链蒙特卡罗

MLE、MAP、EM 和 VB 都是专注于寻找参数空间中可以很好地解释数据的点或区域的优化方法，马尔可夫链蒙特卡罗方法

（MCMC）的目的是以巧妙的方式探索和记录整个可能的参数值空间，这样会拥有一张整个空间的地形图，从而可以根据该图得出结论或进一步探索。

如果不深究太多的细节，你可以找到大量关于其行为和特性的文献，单个 MCMC 采样器始于参数空间中的某个点。然后随机选择一个方向和下一步探索的距离。通常情况下采样器的步幅要足够小，避免跨过重要的地形，如整个山峰，同时步幅也应该足够大，以便于理论上可以遍历（通常最多有几百万步）包含合理值的参数空间的整个区域。MCMC 采样器很聪明，它们往往可以进入似然性更高的区域，但实际上并不总是这样做。在选择了一个暂定的地方后，它们会根据当前位置以及试探新位置的似然性作出随机决定。因为聪明，如果参数空间的某个区域比另一个区域的似然性大约两倍，MCMC 采样器在继续穿越空间的过程中定位于该地区的机会将比其他区域高约两倍。因此，优化好的 MCMC 采样器在参数空间的每个区域发现本身的似然率与函数预测的大致相同。这意味着每个位置的集合（样本）是模型参数最优概率分布的良好经验体现。

为了确保样本集确实代表数据分布，通常最好同时开启几个 MCMC 采样器，在理想情况下，把它们放在参数空间周围的不同位置上，然后观察它们是否在经过几步后会基于每步的位置给出相同的景观。如果所有的采样器趋向于以相同的比例反复出现在同一个地区，那么我们把 MCMC 采样器的这种行为称为收敛。已经专门研发了启发式收敛诊断，用于判断是否发生了有意义的收敛。

另外，MCMC 通常比其他方法需要较少的软件研发，因为你需要的是拟合优度函数和实现了 MCMC 的统计软件包（有很多）。与 MCMC 不同，我所提到的其他模型拟合算法，往往需要对拟合优度函数和针对不同模型的各种优化函数进行调整以寻找解决方案。只要有以数学语言描述的模型和可用的数据集就可以启动 MCMC。

与其他算法相比，MCMC 的缺点是通常需要相当多的计算能力，因为该算法需要随机探索模型的参数空间，尽管它可以巧妙地评估其所经过的每个点的高度。MCMC 往往趋向于坚守较高的山峰，但也并不是待在那里完全不动，而是经常去远处游走以期找到更高的高峰。MCMC 的另一个缺点是探索空间的巧妙与否通常取决于参数调优。如果配置参数设置得不正确，那可能会得到很差的结果，所以 MCMC 算法需要细心照顾。令人欣慰的是有些不错的启发式评估算法已经在常见软件包中实现，可以很快地让你知道配置参数是否设置得充分。

在一般情况下，如果没有明显更好的算法供选择，那么 MCMC 将是个很好的模型拟合技术。另一方面，MCMC 应该能够适应几乎任何模型，代价是增加计算时间以及精心调整和检验启发式评估算法。公平地说，其他的模型拟合方法也需要一些调整和启发式评估，但可能没有 MCMC 那么多。

过度拟合

过度拟合不是拟合模型的方法，但与此相关，它是在拟合模型时可能无意中发生的坏事。过度拟合是指模型看起来好像很适合数据，但当得到一些新数据时，其表现本应该与旧数据一致，结果模型根本无法适合。

这个情况经常出现在股市建模。当有人发现股票价格的模式时，看来正常的模型突然停止发挥作用。股票市场环境复杂而且产生大量数据，所以如果从成千上万具体的价格模型中寻找适合数据的算法，至少会有一种似乎适合。尤其是如果调整模型参数（例如，“这个股票价格通常上涨四天，然后下降两天”）可以最好地解释过去的数据。这就是过度拟合现象。模型也许与所拥有的数据拟合，但很可能不适合新数据。

模型当然应该很好地拟合数据，但这不是最重要的事情。最重要的是模型能达到目的和实现项目目标。为此，在开始把模型应用到数据之前，对应该怎么看模型以及哪些方面对项目不可或缺，应该有个大概的想法。使用前面提到的探索性数据评估来告知模型设计是个好主意，但不可能让数据来为你设计模型。

过度拟合可能发生的原因有几个。如果模型参数太多，那么在模型参数值解释了数据的真正现象后，其会开始解释不存在的现象，例如数据集中的特例。当数据中有些不代表大部分未来数据的严重特例存在时，过度拟合也可能会发生。如果模仿书面语言，那么拥有充满安然电子邮件或儿童书籍的语料库将导致模型非常适合你的数据集，但不适合英语写作的整体。

检查模型过度拟合有两种有价值的技术，分别是训练－测试分离和交叉验证。训练－测试分离基于一部分数据（训练数据）来训练（拟合）模型，然后用其余数据（测试数据）来测试模型。如果模型过度拟合训练数据，当用测试数据进行预测时，会出现非常明显的偏离。

同样，交叉验证是指根据不同（通常随机）分区的数据反复进

行训练 – 测试 – 分离评估。如果基于训练数据所做的预测与几个反复交叉验证的测试数据结果相匹配，那么可以合理地确信该模型将适合相似的数据。另一方面，新旧数据不同可能有许多原因，如果只对旧数据进行交叉验证，那么无法保证新数据也适合模型。这是股市的诅咒，其他的系统只能通过小心应用和测试模型以及理解数据来规避。

7.4.5　贝叶斯和频率统计

尽管这两种方法至少从 18 世纪以来就存在，但在 20 世纪的大部分时间里，频率统计比贝叶斯统计更受欢迎。在过去的几十年里，对两者的优劣争论不休。尽管我不想煽风点火，但在讨论文献中常会提到统计学的这两个派别，对它们的来龙去脉有个基本认识是有益的。

两者之间的主要区别在于理论上的解释，这会影响有些统计模型如何工作。在概率统计学中，对结果的置信概念是衡量多次重复实验和分析有希望得到相同结果的几率有多大。95% 置信水平表明如果重复实验会有 95% 的机会能得出相同的结论。频率源于统计结论，是基于在许多重复实验中预期某个特定事件发生次数的概念。

贝叶斯统计从概念上更接近概率。贝叶斯统计推断通常使用概率分布来描述结果，而不是基于频率的置信水平。此外，贝叶斯概率可以直观地描述在多大程度上相信某个随机事件将要发生。与频率概率相反，它描述某些随机事件在无限同样事件中发生的相对频率。

老实说，对许多统计任务，无论使用频率还是贝叶斯方法没有什么区别。常见的线性回归就是一例。如果应用于最常见的方式，这两种方法会给出相同的结果。但因为这两种方法之间有些差别，结果导致一些实际上的差异，我会在本章进行讨论。

免责声明：虽然我基本上是贝叶斯方法的信仰者，但我并没有片面地说频率方法很差或低劣。主要是觉得决定一个方法的最重要因素是了解每种方法背后所隐含的假设。只要理解这些假设，而且觉得它们合适，哪种方法都可能有用。

先验分布

贝叶斯统计和推理要求对模型的参数值先验。在开始分析主要数据集之前，应该先从技术上形成先验。以数据为基础的先验，就是经验贝叶斯的技术，它可能有价值，但局限在某些圈子里。

先验可以简化为“我认为这个参数非常接近于零”，可以被正式转化为正态分布或者其他某个合适的分布。在大多数情况下，有可能创建非信息的先验，其目的是在严格意义上告知统计模型“我不知道”。在任何情况下，必须把先验编入概率分布，使其成为统计模型的一部分。从本章前面的微阵列协议比较案例来看，我所描述的超级参数是一些模型参数的先验分布。

一些频率统计学家反对形成这种先验分布的必要性。显然，他们认为如果你在看到数据之前对模型参数值一无所知，那么便不应该形成先验。我也很想同意他们，但存在大多数非信息先验分布，通过使其不相关让贝叶斯回避对先验分布的要求。此外，对于没有先验概念的频率统计，如果你试图使其正式化，那么看起来就会非常像贝叶斯统计中的非信息先验。你或许得出结论，即频率方法通常有不明确表示的隐含先验分布。我本想说频率方法是错误的，贝叶斯方法更好；相反，我打算说明这两种方法可以非常相似，并且揭穿对先验信念要求的概念存在漏洞。

更新数据

我已经解释了为什么先验分布在贝叶斯统计中的存在不是问题，因为多数情况下可以使用非信息先验。现在我来解释为什么先验不仅不坏而且很好。

最常被引用的频率统计和贝叶斯统计之间的差异是，概率统计必须有先验，贝叶斯统计不必包括旧数据，可以用新数据更新模型，这在贝叶斯框架中可以非常简单地实现。

假设有个统计模型已经接收了第一批数据。你做了个贝叶斯统计分析，并以无信息先验拟合模型。贝叶斯模型拟合的结果是一组参数分布，其被称为后验分布，因为它们是在数据纳入模型后形成的。先验分布代表在让模型看到数据之前的信心，后验分布是以之前的信心为基础，再加上模型看到的数据所形成的新信心。

现在得到了更多数据。不是去挖掘旧数据和用所有数据重新拟合模型，而是使用旧的非信息先验，你可以采取基于原始数据的后验分布，并以这些作为先验分布来对模型和第二组数据进行拟合。如果数据集的大小或计算能力是个问题，那么这种贝叶斯更新技术可以节省相当多的时间和精力。

今天，有那么多正在研发中的实时分析服务，贝叶斯更新提供了实时分析大量数据的方法，想要一组新结果，不必每次都返回去重新检查所有过去的数据。

扩展不确定性

在频率统计和贝叶斯统计之间的所有差异中，我最喜欢扩展不确定性，即使它不那么经常被提起。总之，因为贝叶斯统计更靠近概率的概念，以先验概率分布开始，以后验概率分布结束，允许通过模型中的数量传播不确定性，从旧数据集到新数据集，从数据集到结论，一路传递不确定性。

本书曾多次提到，我对不确定性的存在和追踪乐此不疲。通过促进如贝叶斯统计这样的概率分布成为一等公民，由于模型的每部分都带有自己的不确定性，如果你继续适当地使用它，就不会发现自己对结果过分自信，从而得出错误的结论。

在生物信息学领域，我发表过几篇学术论文，其中最喜欢的那篇强调的正是这个概念。这篇论文描述的主要发现是“通过集成的贝叶斯聚类和时间过程表达数据的动态建模改进基因调控网络（Improved Inference of Gene Regulatory Networks through Integrated Bayesian Clustering and Dynamic Modeling of Time-Course Expression Data）（《公共科学图书馆期刊》，2013年），论文的题目很饶舌是吧？显示基因表达测量中的技术方差有多高，可以由数据通过贝叶斯模型传递并在结果中体现，给出具体哪些基因与其他基因相互作用的更准确特征。大多数以前关于同一主题的研究工作完全忽略了技术方差，并且假设每个基因的表达水平仅仅是技术性样本的平均值。坦白地说，我觉得这很荒谬，于是我决定要纠正它。在这个目标上我可能并不太成功，例如，论文引用次数很少已经暗示了这一点，但我认为如何在统计分析中确认和传递不确定性从而带来更好的结果是现实生活中完美的例子。此外，我在论文中把所提出的贝叶斯网络聚类算法命名为 BACON。

7.4.6　从模型得出结论

所有这些关于设计模型、构建模型和拟合模型的讨论，让我觉得几乎失去了统计建模的真正目的：了解正在研究的系统。

合适的统计模型包含所有的系统变量和感兴趣的数量。如果你对全球女性平均身高感兴趣，那么身高应该是模型中的变量。如果你对雌雄果蝇之间基因表达的差异感兴趣，那么基因表达应该在模型中。如果了解安然员工对收到电子邮件的反应对项目很重要，那么模型中应该包括电子邮件这个变量。然后选择某种方法拟合模型从而完成对那些变量的估计。对于潜在的模型参数，拟合模型可以直接产生对参数的估计。对于预测建模，其中预测是未来潜在的变量，拟合模型可以生成估计值或预测值。

根据拟合模型得出结论可以有多种形式。首先，必须弄清楚问题。根据在本书前面章节中讨论过的内容，查阅在项目的规划阶段生成的问题清单。模型能帮助解答哪些问题？为了项目目的而精心设计的模型应该能够回答很多甚至全部关于系统的问题。如果不能，或许需要创建新模型。重建模型会很遗憾，但总比使用不好或无用的模型要好得多。可以通过时刻对项目的目标保持意识来避免这种情况的发生，特别是统计模型项目要解决的那些方面。

假设项目规划阶段有许多涉及变量和模型中表示数量的问题。对于每个变量，模型拟合过程产生了估计值或概率分布。对这些估计值，你可以问两类主要的问题：

- 变量值大概是多少？

- 变量比 X 大还是小？

我将在每个小节中讨论解决这些问题的技巧。

大概是什么值？估值、标准误差和置信区间

所有前面描述的模型拟合方法都会产生被称为估值的最佳猜测，包括模型中的变量和参数。其中大多数，但不是全部，也给出了一些对估值不确定性的度量。根据具体所用的算法，MLE 可能不会自动产生这种不确定性的度量，所以如果需要，就要找到能产生度量的算法。所有其他的模型拟合方法，在模型拟合的固有输出中，可以提供对不确定性的度量。

如果全部所需的就是估值，那就不存在问题。但在通常情况下，如果估值大概是你认为那样的结论，并且你想要某种保证，那么你要么需要概率分布，要么需要标准误差。参数估值的标准误差相当于频率统计概率分布的标准方差。总之，你可以 95% 地确信参数估值是在两个标准误差范围之内，或 99.7% 地确信是在三个标准误差范围之内。这些是置信区间，如果标准误差相对较小，那么置信区间就会缩窄，而你就可以合理地确信估值在真正范围内。

与贝叶斯标准误差和置信区间相当的分别是方差和置信区间。它们的行为几乎完全一样，但同往常一样，逻辑不同。贝叶斯参数估计是概率分布，可以自然地提取方差并创建置信区间，对正态分布而言，如果概率为 95%，那么真值在两个平均值的标准偏差范围内，如果概率为 99.7%，那么真值在三个平均值的标准偏差范围内。

有时报告一个值或一个区间可以实现项目的一个目标。但在其他的时候，可能想要知道得更多一点儿，例如，变量是否具有特定的属性，如大于或小于某个特定数量。为此需要做假设检验。

这个变量____？假设检验

通常需要对变量了解得更多，而不仅仅是对一个或者一系列可能包含真值的估计。有时知道变量是否具有一定的特性很重要，例如：

- 变量 X 大于 10 吗？
- 变量 X 小于 5 吗？
- 变量 X 非零吗？
- 变量 X 与另一个变量 Y 显著不同吗？

这些问题都可以通过假设检验来回答。假设检验包括零假设和替代假设，以及适合于两个假设的统计检验。

零假设是一种现状。如果这个假设为真，那将很无聊。替代假设如果为真，那将令人兴奋。例如，假设你认为变量 X 大于 10，如果为真，它将会对项目产生很酷的影响（也许 X 是以百万为单位的下周歌曲预计下载量）。“X 大于 10 吗？”是一个很好的替代假设。零假设是相反的：“X 不大于 10”。因为希望替代假设为真，所以需要显示超出常理的怀疑，即零假设不正确。统计学通常从不证明某事为真以显示其他的可能性和零假设几乎肯定不为真。这里有个微妙的差别，但在语言和数学上有相当大的影响。

要在示例中测试零假设和替代假设，并拒绝零假设，如他们所说，需要证明 X 的值几乎肯定不低于 10。假设基于模型的 X 后验概率的正态分布均值为 16，标准偏差为 1.5。重要的是要注意这是个单边假设检验，因为只关心如果 X 太低（低于 10），而不是太高的情况。选择正确的测试版本（单边或双边）可以使结果大为不同。

需要检查 10 是否超出了 X 低限的合理门槛。因为想要确定 X 不低于 10，所以选择 99% 的显著水平。以单边测试为参考，99% 确信的门槛是 2.33 个标准偏差。你会注意到估值为 16 是以 10 为基础的 4 个标准偏差，意味着几乎可以肯定，X 的值大于 10 的可能性超过 99%。

如果不提 p 值，将很难讨论假设检验。关于 p 值可以找到更透彻的解释，但 p 值与确信相反（1 减去确信值，99% 的确信值对应于 $p<0.01$），它是用频率概念代表假设检验最后得出正确答案的机会。重要的是不要用像贝叶斯统计概率这样的频率统计来对待 p 值。p 值应该仅用于假设结果的阈值测试而已。

当在相同数据或者相同模型上做许多假设测试时，会出现另一个概念和潜在的陷阱。做几个假设测试可能没有问题，但如果做几百或更多个测试，那么一定会有至少一次测试通过。例如，如果做 100 个假设测试，所有的结果都在 99% 的显著性水平，即使它们都不应该通过，你仍然希望至少能有一个测试可以通过（零假设被拒绝）。如果必须做许多的假设测试，那么最好做多个测试校正，调整结果的显著性水平以补偿有些被随机拒绝的真正零假设。有几种不同的方法可用于测试校正，由于它们之间的差异过于细微，所以不在这里详细讨论。然而，如果你对此感兴趣，可以查阅那些不错的统计参考书！

7.5　其他的统计方法

统计建模是用数学和统计概念来描述一个系统的一种具体尝

试，目的在于了解该系统如何工作。不管最终是否在严格意义上实现了统计模型，我觉得沿着从数据到目标的过程，从整体上理解系统非常重要。许多其他的统计技术至少部分地超出了我对统计模型的定义，它们可以有助于我们充分地了解系统，甚至有可能用来替代正式的模型。

本章已经讨论了描述性统计、推理和其他的基础统计技术，这些基本上构成了统计的核心概念和组件。如果在复杂性的阶梯上继续向上爬，你可以找到很多带有可变部分的复杂统计方法和算法，它们非常受欢迎而且往往也特别有用，在任何统计分析技术的概述中都应该提到。下面的小节将简要描述这些高度复杂的技术，讨论什么时候可以有效地使用以及在使用时需要注意什么。

7.5.1　聚类

有时候知道在一堆数据点中存在着某些模式，但并不知道到底在哪里，因此可以把数据点聚类以便对这些数据有个大致了解。如果不是因为有那么多的可变部分使其难以分析和诊断，聚类可以是个不错的描述性统计技术。

聚类也可以是统计模型的组成部分。我曾把聚类用在基因互动模型的主要方面，也就是前面提过的 BACON 方法。BACON 中的 C 代表集群。翻译过来的全称是贝叶斯网络聚类。在这个模型中，假设有些基因表达因为参与了一些相同的高层次过程所以一起移动。有许多科学文献支持这个概念。我事先并没有具体说明哪些基因表达一起移动（文献经常对此无定论），但把聚类算法纳入模型，让有类似基因表达移动的数据点聚在一起。由于有成千上万的基因，聚类起到减少可变部分数量或降维的作用，其本身可以是一个目标，但在这种特殊情况下，学术文献为该实践提供了一些支持，更为重要的是我发现集群模型比非集群模型所做的预测更好。

工作原理

有许多不同的聚类算法，包括 k- 均值、高斯混合模型、分层等等，但所有这些算法都要遍历数据点的空间（所有连续的数字值），然后把在某种意义上彼此接近的数据点聚为一类。

k- 均值和高斯混合模型都是基于质心的聚类算法，意味着每个集群通常都有一个代表集群成员的中心。在这些算法中，只要数据点靠近质心，就可以粗略地说集群包含该数据点。集群可以是模糊或呈概率性的，这意味着一个数据点可以部分地归属某个集群，部分地归属其他集群。通常在使用算法之前，必须先定义固定的集群数，但也有替代方法。

层次聚类有点儿不同。它聚焦在个别数据点以及彼此的相近性上。简而言之，层次聚类首先寻找最相近的两个数据点，接着把它们放在一个群里。然后再去寻找另外最相近但尚未加入群的两个数据点（包括新数据点），接着把它们连接在一起。持续迭代直到所有的数据点都进入了单一的巨型群。通过一棵树（大多数的统计软件包都很乐意为你绘制）把相近的数据点沿着分枝结构组织起来。有助于看出哪些数据点接近其他的数据点。如果想要多个而不是一棵巨型的树（群），可根据需要的群数把树枝从树干上砍下来，每个较小的分枝将保持一个独立的群。

什么时候使用

如果因某个原因想把数据点或其他变量分别归属到不同的群

组，那么可以考虑聚类。如果要描述每个群的属性以及群里成员的典型特征，可以尝试使用像 k- 均值或高斯混合模型这样基于质心的算法。如果想知道哪些数据点之间的关系最近，并且不在乎有多么接近——如果其比绝对意义上的接近更重要的话——那么层次聚类可能是个不错的选择。

要注意什么

聚类算法通常有很多参数要调整。通常无法保证群能很好地代表每个成员，甚至无法保证特征显著的群存在。如果数据点的维度高度相关，那么可能会有问题。为此，大多数软件工具都有很多诊断工具来检查聚类算法执行的好坏。总之要小心使用。

7.5.2　成分分析

有许多维度的数据很难理解。聚类把相似数据点分入不同的组别，以减少需要仔细检查或分析的实体数量。主要成分分析（PCA）和独立成分分析（ICA）是成分分析中最流行的方法，根据数据维度的相似性而不是数据点本身，把数据分入不同的群，按照数据方差的大小对群进行排序。从某种意义上说，组件分析直接减少了数据的维数，通过排列和评估在旧数据上建立的新维度，可能从多个维度解释每个数据点。

举个例子，你正在分析开车旅行时的汽油使用情况。每个数据点的字段都包括旅行距离、时间、车型、车龄以及耗油量。如果试图用所有其他的变量来解释耗油量，很可能距离和时间有助于解释耗油量。两者都不能完美地预测，但在很大程度上都有所贡献，事实上它们高度相关。面对高度的相关性，必须小心地构建模型来预测耗油量与这些变量之间的关系；许多模型会混淆这些彼此高度相关的变量。大致上组件分析从维度上通过混合、组合、排序以尽量减少彼此之间的相关性。用基于成分分析而产生的维度所构建的模型来预测耗油量不会混淆任何维度。

距离和时间高度相关的概念可能显而易见，但如果正在对不太熟悉的系统进行研究，面对数十、数百、甚至数千个数据维度，其难度可想而知。你知道有些维度可能相关，也明白明智地减少总维数具有普遍意义，但并不知道到底是哪些相关。解决这个问题正是成分分析方法的用武之地。

工作原理

成分分析通常把数据集作为一种有许多维度的数据云，并沿着数据云最长的方向寻找成分或角度。成分或角度的意思是维度的组合，因此，在某种意义上，与原始维度相比，所选择的维度可能是对角线。在选择了第一个成分后，该维度将被隐藏或者以聪明的方式忽略，然后选择第二个成分，寻找最长或最宽且与第一个没有任何共同之处的成分。继续这个过程，按重要程度的顺序，寻找尽可能多的成分。

什么时候使用

如果数据中有很多维度，但你只想要其中少数几个，那么成分分析可能是减少维度的最佳方法，而且由此产生的维度通常有很好的特性。但如果需要可以解释的维度，那就必须小心。

要注意什么

PCA，作为最流行的成分分析类型，其对沿着数据集各维度值的相对单位很敏感。如果调整数据的某个字段的单位，比如从公里调整到英里，会对 PCA 的成分产生重大影响。调整不仅会带来问题，原来变量的单位也可能会成为问题。每个维度都应该被定义成合适的单位，当任何变量发生相同规模的变化时，在某种意义上可以引起同样的关注。在用成分分析方法尝试任何高难度分析之前，最好查阅好参考材料。

7.5.3　机器学习和黑盒方法

在分析软件研发的世界里，机器学习近来大行其道。虽然它已经很长时间没有流行了，但在过去几年，我已经看到有几款新产品投放到市场上，声称“把机器学习带给大众”或诸如此类的事情。在有些方面它听起来很好，但在另一些方面让我觉得它们好像在自找麻烦。我认为大多数人不知道机器学习的工作原理，如果你不熟悉机器学习，你无法注意到它是否出现了问题。我想强调机器学习的大多数形式都很棘手，它不应该被当成解决任何事情的魔术。大多数人也还不了解如何操作的共同原因是：机器学习非常复杂。全新的机器学习技术需要几年甚至几十年的学术研究来研发。

机器学习这个术语用在许多场合且其含义容易变化。有些人用它来指任何可以根据数据得出结论的统计方法，但这不是我的用意。我用机器学习这个词来指那些可以根据数据得出结论的抽象算法，但其模型很难分析和理解。从这个意义上说，在某种程度上只有机器能够理解自己的模型。当然，对于大多数机器学习方法，你可以深入研究机器生成模型的内部机理，了解哪些变量最重要以及如何相互关联，但以这种方式，机器生成模型开始让人感觉好像是数据集本身，如果没有合理且复杂的统计分析，将很难掌握机器生成模型的工作原理。这就是为什么许多机器学习工具被称为黑盒方法。

输入数据到黑盒然后产生正确的答案，这本身没有什么错。但生产这样的盒子并确认其答案持续正确可能具有挑战性，在完成安装调试后，几乎不可能看到黑盒的内部。机器学习很伟大，但可能对比任何其他类型的统计方法，其更需要小心的照顾才能被成功地使用。

我将停止对机器学习概念的冗长解释，因为你可以在互联网和书上找到无数优秀的参考资料。然而，我会对其中的一些关键概念作简要说明。

特征提取是把数据点转换成含有更多有用信息版本的过程。要得到最佳结果，也许除深度学习以外，关键是在每次机器学习时提取好的特征。如果希望在未来分类或预测中得到正确的结果，数据点的每个特征都应该向机器学习算法显示其最佳的一面。例如，在信用卡欺诈检测过程中，信用卡交易欺诈的一个可能特征是交易额高于正常水平；该特征也可能是交易额占最近所有交易总额的百分位。同样，好的特征可以使你更加明智，有能力区分好坏或类别。也有许多有价值的特征不循常理，所以要确定其是真正有价值还是人工训练数据集时，必须始终小心谨慎。

这里有些最常用的机器学习算法，可用来从数据中提取特征值：

- **随机森林**——这个方法的名字很有趣而且也非常有用。决策树由一系列是与否的问题所组成，最后以决策结束。随机森林是随机生成的决策树集合，有利于树和分枝正确地把数据点归类。当我知道想要用机器学习，但又没有充分理由选择时，随机森林是我的首选方法，该方法非常通用而且不难诊断问题。

- **支持向量机（SVM）**——这种方法前几年相当流行，现在已作壁上观。当然，在下一波机器学习的浪潮到来时其会非常有用。支持向量机可以将数据点做二选一的分类。它们在数据空间作业，转动和扭曲是为了在分属不同类的两组数据点之间挑起事端。它支持向量机聚焦在两个类的分界上，所以如果有两类数据点，在数据空间中每类数据点趋向于聚在一起，如果你正在寻找在两类数据点中做出最大隔离的方法（如果可能的话），那么 SVM 是最合适的选择。
- **提升**——这是一个棘手的问题，因为我的经验和见解有限，所以解释起来很难。但我知道提升是某些类型机器学习向前迈出的一大步。如果你有一些机器学习的模型（弱学习者），通过提升可能会把它们聪明地结合起来，形成良好的机器学习模式（强学习者）。因为提升结合了其他机器学习方法的输出，所以常被称为元算法。这不适合内心不够强大的人。
- **神经网络**——神经网络的最后一个鼎盛时期似乎是在二十世纪下半叶，直到深度学习的出现。人工神经网络早期流行的化身也许是最黑的黑盒子。它们似乎故意被设计成不为人们所理解的样子。但它们至少在某些情况下效果良好。神经网络是由一层一层的单向神经元所组成，每层都把输入变换为人为设计的某种形式。神经元相互连接在一个从输入数据到输出预测或分类的大型网络，所有的拟合模型计算工作都涉及以聪明的方式对每个神经元加权和再加权以优化结果。

- **深度学习**——这是千禧年以来的新进展。笼统地说，深度学习是因为有足够的计算能力，所以没有必要太担心特征值的提取，该算法也许自己能够找到好特征，然后用它们来学习。更具体地说，深度学习技术是分层机器学习的方法，在较低的水平，做与其他方法同样类型的学习，然后，在更高的水平上产生可以普遍适用的抽象方法来识别各种形式的重要模式。今天，最受欢迎的深度学习方法是基于神经网络，结果造成了后者的复兴。
- **人工智能**——人们常将这个词与机器学习混为一谈。机器学习和人工智能之间没有根本的区别，但人工智能得到机器接近人类智能水平的名声。在某些情况下，计算机已经在特定任务上超过人类，例如，著名的象棋比赛或“Jeopardy!”节目问答，但在普通人的各种日常任务中还远未接近。

工作原理

每个特定的机器学习算法都不同。数据进去，答案出来；你必须做大量工作来确认没有犯任何错误，没有过度拟合，数据经过正确地训练 – 测试分离，当全新数据进来后，预测、分类或其他的结论仍然有效。

什么时候使用

一般来说，机器学习可以做其他统计方法无法做的事。我喜欢先尝试统计模型，以了解系统与数据的关系，但如果模型功亏一篑，我就开始思考，如何在不放弃太多统计模型的情况下应用机器学习技术。我不想说机器学习是最后一招，我通常更喜欢构建良好的统计模型的直觉和洞察力，直到我发现它缺乏这些的时候才会考虑机器学习。如果你知道自己在做什么，而且问题复杂到线性、二次方程式或任何其他统计模型中常用的变量关系都不可以解决，那么就采用机器学习。

要注意什么

在用训练 – 测试分离，以及有些你和机器从来没有见过的全新数据完全验证前，不要相信机器生成的模型或其结果，因为它们完全独立于机器学习的实现。数据窥探是在正式分析和使用数据之前观察数据的做法，所看的数据会影响到你如何分析，如果在窥探数据之前你没有做好训练 – 测试分离，那可能会带来问题。

练习

继续第 2 章中描述的脏钱预测个人理财应用的场景，并与前面章节的练习相关联，尝试回答下面这些问题：

1. 描述两种可用来对个人账户进行预测的不同统计模型。对于每种模型至少给出一个潜在的弱点或劣势。

2. 假设已经成功地创建了一个分类模型，可以准确地把交易分为定期、一次性和其他任何你想过的合理类型。描述一个使用这些分类方法来提高分类精度的预测统计模型。

小结

- 在开始进入软件研发或全面分析阶段之前，值得从理论上思考项目和问题。在数据科学和其他地方有很多东西要学习，停下来思考一下。

- 数学是描述系统如何运作的词汇和框架。
- 统计建模是描述系统并把它与数据连接的过程。
- 有很多分析方法和实现了这些方法的软件可用；从其中做出选择可能是个艰巨的任务，但并不应该是压倒一切的任务。
- 机器学习和其他复杂的统计方法可以是完成其他不可能任务的好工具，但只有当你小心对待它们的时候才会奏效。

第 8 章　软件：统计学在行动

本章内容：

- 一些统计软件应用的基础知识
- 介绍几种有用的编程语言
- 选择合适的软件来使用或构建
- 如何看待把统计集成到软件中

图 8-1 显示了我们在数据科学过程中所处的位置：构建统计软件。上一章介绍了作为数据科学两个核心之一的统计学，另外一个是软件研发和应用。如果统计学是从数据中分析和得出结论的框架，那么软件就是构建该框架的工具。在项目中数据科学家很少不用软件，除非数据集非常小。

除非不涉及软件，否则数据科学家在项目中必须作出许多软件选择。如果你有自己喜欢的程序语言，而且除了熟悉没有其他的理由，那么这种语言编写的软件通常是个不错的选择。但也有更好的理由去选择其他软件。如果不熟悉数据科学或统计软件，那么很难找到开始点。因此，本章先对可用于数据科学的不同类型软件做宏观概述，然后再为项目选择软件提供一些指导。像第 7 章一样，本章打算只提供相关概念的宏观描述和案例。

经验丰富的软件研发人员可能不太喜欢本章，但如果你是个统计学家或者软件初学者，我认为这些宏观描述是个很好的开始。有关任何特定主题的更多信息，可在互联网和书上找到更多有深度的参考资料。

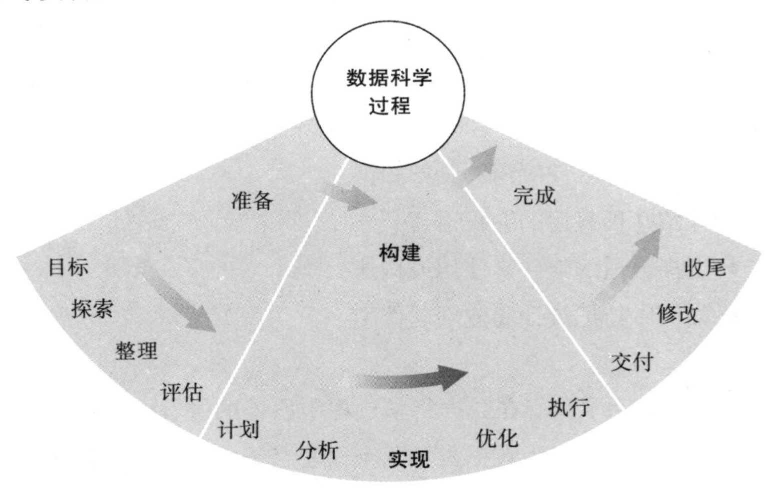

图 8-1　数据科学过程构建阶段的重要方面：统计软件与工程

8.1　电子表格和用户图形界面应用

对花大量时间使用微软 Excel 或其他电子表格应用的人来说，这往往是进行任何类型数据分析的首选。特别是当数据以 CSV 这样的表格形式呈现时，很容易用电子表格进行分析。此外，如果需要完成的计算并不复杂，那么电子表格甚至可以满足项目对软件的所有需求。

8.1.1　电子表格

对那些门外汉，电子表格是一款代表行列表格格式数据的软件。通常利用平均值、中位数、求和等函数对数据进行计算，并回答一些问题以分析数据。微软的 Excel、OpenOffice 和 LibreOffice 的 Calc 以及谷歌表格都是流行的电子表格应用范例。

当包含多个表、交叉引用、查找和公式时，电子表格会相当复杂。我曾经在大学金融课上为房地产专题做过我见过的最复杂的电子表格。作为课程的一部分，我们模拟房地产市场，每个学生拥有一栋公寓楼，此外，需要做出融资和保险的决策。模拟过程中会出现随机事件，如可能造成建筑物损坏的灾害、运营成本、空置和利率波动。模拟为公寓楼支付首付，假设在五年后卖掉大楼，目标是可以获得最高的回报率。

到目前为止，我们做过的最重要的决定是选择融资购房所需要的抵押贷款。我们选择了八种抵押贷款，它们在还款期限、固定利率或可变利率、购买时首付的比例和优惠利率方面不同。在模拟中，公寓的购买价格明确，但在现实生活中，我们面临着购买时的贷款选择。无法通过抵押贷款借贷的部分是现金支出，我们用它来做基础计算回报率以衡量成功与否。

使用电子表格对模拟所包含的全部变量进行计算，包括随机的和选择的，这显然对决策将会有很大的帮助，特别是关于融资决策。当时，我在图形计算器上写程序，但那些程序无法进行数据分析。在缺乏工具的情况下，微软的Excel成为唯一的选择。我有点不太喜欢Excel，因为它很麻烦，但它确实完成了不少工作。

对于8种不同结构的抵押贷款和12种不同的可能借款方案，我对每种方案的5年模拟现金流逐年计算，并根据这些现金流计算出预期的回报率。计算过程中，我试用了Excel的公式，包括加法标准公式SUM，计算按揭付款的PMT，以及计算现金流内部回报率的IRR。可以从结果中看到不同方案的预期回报率。如前所述，所模拟的案例每年都会有随机事件发生，所以几乎肯定预期结果不会是我们看到的那些。为解决这个问题，我向电子表格添加了一些数值来模拟灾难、利率波动和房屋空置等。这样就能够输入一些可能的随机结果来看他们如何影响回报率并确定最佳选择。

最终的电子表格包含了两张表，一张做大量计算（如图8-2所示），另一张是汇总结果，随机变量及其波动，以及需要作出的决定。进行大量计算的表格包含了96种不同的现金流量表，是8种抵押贷款类型和12种不同借款金额的组合。根据抵押贷款的参数来确定每种类型的收入和支出，引入汇总表中的随机变量值，结合前面的收入和支出，计算出每种方案五年现金流的结论。根据每个方案现金流计算的结果得出汇总表中的回报率。使用Excel的条件格式选项来查看所有96种方案的回报率，突出回报率最高的选择，并在随机变量变化的时候观察回报率的变化，我觉得有信心选择一个合适的抵押贷款，它不仅会带来最高的回报率，而且也不会在灾难到来时，因为太过冒险而招致损失。

B	C	D	E	F	G	H	I	J	K	L	M	N
						yr 1	yr 2	yr 3	yr 4	yr 5		
		number of units		18								
		rent per month		$425								
		vacancies/bad debts		========>	of PGI	0.05	0.06	0.07	0.05	0.03		
		operating expenses		========>	of EGI	0.4	0.42	0.43	0.41	0.38		
		land value		$125,000								
		building value		$425,000								
		tax rate		0.35	0.2	(capital gains)						
		net selling proceeds		$591,360								
		index interest rate		========>	=====>	0.06	0.0675	0.0575	0.0325	0.02		
		insurance expense		========>	=====>	-1600	0	0	-3700	-3400		
		extra principal? (0 or 1)		========>	=====>	0	1	1	0	0		
						Amount Borrowed						
	$275,000	$302,500	$324,500	$346,500	$368,500	$390,500	$412,500	$434,500	$456,500	$478,500	$500,500	$522,500
1	9.07%	9.33%	9.51%	9.71%	9.90%	10.11%	10.33%	10.14%	9.75%	9.03%	5.55%	-2.33%
2	9.08%	9.34%	9.52%	9.71%	9.91%	10.12%	10.34%	10.12%	9.69%	8.88%	4.93%	-4.90%
3	9.24%	9.53%	9.75%	9.98%	10.23%	10.51%	10.81%	10.72%	10.45%	9.90%	6.49%	-1.87%
4	9.24%	9.54%	9.76%	9.99%	10.25%	10.52%	10.83%	10.72%	10.43%	9.80%	5.90%	-4.78%
5	9.23%	9.52%	9.74%	9.97%	10.22%	10.50%	10.81%	10.69%	10.38%	9.71%	5.62%	-5.91%
6	9.23%	9.53%	9.75%	10.00%	10.25%	10.54%	10.85%	10.82%	10.66%	10.30%	7.76%	2.39%
7	9.17%	9.45%	9.66%	9.88%	10.12%	10.37%	10.65%	10.55%	10.29%	9.77%	6.76%	0.02%
8	9.47%	9.82%	10.10%	10.40%	10.73%	11.10%	11.54%	11.63%	11.63%	11.47%	8.70%	1.59%
	Amount Borrowed		412500		extra margin		0.015					
			0.0875	0.1	0.09	0.075	0.06					
		buying	year 1	year 2	year 3	year 4	year 5	selling				
	Income											
	PGI		$91,800.00	$91,800.00	$91,800.00	$91,800.00	$91,800.00					
	Vacancies		($4,590.00)	($5,508.00)	($6,426.00)	($4,590.00)	($4,590.00)					
	EGI		$87,210.00	$86,292.00	$85,374.00	$87,210.00	$87,210.00					
	Operating Exp											

图 8-2　在大学金融课上用来模拟公寓大楼管理的电子表格第 1 页

其他的同学并没有像我一样投入那么多时间来分析。我不相信还有其他同学创建了电子表格。最后，我以超过满分的优异成绩赢得了比赛，对金融感兴趣的人会认为这是相当大的胜利。如果我没有记错，我的投资回报率超过 9%，而其他人还不到 8%，如果那是真正的投资，那么我将会赚数千美元。我的确赢了这次比赛的一等奖，赚了 200 美元的现金，虽然不如虚构公寓里赚的成千上万，但对大学生来说也算是一笔小财。

通过那个金融项目，我可能学到了一生中最多的电子表格知识。电子表格，特别是 Excel，有一个明显的优点：内置公式数量庞大。几乎任何可能应用到数据上的静态计算，电子表格中都有公式或公式组合帮你实现。静态指在一个步骤中发生的计算，不存在迭代或数值之间复杂的相互依赖关系。

电子表格的主要缺点是复杂，即使是中等复杂程度的公式看起来可能像下面这样：

```
=-((-PMT((F15)/12,$B20*12,F$14,1))*12-(F$14-((1-((1+(F15)/
12)^12-1)/((1+(F15)/12)^($B20*12)-1))*F$14)))
```

甚至更糟糕。上面这个公式是我直接从房地产模拟电子表格中复制过来的，尽管我还不清楚这个公式到底如何计算现金流量表中抵押贷款的年利息支出。不用说，这个公式很难阅读和理解，因为整个公式都在同一行，所有的变量都由无意义的字母和数字组合来表示，这是我曾经见过或写过的公式中最差的。更不用提括号了。这种计算的可读性值得严重的关切。坦率地说，某些大银行机构出现的与 Excel 公式错误相关的许多失误并不让我惊讶，如 2013 年摩根大通的伦敦鲸鱼案，这显然是 Excel 公式错误造成某个投资组合戏剧性地低估了风险，最终造成 60 亿美元的损失。这个错误代价高昂，因此，我们有理由使用具有可读性计算指令的统计工具。

电子表格不限于行、列和公式。求解器是 Excel 中值得注意的其他功能，它可以帮助复杂的方程式求解，或者为满足一些客观目标而优化参数。前提是必须告诉求解器，允许哪些值改变，最大化或最小化的目标是哪个值；然后由求解器使用优化技术找到最佳解决方案。例如，我曾在大学的另一个项目中，用求解器最大限度地提高了电梯在繁忙日子里运送人员到不同楼层的效率。我发现的最佳解决方案包括，限制电梯停靠的楼层，例如，一个电梯服务 1～10 层，另一个服务 10～15 层。通过让 Excel 求解器改变每个电梯可能停靠的楼层，找到了可以最大化运送总人数的解决方案。

大多数电子表格应用中的另一个重要功能是宏。在类似 Excel 的应用中，宏是用户可以自己编写的小型程序。而在 Excel 中，宏是用 Visual Basic（VBA）编写的应用，通常可以实现任何可以在 Excel 中完成的工作。不必使用鼠标交互指向和点击，通过写一个宏完成同样的事情理论上也可以做。这对那些重复性工作非常有价值。运行一个宏一般要比手工操作容易且快速，但这取决于步骤的复杂性。我为房地产项目的电子表格创建了一个宏，记录对第一个现金流量表的修改操作，然后重复应用到其他 95 个现金流量表上。值得注意的是，我并没有用 VBA 写宏，而是采用 Excel 本身可以记录复制和粘贴的手动步骤，然后将其转换录制成我可以使用的宏。如果经常做具体的手工操作，可以使用 Excel 的这个方便功能创建一个宏，而没必要编写 VBA 代码。

8.1.2　其他基于 GUI 的统计应用

我认为像 Excel 这样的电子表格应用是数据分析的第 1 级软件；即使是初学者也不会对打开电子表格尝试一下感到害怕。第 10 级是从头到尾自己编写完美的软件，内心不够强大的人最好别去尝试。两个等级之间有许多软件应用，从电子表格这样具有不同程度的易用性，到编程这样具有不同程度的多功能性。如果你发现最喜欢的电子表格应用缺乏复杂功能，但自己还没有准备好动手编程研发工具，那么可以在这些应用中选择折中的解决方案。

最近我参加了一个大型的统计学会议，对供应商所提供的中级统计应用的数量感到惊讶。我见到 SPSS、Stata、SAS（及其 JMP

产品）和 Minitab 等展台。每种应用都有自己受欢迎的圈子，我在职业生涯中曾用过其中三个。我决定玩个小游戏，在他们不忙的时候访问几个展台，请每个公司的代表解释为什么他们的软件产品比其他的更好。这是一个比什么都诚实的问题，但我觉得向厂商代表提出这个问题很有趣，因为统计人员自己都会直接贬低竞争对手。一位代表直截了当地承认这些公司所生产的产品大同小异。这并不等于说它们势均力敌，而是不具备压倒性的优势。偏好只是具体使用习惯和个人爱好问题。

做统计分析的人们都有把不同公司的核心产品结合起来的类似经验。在我看来每个图形用户界面（GUI）的应用都是基于电子表格。如果使用典型的电子表格应用将屏幕分成几个不同的面板，一个面板显示数据，一个面板显示图形或可视化数据，一个面板描述回归或成分分析结果，那就是这些中级统计应用的基本经验。我知道有人会对我的描述不屑一顾，所以请不要因此而得出这些应用毫无价值的结论，情况与此完全相反。事实上，我所知道的一切都在告诉我，它们非常有用。但作为软件公司有时会夸张，让你认为他们的产品比其他的竞争对手要好很多，可以在瞬间解决问题。这几乎从来都不是真的，尽管在这方面这十年做得要比过去几十年好得多。有一件事是正确的：统计应用很成功，你至少要对统计学有所了解。这些应用都不会教导你统计知识，所以必须要以冷静的头脑和雪亮的眼睛接近它们。如果要做选择，往往最好的是你朋友用的那个，因为朋友可以在你遇到问题时帮助你。

这些中级统计应用的能力远远超过那些带有几个面板的电子表格。它们进行许多不同统计分析的能力远远大于 Excel 或任何其他的电子表格。在我的印象里，这些软件工具专为互动数据分析而研发，目的是使其复杂水平达到电子表格无法接近的高度。如果你想用的统计技术在 Excel 的菜单中找不到，那么可能会想升级到前面提到的那些应用。如果能在电子表格中找到这些方法的话，中等水平的工具在回归、优化、成分分析、因素分析、方差分析（ANOVA）以及任何其他统计方法上，通常都要比在电子表格好很多。

除了鼠标点击的互动型统计方法外，这些中级工具通过相关编程语言提供丰富多彩的功能。我提到的每种专有工具都有自己的统计分析语言，在多功能和重复性上都优于鼠标点击的互动方法。相对于鼠标点击，使用编程语言你可以做更多事，也可以保存代码以备将来使用，而且你知道自己到底做了什么，并且可以在必要时重复或修改。包含一系列可运行命令的文件通常被称为脚本，这是编程中的常见概念。并不是所有语言都能编写脚本。脚本语言在数据科学中特别有用，因为数据科学是由数据和模型上的操作步骤和动作所组成的过程。

如果学习真正编程语言是你的目标，那么记住学习中级工具中的编程语言是向目标迈出的重要一步。这些语言可以对自己很有用。特别是 SAS，在统计行业有广泛的追随者，学习它的语言是一个合理的目标。

8.1.3　群众的科学数据

近几年来，在数据科学带给分析师的问题上有不少争论，分析师通常直接使用数据科学本身收集的情报。我完全赞成让每个人都能获得对数据的洞察力，但仍然不相信没有受过统计学训练的人可以应用它们。也许这是统计学家的偏见，但数据科学总是面对着不确定性，认识到分析中的某些事情是错误的需要培训和经验。

也就是说，在信息、数据和软件初创公司盛行的时代，似乎总有人不断地声称他们使数据科学和分析变得容易让大众所广为接受，即使初学者也不例外，因此没必要聘请数据科学家。对我来说，这类似于说网络上的医学信息汇编可以代替所有的医务人员。当然，在许多情况下，网络资料汇编或新数据科学产品可以给专业人士带来相同甚至更好的结果，但是当某个策略出错时，只有专业人员才有知识和经验来对必要条件进行检查和识别。本书强调在面对不确定性时，对可能性的意识是数据科学的关键，我不认为在未来这会有什么改变。但是当面临重大利益时，经验尤其重要。

在统计应用的名单上再增加几个似乎更能说明问题。但我并不相信这些加上去的应用几年后仍然还存在，再说，应用名根本不重要。在过去的十年里，数据科学已经成为赚钱的生意和非常抢手的技能。每当新技能引起轰动就会有人投资并购，总有些公司声称可以使它更容易，而且已经取得了不同程度的成功。作为数据科学家，我挑战软件行业那些轻视我们数据科学家工作的新入行者。他们是不是认为可以研发出只有数据科学家才能完成的软件？也许有这种可能，但必须仔细考虑手头项目的需要，他们是否能够同时兼顾软件和统计？

虽然离题了，但我还是想分享一下自己对分析软件行业的怀疑。如果有人声称有神奇的药丸可以应付挑战性的任务，那请你最好持怀疑态度。但以前我也曾被证明过我的怀疑是错误的，有很多虽说新产品极不可能具有巨大优势，但是非常不错的统计应用软件。新产品几乎总是旧主题的变种，或是为某个特定目的而专门建造的工具。这两者都可能有用途，但弄清楚新产品的适用范围，需要花费不少的力气。

8.2　编程

当现成的软件工具无法解决问题时，就需要自己研发工具。前一节提到了最受欢迎的中级统计应用拥有自己的编程语言，可用于任意功能扩展。可能除了 SAS 及其工具箱以外，通常不认为这些编程语言独立于父应用，编程语言随着应用而存在。

也存在相反的情况，如果没有构建基于 GUI 的统计应用，编程语言就会独立。IPython 与 Python 以及 R 与 RStudio 是常见的案列。对此，统计应用市场可能会有点儿混淆，我常在互联网论坛上看到相关的帖子，例如有人问是 SPSS 还是 R 更好学。我知道其中的缘故，也许 R Studio 和 SPSS 的用户图形界面看起来旗鼓相当，但这两种工具的真正功能却有着天壤之别。两种或以上中级统计工具与编程语言的选择，归结为学习和使用编程语言的欲望。如果不想写任何代码，不要选择基于 R 或任何其他编程语言的工具。

编程语言比中级统计应用都更为通用。任何流行语言中的代码都有可能完成大多数的事情。这些语言可以在任何机器上执行任意数量的指令，可以与其他软件所提供的服务通过 API 交互，也可以包含在脚本和其他软件中。然而与父应用绑定的语言，在这些能力方面受到了严重的限制。

不要被代码吓倒，编程其实并不像看上去那么困难。除了在高中的图形计算器上写过短程序外，我没有写过任何代码直到大学期间的暑期实习，而且我也没有认真关注过编程，直到进了研究生院。有时我希望自己开始得更早，但事实是只要勤奋就不难掌握一些编程技巧。

8.2.1 开始编程

高中时，我在图形计算器上编写了第一个并不太复杂的程序。大学里学到的唯一编程课程叫做面向对象的编程；虽然功课学的都很好，但由于种种原因在去国防部暑假实习之前却没有写过什么程序，在国防部我一直用 Matlab 来进行图像数据分析。从那时起到读研究生这段时间，我把 R 和 Matlab 应用到生物信息学，慢慢地了解了这些语言和一般的编程规律。所以这样并不是说要在人生的某个时间点决定要学习如何编程，而是根据项目的需要逐渐学习编程。

我并不推荐这种学习方法。事实上，有很多次因为缺乏正规训练，导致我重新发明了“轮子”。在开始学习编程之前，如果能够先了解已经存在的语言、工具、约定和资源，当然会大有帮助。但现存的东西那么多，如果对软件工程了解不多，也很难知道该从哪里开始。

研究生毕业后，我开始在一家软件公司工作，只有到了这个时候我才获得了 Java、面向对象编程、各类数据库、REST API、各种实用的编码约定以及大多数软件研发人员可能已经都知道，但对我有帮助的宝贵经验。可以说，所有这些都是现实生活中的数据科学，所以对我而言是有了双重帮助。对于那些和我一样几年前没有太多真正软件研发经验的人，我会分享起初自己希望已经知道的知识。希望这部分有助于初学者了解编程在不同方面如何相互相关，更加自信地使用、讨论以及查找关于它们的更多信息。

脚本

程序可以简单到一系列按顺序执行的命令列表。一般把这样的命令列表称为脚本，编写命令列表的行为被称为写脚本。在 Matlab（或开源的 GNU Octave）中，脚本可以简单地写成：

```
filename = "timeseries.tsv";
dataMatrix = dlmread(filename);
dataMatrix(2,3)
```

这个脚本把值 "timeseries.tsv" 赋给了名为 filename 的变量。将名字包含在 filename 中的文件加载到名为 dataMatrix 的变量，然后显示 dataMatrix 中第 2 行第 3 列交叉处的数值。安装 Matlab 或 Octave 后，初学者几乎没有什么障碍就能编写这样的简单脚本。如果 Matlab 的内置函数想要正确地读入数据，那么文件 timeseries.tsv 就必须遵循某种格式，例如以制表符分隔（TSV）的文件。因此，必须要了解 dlmread 以及一些关于编程语言的语法，在网上和其他地方都很容易找到不少好例子。

我想通过这个极其简单的例子告诉大家编程并没有那么难。如果手头有电子表格，那么尝试以 TSV 或 CSV 格式把一页数据导出，然后像前面演示的那样再把数据重新加载，这样马上就可以通过脚本与数据交互，而且可以通过增加或减少命令来完成想要做的更复杂的事。

需要注意的一点是，脚本中的命令既可以在交互式语言环境中运行，也可以在操作系统的外壳上运行。这意味着在编写脚本时可以有选择，要么在操作系统上运行整个脚本（具体情况取决于 OS），要么启动交互式语言，直接在环境中输入命令。在操作系统上运行脚本的方法便携性一般比较好，而语言交互式环境的优点是，允许在逐行执行命令的同时穿插一些其他的命令，这对编辑和检查会有所帮助。例如，忘记了文件 timeseries.tsv 存储的内容是什么。在交互式环境中（启动 Matlab 屏幕上会立即显示环境提示），可以运行前面脚本中的前两行来加载文件，因为变量 dataMatrix 已从 timeseries.tsv 加载了数据，所以当在命令行输入 dataMatrix 并按 Enter 后可以显示该变量的全部内容。对于小文件，这样做很方便。另一种方法是在 Excel 中打开文件查看数据，至少对有些人来说这还是蛮有吸引力的。但如果想要查看 CSV 中包含了两百万行数据的表，那么 Excel 在加载文件时可能会出现严重的问题；现在还没有哪个版本的 Excel 可以处理二百万行数据。但是 Matlab 处理起来毫无问题。要查看两百万行数据，可以像前面演示的那样加载文件，例如，在交互式环境的命令行输入：`dataMatrix(2000000,:)`。

早期编程的大部分时间，我都是在 Matlab 和 R 这样的交互式环境上度过的。典型的工作流程是这样的：

1. 把数据加载到交互式环境的变量中。

2. 摆弄数据，检查和计算结果。

3. 把有用的命令从步骤 2 复制到脚本文件，以便以后重用。

随着命令变得越来越复杂，脚本文件也变得更长更复杂。大多数时候，在分析数据过程中，特别是在探索阶段，我每天结束工作时都会存有一个脚本，其中的命令可以使我返回到当时的工作状态，让我在第二天很容易地继续前一天的工作。这些脚本把需要的数据加载到交互式环境，进行数据转换或计算，然后生成图表和结果。

这就是我多年来编写程序的方式：脚本几乎是在交互式环境中摆弄数据的副产品。这种带有偶然性的做法并不是理想的软件编程方式，我会在稍后讨论一些好的编码规范。但至少在开始阶段我仍然鼓励初学者使用这种方法，因为这样比较容易上手，而且可以通过尝试交互式环境中的各种命令学到很多关于语言的知识。

我仍然经常使用脚本，但它们有自己的局限性和缺点。如果发现因为脚本过长或者太复杂自己已经无法阅读和理解，那就应该考虑使用其他的方式或约定。同样，如果把脚本的一部分复制和粘贴到另一个脚本，就应该寻找另外一种方式，因为当复制的脚本部分发生了更改后，可能忘记对粘贴部分做出同样的改动，这样就会出现问题。如果一个脚本或一组脚本看起来似乎太复杂或难以管理，那么可能是到了要考虑在代码中使用函数或对象的时候了。本节会对这些进行讨论。

从电子表格切换到脚本

可以使用内置命令在脚本语言中复制 Excel 和其他电子表格中最常见的功能，例如，sum 和 sort（每种语言均有但版本不同）以及检查某些条件的逻辑结构的 if 和 else。此外，每种语言都有成千上万可以在命令中使用的不同功能。问题是哪个功能可以完成想要做的事以及它如何完成。

迭代是编程语言可以处理得很好，而电子表格却不能处理的一种基本类型的命令。迭代是重复执行一组步骤，每次执行可能用不同的值。假设 timeseries.tsv 是一个数值表，其每行代表着从商店购买的一种不同物品。第 1 列是商品编号，范围从 1 到某个数字 n，这是购买商品的唯一标识。第 2 列是购买商品的数量，第 3 列是该商品支付的金额。文件看起来可能像下面这样：

```
3     1     8.00
12    3     15.00
7     2     12.50
```

如果商店的生意不错的话，这个数据列表可能会更长。

假设文件有数千行，而你想计算商品编号为 12 的销售总额。在 Excel 中，可以按商品编号排序，从上向下滚动到第 12 行，然后用求和公式 SUM 累加金额。这样做可能是最快的，但需要一定的手工操作（排序、滚动和求和），特别是当你想操作第 12 行以后的其他商品时。Excel 的另一个选项是创建第 4 列，并在该列的每个单元格中用 if 来测试同一行第 1 列的值是否等于 12，结果等于就是 1，结果不等于就是 0（true 或 false），把每行第 2 列的数值和第 4 列的数值相乘，然后累加所有行的第 4 列。这么做也相当快，但如果你想看到其他商品的同样结果，就必须明智地选择合适的公式，并确保把商品编号放入单元格，并在每行的第 4 列的公式中引用，以便修改一处商品编号就可以得到该商品的总销售额。

如果要计算销售额的商品只有一项或几项，那么随便哪个 Excel 解决方案都可以，但如果想要计算所有商品的总金额该怎么办？排序的方法将变得相当乏味，无论是否创建额外的列然后修改商品编号，还是为每个商品编号创建一个新列。在条件查找或数值搜索方面 Excel 可能有更好的解决方案，但我暂时还想不出来。如果你熟悉 Excel，你可能更清楚如何解决这个问题。我要指出的是，这类问题在大多数编程语言中很容易解决。例如，在 Matlab，读取文件后数据存储在变量 dataMatrix，只需要执行以下的命令：

```
[ nrows, ncolumns ] = size(dataMatrix);
totalQuantities = zeros(1,1000)
for i in 1:nrows
  totalQuantities( dataMatrix(i,1) ) += dataMatrix(i,2);
end
```

该代码首先计算 dataMatrix 矩阵的总行数 nrows，然后用 0 来初始化数据矩阵的 1000 个向量 totalQuantities。商品编号为 k 的总金额可以由命令 Quantities（k）来表达，表示商品 k 的销售额。如果商品的编号超过 1000，那么就需要扩展向量。for 循环是常用的在 for 和 end 之间的代码结构，遍历 dataMatrix 的行（在每次迭代中，用变量 i 指当前行），累加 dataMatrix 行 i 列 2 包含的数值，然后存储在 totalQuantities 中适当的位置，totalQuantities 是一个行数为 i，列数为 1 的 dataMatrix。

对以前没编写过代码的人来说，这个例子看起来可能比使用 Excel 或其他已知工具更复杂。几乎任何人都可以从使用脚本语言和交互式环境开始，稍加学习便可产生效果，我认为这一点应该很清楚。

功能

之前我曾提到过脚本有时会变得冗长、复杂和难以管理。你也可能见过有些步骤和命令相同的脚本，例如，不同的脚本需要以相同的方式加载数据，或者不同的脚本以相同的方式加载不同的数据。如果发现自己在从一个文件向另一个文件复制和粘贴代码，而且打算继续使用这两个程序，那么现在应该考虑创建函数了。

假如需要在多个脚本中使用数据文件 timeseries.tsv，你可以创建一个名为 loadData.m 的 Matlab 函数，内容如下：

```
function [data] = loadData()
  filename = "timeseries.tsv";
  data = dlmread(filename);
end
```

然后可以在脚本中包含下面这一行：

```
dataMatrix = loadData()
```

以实现把数据从 timeseries.tsv 加载到变量 dataMatrix。虽然脚本中，只用一行替换了两行，但如果改变文件名或者存储位置，现在只需要在函数中改变，而没有必要修改各脚本。当在两个以上脚本之间共享代码行时，函数也会非常有用。

设计好的函数像数学公式一样可以处理输入和输出。在前面的例子中，没有输入，只有变量 data 输出；它在函数文件的第一行被指定为输出。在脚本中，除了像 dataMatrix 这样被函数的输出指定的以外，函数也不会改变任何变量。在这种情况下，使用函数是为了在脚本之间复用从而隔离代码的好方法。

函数也有助于理解代码逻辑。在脚本中，函数调用 loadData() 易于阅读和理解，但是大多数时候你可能并不关心如何加载数据，只关心是否加载正确。如果加载数据包括许多步骤，那么将这些步骤放进函数可以大大地提高脚本的可读性。如果为了某个目的有很多段脚本组合在一起工作，比如加载数据，那么可能要为每段脚本分别建立自己的函数，并将脚本转换为一系列命名完好的函数调用，这样阅读起来会非常方便。

仅供参考，函数编程是与面向对象编程相对的颇受欢迎的一种编程方式，函数最优先；函数编程强调函数的定义和操作，甚至有匿名函数和把函数作为变量来处理的情况。关于函数编程你需要知道的主要是在严格意义上函数没有副作用。如果调用函数，就会有输入和输出，没有其他的来自于调用环境的变量会受到影响。函数内部的逻辑处理在其他地方发生，我们好像在完全隔离的环境知道了函数返回输出的结果。

无论你是否关心函数范式的特点及理论含义，不可否认函数本身对一般内聚代码块的封装有用。

面向对象的编程

函数及其编程与动作有关，虽然面向对象的编程关注对象实体，但这些实体也可以执行动作。在面向对象编程中，对象包含数据以及像函数一样被称为方法的指令。对象通常像函数一样有内聚的目的，但有不同的行为方式。

例如，可以创建 DataLoader 类，并用它来加载数据。在 Matlab 中，我没用过太多面向对象的功能，所以要在这里切换到 Python；本章后面会有更多关于 Python 的讨论。在 Python 中，类文件“data-loader.py”可能看起来像下面这样：

```
import csv

class DataLoader:

  def __init__(self,filename):
    self.filename = filename

  def load(self):
    self.data = []
    with open(self.filename,'rb') as file:
      for row in csv.reader(file,delimiter='\t'):
        self.data.append(row)
```

```
  def getData(self):
    return self.data
```

第一行从文件中加载 csv 软件包，之后看到类的关键字 class 以及类名 DataLoader。在类里面缩行的部分定义了三个方法。

每个方法的第一个输入都是变量 self，表示 DataLoader 对象实例本身。该方法需要能指向对象自己，因为方法可以设置或者改变对象的属性或者状态，这是面向对象编程思想的重点，本文会详细讨论。

定义的第一个方法__init__，在对象实例产生或者初始化时调用。任何对象存在的基本属性和功能都应该在这里设置。在 DataLoader 类中，__init__方法接收一个叫 filename（文件名）的参数，它代表对象加载数据的来源文件名。当 DataLoader 对象在脚本中通过下述的命令初始化后，

```
dl = DataLoader('timeseries.tsv')
```

单一参数被传递给__init__方法供对象使用。定义显示，__init__把输入参数赋予给了对象的属性 self.filename。Python 就是这样设置和访问目标属性的。在通过__init__方法初始化对象之后，在脚本（或者交互环境）中被称为 dl 的目标，其属性 self.filename 被设置成 timeseries.tsv，但目标中并不包含任何数据。

要从定义的文件中加载数据就必须要通过下面的命令使用 load 方法：

```
dl.load()
```

根据方法的定义，为数据创建一个空的列表属性 self.data，打

开名为 self.filename 的文件，然后把数据逐行载入 self.data。执行完该方法后，所有文件中的数据都被加载到被称为 DataLoader 对象 dl 的属性 self.data 中。

如果想访问和处理数据，可以使用前面定义的第三种方法 getData，该方法用 return 语句把数据作为输出传递给调用脚本，这与函数非常相似。

有了对象类的定义，包括加载和使用数据在内的脚本看起来如下：

```
from dataLoader import DataLoader

dl = DataLoader('timeseries.tsv')
dl.load()
dataList = dl.getData()
```

尽管这段代码完成与 Matlab 脚本或调用函数同样的任务，但是该脚本中使用对象完成任务的方法与其他方法有根本性的区别。载入类定义后，创建 DataLoader 对象 dl。dl 在不同的环境都会保留对象的属性，从概念上讲主脚本看不到这部分。因为函数没有属性所以无状态，而对象的属性存在，可在方法调用过程中使用状态以影响方法的输出。对象及其方法都有副作用。

副作用和保留状态属性可能有巨大优势，但如果处理不慎也会带来危险。严格地说函数应该永远不改变输入参数的值，但对象及其方法可以。在有些情况下构建的对象可以处理输入变量，以便于计算方法的输出。在调用脚本或在交互环境中学会更加小心之前，我曾经有几次在处理方法输入值的同时，在方法和对象之外影响了该输入值。数学家和其他有头脑的人起初并不总考虑无意识的副作用。

使用对象的突出优势是，对象可以把一堆紧密相关的数据和函数聚集到独立的实体上。在加载数据时，主脚本可能并不关心数据来源或如何加载。因此，处在不同组别的某些变量或数值将永远不会直接交互，而根据面向对象的范式，它们应该能以某种方式彼此隔离，并包含在各自的对象中，这样的安排可能是实现隔离的最佳选择。同样，几乎专门处理这样一组变量的函数可能转换为包含在这些变量对象中的方法。

将程序的数据、属性、函数和方法有目的地分成内聚对象的主要好处是增强了程序的可读性、可扩展性和可维护性。与编写良好的函数一样，构造良好的对象使代码更容易理解，更容易扩展或修改，并且更容易调试。

在函数编程和面向对象编程之间，孰优孰劣，难分仲伯。两者各有千秋，可以根据需要以最有利于你的目的为判断标准，选用这两种范式来编写代码。然而，重要的是要小心对象的状态，因为如果将函数和对象混合在一起，那么很容易像对待函数那样来对待有副作用的对象方法。

有一点要注意的是：在本节讨论调用脚本或主脚本时，好像总有一个主脚本在调用一组函数和对象。情况并非总是如此。之所以这样是因为我考虑到初学者，但在实践中函数可以调用函数和对象，对象可以调用函数和对象，甚至可能根本就没有脚本存在，这将是下一节的主题。

应用

我用应用一词是为了与脚本比较。如前所述，脚本是一系列要执行的命令。应用指那些一旦启动就准备好给用户使用，并帮其完成任务或者行动而提供的服务。因为可以创建对象，然后以各种方式提供给用户使用，在概念上应用与编程中的对象类似。另一方面，脚本与函数更接近，因为它直截了当地完成了一系列的动作。

电子表格属于应用，移动设备上的网站和 App 亦如此。这些都是前面描述的应用的例子，因为启动应用后要进行初始化，但除此之外可能没有其他太多的事，直到用户开始与其交互。应用的价值主要就在于与用户互动，而脚本通常只产生可见结果供用户使用。

本书很难提供足以让你开始应用研发的有用信息。这比写脚本要复杂得多，所以本书仅给出一些有用的概念供数据科学家参考。互联网上有大量的参考和案例供您详细了解更多的信息。

对数据科学家来说，应用研发已经变得越来越有用，其主要原因是只向客户提供静态报告有时不够彻底。我经常为客户提供自认为已经相当彻底的报告，只有当客户提出在某些点上需要更多细节时，才意识到不够彻底。我当然可以为客户提供在特定部分具有更多细节的额外报告，但必须回到数据本身才能提取这些细节。更好的解决方案或许是提供一个软件，让客户能更深入地研究他们觉得有兴趣的各个方面。完全可以通过构建数据库和网络应用让客户在浏览器上通过鼠标点击而获得陈述清晰的结果和数据。这正是大多数分析软件公司现在可以提供的产品。网络应用把所有分析都隐藏在背后，通过比报告更友好、更有效的方式提供结果。

数据科学家也研发以实时或交互的方式使用和分析数据的应用。谷歌、推特、脸谱网和许多其他网站使用相当复杂的分析方法，通过网络应用不断地交付结果。热门话题、头条新闻和搜索结果，所有这些都是数据科学的应用产品。

但是研发应用并不是像编写脚本那么简单，因此，本书会跳过这些细节以节省篇幅，建议读者直接去参考那些写得更好更知情的书籍。但如果你有兴趣而且已经有了编程语言方面的经验，可以参考下面的资料了解关于如何用对数据友好的语言构建网络应用框架：

- 以 Python 作为实验容器。
- 用 R 来美化报告。
- 用 Node.js、JavaScript 和 D3.js 来生成漂亮的数据驱动图表。

8.2.2　语言

现在通过比较和对比而不是详细描述的方式，来介绍三种用于数据科学和相关编程任务的脚本语言。这三种语言分别是 GNU 的 Octave（Matlab 的开源克隆）、R 和 Python。本文将以 8.2.1 分析计算商品销售数量作为案例，使用前面描述过的相同格式的数据文件 timeseries.tsv，展示如何利用每种语言编写代码来解决问题。首先定义加载数据的函数，然后用脚本来计算所有商品（多达 1000 种）的销售额，最后打印商品编码为 12 的销售额。

在讨论完这三种脚本语言后，我会对非脚本语言 Java 稍做探讨，我觉得这种语言从总体上对软件研发和数据科学很重要，值得一提。

Matlab 和 Octave

Matlab 是一种不太适合处理矩阵的专有软件环境和编程语言。Matlab 价值不菲，一个软件许可权现在的价格就超过 2000 美元，但对学生和其他大学相关人群有很大的折扣。有些人为此决定通过被称为 Octave 的开源项目复制该软件。随着 Octave 的成熟，它与 Matlab 在功能和能力上已经越来越接近。除了附加的代码包以外，大多数采用 Matlab 编程的代码都可以在 Octave 上运行，反之亦然，不必购买 Matlab 的软件许可证就可以运行一些 Matlab 代码。根据我的经验，有可能需要修改部分函数调用以确保其兼容性，但要改的地方并不是很多。我曾经尝试把几百行 Matlab 代码在 Octave 上运行，结果发现仅有大约 10 行代码不兼容。

在不使用附加包的情况下，二者之间拥有几乎完美的兼容性，但 Octave 在性能方面有些问题。从互联网上可以收集到的信息看，Matlab 的数值运算速度比 Octave 快两到三倍，虽然没有直接做过对比，但从个人经验来看这个差别是客观的。因为 Matlab 和 Octave 设计的目的是计算矩阵和向量，如果想充分利用语言的效率就必须写矢量化的代码。如果代码本应该以矢量化编程但是实际上不是，代码效率就会很慢，例如，用 for 循环来完成矩阵乘法，Matlab 显然可以更好地识别场景并有针对性地编译代码，从而使其几乎像明确的矢量化编码一样快。Octave 暂时可能还无法做到这一点。无论如何，当处理向量和矩阵时，利用矢量化代码的效率永远会使代码更快，有时甚至带有戏剧性。对 Matlab、Octave、R 和 Python 来说，这是真实的情况。

对熟悉矩阵运算的人来说，用 Matlab 和 Octave 语言编写矢量化代码相当容易，因为代码看起来就像等价的数学表达式。在这里讨论的其他语言都做不到。例如，如果你有在维度上匹配的矩阵 A 和 B，乘法运算可以写成：

```
A * B
```

而相同维度的矩阵 A 和 B 的 hadamard 乘积可以写成：

```
A .* B
```

这些都是矢量化计算。请注意，如果数学表达式调用矩阵或向量变换，必须在代码中做相应变换，否则可能会出现错误或计算结果不正确。变换的运算符是在矩阵后面加单引号，如 A′。

供参考，对这些非矢量化的等价物，矩阵乘法将可能在矩阵的行和列上包含至少两个嵌套的 for 循环。矢量化的版本更容易编写而且执行速度更快，所以最好尽可能矢量化。R 和 Python 也可以使用矢量化方法，虽然这些语言也提供标准矩阵乘法替代品，但它们默认的矩阵乘法使用 hadamard 乘积。

为了稍微翔实地介绍 Matlab 和 Octave 的语法，可以通过创建一个名为 loadData.m 的文件，包含 loadData 函数以及下述几行代码以实现商品销售额的计算：

```
function [data] = loadData()
  data = dlmread("timeseries.tsv");
end
```

在同一目录下，创建一个名为 itemSalesScript.m 的脚本文件，其中包含以下几行：

```
dataMatrix = loadData();
[ nrows, ncolumns ] = size(dataMatrix);
totalQuantities = zeros(1,1000);
for i = 1:nrows
  totalQuantities( dataMatrix(i,1) ) += dataMatrix(i,2);
end

totalQuantities(12)
```

可以在 Unix/Linux/Mac 操作系统的命令行上执行以下命令来运行上面的 Octave 脚本：

```
user$ octave itemSalesScript.m
```

命令行的输出应该是数据文件中商品代码为 12 的销售额。要想在 Matlab 或者 Octave 上运行相同的代码，把 itemSalesScript.m 的代码复制和粘贴到提示行然后按回车键。

在以下情况使用 Matlab 或者 Octave：

- 涉及大型矩阵或大量矩阵的任务。
- 如果知道某个插件包，特别是在 Matlab 中将非常有用。
- 如果有 Matlab 许可证而且喜欢对矩阵友好的语法。

在下面这些情况下，我不会用 Matlab 或者 Octave：

- 如果数据无法用表或矩阵表示。
- 如果想要把代码与其他软件集成；由于 Matlab 的应用相对狭窄，尽管许多类型的集成是可能的，但可能会困难重重。
- 如果想把代码包含在软件产品中出售。Matlab 许可证会在法律上特别困难。

总之，Matlab 和 Octave 是工程师在电子信号处理、通信、图像处理和优化以及其他大矩阵数据应用方面的利器。

如果想要看几年前我的一些 Octave 代码（从 Matlab 移植过来），可以在 https://github.com/briangodsey/bacon-for-gene-networks 的 GitHub 上查看我完成的有关基因相互作用的生物信息学项目。代码相当乱，但请不要因为过去的错误而怪罪我。在某种程度上，该代码和其他的生物信息学项目代表了当时脚本与函数混合编码风格。

R

对 R 的第一个说明：如何在互联网上搜索到有关 R 的帮助。虽然搜索引擎日益智能，但如果仅用字母 R 搜索，可以得到很多有趣的结果。如果搜索遇到麻烦，尝试改用缩写 CRAN；CRAN 是 Comprehensive R Archive Network 的缩写，这样会有助于谷歌或其他搜索引擎找到相应的网站。

R 语言是基于贝尔实验室创建的 S 编程语言。其属于开源项目，但许可证比其他的流行语言如 Python 和 Java 限制更多，特别在用于构建商业化软件产品时。

与其他语言相比，R 有些特点。通常 R 使用符号“<-”给变量赋值，虽然后来为了方便加了“=”作为一种选择。与 Matlab 相反，R 使用“[”而不是“(”来代替索引列表或矩阵。比较奇葩的是 Matlab，因为大多数的编程语言都使用“[”来表示索引。Matlab 和 Python 都允许以方“[”开始创建对象，例如列表、向量或矩阵，而 R 不行。例如，在 Matlab 和 Python 中，可以使用 `A = [2 3]` 创建一个包含 2 和 3 的向量，同样的事情如果在 R 中，则用 `A <- c(2,3)` 来完成。两者之间并不存在巨大的差异，但如果长时间不用 R 会忘记这些细节。

与 Matlab 相比，R 更容易加载和处理不同类型的数据。Matlab 擅长处理表格式的数据，一般来说，R 在处理有表头的表格、混合类型的列（整数、十进制、字符串等）、JSON 和数据库查询方面更胜一筹。并非 Matlab 不能处理这些，只是在实现过程中通常比较受限或困难。此外，在读取表格数据时，R 倾向于默认返回数据框类型的对象。数据框是包含列数据的多功能对象，其中每个列都可以是不同的数据类型，例如数字、字符串甚至矩阵，但每列数据必须保持相同类型。刚开始接触数据框可能会混淆，适应了以后它的丰富功能和作用肯定会非常明显。

作为开源项目，R 的优点之一是世界各地的研发者都在为语言和软件包的研发做出贡献。开源使研发者的贡献有助于 R 的增长，以及扩大与其他软件工具的兼容性。CRAN 的网站上有成千上万的软件包。这是 R 语言的最大优势，很可能从中就能找到合适的软件包来帮助你完成想要做的分析，也就是说有些工作有人已经替你完成了。虽然 Matlab 通常也有不少不错的软件包，但肯定没有那么多。R 既有好的一面也有坏的一面。你可以在公共代码库中发现大量免费但尚未进入官方软件包的 R 代码。

在从事生物信息学研究的许多年里，R 是我与同事以及其他机构的同行们最常用的语言。大多数研发生物信息学新统计方法的研究小组都会创建 R 软件包，或至少把代码开源，例如，我的项目中有个称为 PEACOAT 的算法就发布在 https://github.com/briangodsey/peacoat 的 GitHub 上。

可以通过创建文件 itemSalesScript.R 用 R 语言解决商品销售额问题，代码如下：

```
loadData <- function() {
  data <- read.delim('timeseries.tsv',header=FALSE)
  return(data)
}

data <- loadData()
nrows <- nrow(data)
totalQuantities <- rep(0,1000)
for( i in 1:nrows ) {
  totalQuantities[data[i,1]] <- totalQuantities[data[i,1]]
```

```
        + data[i,2]
}
totalQuantities[12]
```

你可以在 UNIX/Linux/Mac 操作系统的命令行中通过下述命令运行该脚本：

```
user$ Rscript itemSalesScript.R
```

或在 R 环境下，把 itemSalesScript.R 的内容复制和粘贴到提示行，然后按回车键。

Matlab 与 R 之间除了在语法和函数名称方面的差异外，它们的基本结构相同。R 用“{ }”定义函数和循环，而 Matlab 用 end 表示代码块的结束。R 的函数使用显式的返回语句 return，而这在 Matlab 中不存在。

我会在下述情况下用 R 语言：

- 工作领域中有许多 R 软件包。
- 在学术界，特别是生物信息学或社会科学领域工作。
- 想快速加载、解析和操作不同的数据集。

在下述情况下我不用 R 语言：

- 构建生产系统软件。
- 研发的软件用于售卖。因为 GPL 许可证对此有限制。
- 想把代码集成到用其他语言研发的软件。
- 喜欢面向对象的架构。

总之，如果所从事的是大量数据处理和探索性工作，而不是构建生产软件，那么 R 将是最佳选择，例如分析软件行业。

Python

首先，Python 是三种脚本语言中唯一不是专为统计而设计的语言。因此，可以更自然地完成非统计相关的任务，如与其他软件或服务集成、创建 API、网络服务以及构建应用。Python 也是三种语言中，唯一我会认真考虑应用于创建生产软件的语言，但在这方面，Python 仍然不如 Java，本章稍后会讨论。

与任何语言一样，Python 也有自己的特点。最明显的是没有括号来表示代码块，甚至没有像 Matlab 中 end 这样的命令来标识 for 循环或函数定义的结束。Python 使用行缩进来表示这样的代码块，程序员们对此懊恼不已。行缩进表示代码块是常见的惯例，但 Python 是唯一强迫你这样做的语言，这当然也是它最受欢迎的原因之一。要点是如果你希望代码块结束那就停止代码行的缩进，而不是像在 Matlab 中键入 end，或在 R、Java 和许多其他语言中一样使用 “}”。同样，必须在 for 或包含 def 的函数定义后缩进代码行，否则会在执行中出错。

可能因为 Python 最初是通用的编程语言，所以才有面向对象设计的强大框架。相比之下，R 和 Matlab 面向对象的功能似乎是事后的补救措施。随着自己的不断成长，面向对象设计已成为我的最爱，而 Python 在过去几年里已成为我的主要编程语言，我经常使用，即使是简单的任务。

尽管 Python 最初的设计意图并非侧重在统计，但现在已经为 Python 研发了几个统计软件包，用于提升 Python，使其有能力与 R 和 Matlab 分庭抗礼。专为计算准备的 NumPy 软件包是处理向量、数组和矩阵处理必不可少的工具。scipy 和 scikit-learn 软件包为优化、整合、聚类、回归、分类和机器学习等技术增加了不少功能。依托这三个软件包，Python 开始挑战 R 和 Matlab，而且在机器学习等其他领域似乎更受数据科学家的青睐。

对于数据处理，pandas 软件包的广泛流行令人难以置信。该软件包有点受 R 语言中数据框概念的影响，但现在其功能已经远远地超出 R。当我第一次尝试的时候，不可否认，很难弄清楚应该如何发挥 pandas 的作用，但是经过一些实践后，该工具变得非常方便。我的印象是 pandas 数据框在内存中工作，是经过优化的 Python 数据存储。如果数据集大到减慢计算速度，但是同时又小到可以容纳在计算机内存中，那么 pandas 可能就是你的最佳选择了。

然而，Python 软件包中最受数据科学关注的是 NLTK 自然语言工具包。它已成为自然工具语言处理（NLP）最流行和最强大的工具。如果现在有人解析和分析来自于推特、新闻、安然邮件语料库或其他的文本，很可能就是在用 NLTK。它利用其他的自然语言处理工具，如 WordNet 和各种词语切分与词干提取方法，提供最全面的自然语言处理能力。

至于核心功能，用 Python 编写的名为 itemSalesScript.py 的商品销售额解决方案内容如下：

```
import csv

def loadData():
  data = []
  with open('timeseries.tsv','rb') as file:
    for row in csv.reader(file,delimiter='\t'):
      data.append(row)
  return data
```

```
dataList = loadData()
nrows = len(dataList)
totalQuantities = [0] * 1000
for i in range(nrows):
  totalQuantities[ int(dataList[i][0]) ] += int(dataList[i][1])
print totalQuantities[12]
```

可以在 UNIX/Linux/Mac 操作系统上，通过下述命令运行这个 Python 脚本：

```
user$ python itemSalesScript.py
```

或者把脚本的内容通过复制粘贴到 Python 的提示行，然后按回车键。

请注意 Python 是如何利用行缩进来表示函数定义和 for 循环结束的。另外还要注意，像 R 一样，Python 用“[”从列表及向量中做选择，但 Python 用基于 0 的索引系统。在 Python 中，要从列表 dataList 选择第一项，应该表示为 dataList[0]，而不是 R 语言的 dataList[1]，或 Matlab 的 dataList(1)。在我学习 Python 时，这部分让我吃了不少苦头，所以小心为妙。大多数软件研发人员在编程时习惯于像 Java 和 C 那样用基于 0 的索引，所以在处理 R 和 Matlab 时比 Python 更容易中招。

关于代码示例的最后一个说明：有两个地方我不得不用 int 函数来强制把字符串转换成整数。这是因为除非特别声明，csv 数据包把所有的值默认为字符串。应该有比这更好的方法来处理，如果要做更进一步的处理，至少可以用 NumPy 包将数据转换成数组，为使案例简单清晰我有意对此忽略。

在下列情况下我会用 Python：

- 创建分析软件应用、原型或产品。
- 机器学习或自然语言处理。
- 整合其他软件服务或应用。
- 做很多非统计方面的编程。

在下列情况下我不会选择用 Python：

- 所在领域的大多数人使用另外一种语言并分享代码。
- 所在领域的 Python 包不如另外一种语言，例如 R。
- 想快速而且容易地生成图表，R 的绘图功能明显优于 Python。

前面提过，在几年前从 R 转换 Python 后，Python 已成为我的语言选择。之所以从 R 转换到 Python 是因为我一直在为专有软件产品编程，这涉及大量的非统计代码，我发现 Python 在这方面更好。Python 许可证允许自由销售软件而且不必提供源代码。总体而言，Python 更适合数据科学以及其他一些非统计类型纯软件的研发工作。Python 是我所知的唯一广泛流行且功能强大的语言，可以兼顾数据科学和非数据科学编程。

Java

虽然 Java 不是脚本语言，而且也不适合做探索性的数据科学，但它是最突出的应用研发语言，因此经常被用来做分析应用的研发。许多不适合做探索性数据科学工作的不利理由往往成为使用 Java 作为应用研发工具的有利原因。

Java 具有较强的、静态的变量类型，这意味着在创建时必须声明对象变量的类型而且永远不会改变。Java 的对象有多种不同类型的方法，包括公共、私人、静态、最终等，选择合适的类型可以确保方法得到正确的使用，而且只在合适的时间使用。至少与 Python 和 R 相比，变量的范围和对象继承规则相当严格，所有这些严格的规则使编写代码较慢，但应用通常更健壮且不易出错。有时我真希望也可以对 Python 代码加以限制，因为 Python 代码中特别严重的缺陷时有发生，追溯的结果可能是一个愚蠢的错误，而 Java 代码一般来说很可能会有严格的规则来预防这件事情的发生。

Java 不适合探索性的数据科学，但它可以研发基于数据科学的大规模生产代码。Java 有许多统计库可以支持从优化到机器学习等很多应用。其中很多是由 Apache 软件基金会提供和支持的。

我在下列情况下会用 Java：

- 需要构建强壮而且可移植性强的应用。
- 已经熟悉 Java，知道有需要的能力。
- 所在团队主要使用 Java，改换另外一种语言不利于整体研发。

在下列情况下我不会用 Java：

- 打算做大量探索性的数据科学工作。
- 对 Java 知之不多。
- 不需要健壮且可移植性强的应用。

虽然本书没有提供关于 Java 的更多细节，但我想说明的是该语言在数据科学相关的应用研发中的普及程度，对最有经验的研发者而言，Java 是构建刀枪不入分析软件的首选。

表 8-1 总结了在数据科学中，应该在什么情况下选用哪种编程语言。

表 8-1　在数据科学中，应该在什么情况下选用哪种编程语言

语言	什么情况下使用	什么情况下不用
Matlab/Octave	涉及大型矩阵或大量矩阵的任务 如果知道某个软件包，特别是在 Matlab 中将非常有用 有 Matlab 许可证且喜欢对矩阵友好的语法	如果数据无法用表或矩阵表示 如果想要把代码与其他的软件集成；由于 Matlab 应用相对狭窄，尽管许多类型的集成是可能的，但可能会困难重重 如果想要把代码包含在软件产品中出售 Matlab 许可证会在法律上特别困难
R	工作领域中有许多 R 软件包存在 在学术界，特别是生物信息学或社会科学工作 想快速地加载、解析和操作不同的数据集	构建生产系统用的软件 研发的软件是为了售卖；GPL 许可证有限制 想把代码集成到其他语言研发的软件 喜欢面向对象的架构
Python	创建分析软件的应用、原型或产品 机器学习或自然语言处理 整合其他软件服务或应用 做很多非统计方面的编程	所在领域的大多数人使用另外一种语言并分享代码 所在领域的 Python 包不如另外一种语言，如 R 想快速而且容易地生成图表，R 绘图功能明显优于 Python
Java	构建强壮而且可移植性强的应用 已经熟悉 Java，知道有需要的能力 工作团队主要使用 Java，改换另外一种语言对整体研发不利	打算做大量探索性的数据科学工作 对 Java 知之不多 不需要健壮而且可移植性强的应用

8.3　选择统计软件工具

到目前为止，本章讨论了一些统计应用和编程的基础知识，希望你已经对可用于实现统计学方法所需要的一系列工具有了系统化的概念。如果这个目的达到了，那么你应该已经有能力把项目和数

据与适当的数学或统计学方法及模型关联起来。如果是这样的话，你就能够对这些方法或模型与实现它们的可用软件选项进行比较，做出一两个明智的选择。在选择软件工具时，需要遵循通用的规则并且考虑各种因素。本章将对此进行概要的描述。

8.3.1　该工具有实现方法吗

当然可以自己编程实现需要的方法，但如果是常用的方法，很可能有许多工具已经实现了，在这种情况下最好能从中选择一种。已经被许多人用过的代码通常会比短时间写完，而且只用过一两次的代码出错机会相对少很多。

你的需求可能在最喜欢的工具中已经有实现了的方法供你迅速投入使用，这取决于你的编程能力和对各种统计工具的熟悉程度。如果 Excel 有，那么非常有可能其他的工具也有。如果 Excel 没有，那么中级工具可能会有，如果其他工具也没有，那么可能就要动手编写程序自己实现了。否则，剩下的唯一选择就是选择其他的统计方法。

如果决定选择编程语言自己实现，那么请记住，并非所有的软件包或函数库都一样，要确保所选择的编程语言和软件包可以完全满足要求。参考与想做的分析类似的文档或案例可能会有所帮助。

8.3.2　保持灵活性

除了能够完成想要做的主要统计分析以外，如果统计工具还可以提供一些相关方法的话，那往往会非常有用。经常会发现所选择的方法并不如希望的那样有效，在这个过程中了解到的东西会让你相信其他某个方法可能会更有效。如果所选的软件工具没有任何其他的替代方法，那么要么坚持原来的选择，要么必须换用另一个工具。

例如，假设想用似然函数和优化技术找到统计模型的最佳参数值。第 7 章概述了从似然函数寻找最佳参数的几种方法，包括最大似然率（ML）、最大后验概率（MAP）、期望最大化（EM）以及变分贝叶斯（VB）。虽然 Excel 有几种不同的优化算法，但都属于 ML 方法，所以如果你认为有可能不用 ML，但又不确定，那就有可能要寻找更复杂的有更多优化方法选择的统计工具。

有多种类型的回归、聚类、成分分析、机器学习等等，有些工具可以提供这些方法中的一种或者多种。我倾向于那些可以提供不同类别方法的统计工具，以备需要切换或尝试其他的方法。

8.3.3 保持消息灵通

我曾强调过，面对不确定性，意识是数据科学的重点；这也同样适用于选择统计软件工具。有些工具可能会收到良好的结果，但对如何以及为什么能得到这些结果缺乏洞察。一方面，解构方法和模型可以更好地理解模型和系统。另一方面，如果因为某种原因造成方法出现错误，使你面临奇怪和意想不到的结果，那么有关该方法及其在数据上应用的更多信息可以为诊断具体问题提供帮助。

有些统计工具，特别是像统计编程语言这样的高级工具，提供了可以窥视几乎所有统计方法和结果内幕的能力，甚至包括像机器学习这样的黑盒方法。这些内部信息对用户并不总是友好，但至少可用。我的经验是像 Excel 这样的电子表格，并不提供了解其方法内部情况的手段，因此很难对问题进行解构或诊断，比线性回归统计模型更复杂。

8.3.4　保持通用

生活中有很多虽流行但并不代表质量好的东西，像音乐、电视、电影和新闻等，实际情况往往是与期待相反的。对于软件，用户多的工具意味着很多人做了尝试，得到了结果，检查了结果，并可能报告了存在的问题。软件，特别是开源软件以这种方式形成闭环反馈，因此可以及时纠正错误并解决问题。参与闭环反馈的人越多，软件的缺陷就越有可能相对较少，换句话说，非常健壮。

最流行未必最好。软件也像其他事物一样有自己的生命过程。我倾向于观察在过去几年中，与我情况类似的人所用软件的受欢迎程度。在统计工具的流行总决赛中，Excel 显然会胜出。但如果只考虑数据科学家，也许只是某个特定领域的数据科学家，排除会计师、金融专业人士和其他非专业统计的用户，那很可能会看到 Excel 黯然无光，而更专业的统计工具会获得青睐。

统计工具必须符合这些标准，我才会去使用它：

- 必须要有至少几年的历史。
- 必须要由有信誉的机构负责维护。
- 必须证明已有许多人在论坛、博客、文献讨论，在相当长的时间内使用而且在近期没有出现过重大问题。

8.3.5　保持文档齐全

除了通用之外，统计软件工具应该有全面和有用的文档。当我使用软件遇到问题时，本应该有直截了当的答案，但却无法找到任何答案，这是非常令人沮丧的事。

对一些重大问题，如果找不到答案，例如，如何配置线性回归的输入，或如何调整机器学习的功能，那么这不是一个好迹象。如果连文档中都没有重大问题的答案，那要找到比较具体的问题答案将会更难。

通常文档与软件历史和受欢迎程度有关。工具的官方文档应该能在负责维护该工具的组织的网页上找到，并且应该包含可以理解的、以普通语言描述的说明和规范。有趣的是，有很多软件组织在文档中不用普通语言，或把案例搞得过于复杂。也许是因为我讨厌不必要的术语，所以我不喜欢使用文档晦涩难懂的软件。

除了确定是常用工具，我也通过查验发表在论坛和博客上的帖子，来确定是否有足够的案例和有答案的问题来支持官方文档。无论文档准备得多么好，肯定会有不全面和含糊不清的地方，所以非正式文档可以作为提供帮助的备份。

8.3.6　保持专属性

有些软件工具或其软件包是为特定目的而构建，后续又添加了其他的功能。例如，Matlab 和 R 的矩阵代数模块，是当时该语言建立时最主要的关注点，所以可以安全地假设这两种语言在这个方面的功能足够全面和强大。相反，矩阵代数不是 Python 和 Java 初始关注的首要问题，所以这些能力是以软件包和库的形式在后来增加的。这不一定是坏事，Python 和 Java 现在都有强大的矩阵功能，但不是每种声称能够有效地处理矩阵运算的语言都一样。

如果我想使用的统计方法是一个软件包、函数库或插件，我会对将要使用的这个软件包进行同样的检查，确定其灵活性、消息灵通性、通用性、文档完备性以及健壮性。

8.3.7　具有互操作性

互操作性与专属性相反，但相互之间并不排斥。有些软件工具可以与其他工具融洽相处，通常可以期待它们能以可接受的数据格式，来集成功能、导入数据、导出结果。这对正在使用其他软件完成相关任务的项目有所帮助。

如果正与数据库打交道，那么使用可以与数据库直接交互的工具会非常有帮助。如果打算构建基于数据分析结果的网络应用，可能希望选择支持网络框架的工具，或至少能以 JSON 或其他对网络友好的格式导出数据的工具。如果预期统计工具需要在各类计算机上使用，那会要求软件能在各种操作系统上运行。把统计软件与完全不同的语言或工具集成并非罕见。执行这样的集成，将是对互操作性很好的检验，例如，可以从 Java 调用 Python 函数（费点劲儿还是可以实现的）。

R 是专为统计构建的语言，互操作性是事后的想法，它拥有庞大的软件包生态系统支持与其他软件的集成。Python 是作为通用编程语言而构建的，统计也是事后的想法，但正如在前面说过的，Python 的统计软件包是所有可用软件包中最好的。在它们之间做选择需要对所有的语言、应用和打算使用的软件包进行甄别审查。

8.3.8　许可证有价值

无论明示或暗示，大多数软件都有许可证，说明在使用软件时存在着什么限制条件或权限。专有软件的许可证通常很明确，但开源软件的许可证有时并不是那么清楚。

可以作为学术或学生许可证使用的商业软件，如果是为了商业用途，那可能会有法律风险。无论修改与否，把商业软件销售给不确定许可证是否禁止的人，那可能也是危险的。

当在数据科学中使用开源工具时，所面临的主要问题是，使用此工具构建的软件是否可以在不泄露源代码的前提下卖给别人？有些开源许可证允许，有些不允许。虽然我不是律师，但我的理解是禁止在不提供源代码的前提下，把用 R 编写的应用卖给别人；通常 Python 和 Java 可以这样做，这就是为什么普遍不用 R 及有类似许可证要求的语言来编写生产应用代码的原因。通常可以有法律途径迂回，例如自己托管 R 代码，并以网络服务或类似的手段向外提供功能。在任何情况下，如果怀疑可能违反软件许可证，最好检查许可证并咨询法律专家。

8.3.9　最好熟悉

我把这个通用规则放在最后，但我仍然倾向于使用自己会用的工具，虽然怀疑包括自己在内的大多数人首先会考虑它。使用最熟悉的工具并没什么错，只要符合之前提到的其他规则就好。例如，Python 和 R 非常适合数据科学，如果清楚地知道某个工具比另外一个更好，那么就用这个工具。

另一方面，尽管有许多工具，但没有哪个得心应手。例如，试图用 Excel 进行机器学习通常不是最好的主意，尽管我听说情况在变，因为微软开始扩大产品的范围。在这种情况下，可能勉强凑合使用自己熟悉的普通工具，但绝对值得考虑学习更适合项目的新工具。

归根结底，使用熟悉工具节省时间，使用不合适工具浪费时间并且降低质量，两者之间需要平衡。通常项目时间限制和要求是决定因素。

8.4　把统计转换成软件

在代码中加入数学可不是件小事。许多人认为在数据上做计算与导入统计库然后单击“运行”一样简单。如果幸运的话也许会奏效，但在不确定性偷偷地溜过来以后，问题就出现了，因为他们对统计方法和代码机制缺乏意识，所以无法阻止这些问题的出现。我知道这个场景是人工假设的，编造这样可恶稻草人的目的是强调理解所选择的统计方法，以及与正在使用或构建的软件之间关系的重要性。

8.4.1　使用内置方法

任何中级统计工具都应该适当地说明，如何在数据上应用各种统计方法。虽然没有太多最近的经验，但我期望无论是内置的应用指南，还是可以找到的在线文档，应足以让任何人弄清楚如何使用标准的统计方法。

通常编程语言有点复杂，我发现往往很难找到关于如何实现甚至完成最简单统计分析的基本指令和案例。我的印象是大多数文档假设读者拥有大量语言方面的知识，这可能会造成初学者混淆。因此，我将通过两个案例说明如何在 R 和 Python 语言中应用线性回归。

R 中的线性回归

R 通常采用函数风格的调用方式，如下面例子所示：

```
data = data.frame(X1 = c( 1.01, 1.99, 2.99, 4.01 ),
                  X2 = c( 0.0, -2.0, 2.0, -1.0 ),
                  y  = c( 3.0, 5.0, 7.0, 9.0 ))

linearModel <- lm(y ~ X1 + X2, data)
summary(linearModel)

predict(linearModel,data)
```

该脚本首先创建一个包含 X1、X2 和 Y 三个变量的数据框。数据框是一个对象，在这里是由被称为 data.frame 的函数创建，该函数返回存储在变量 data 中的数据框对象。

假定这里的任务是完成线性回归，X1 和 X2 是输入，y 是输出。希望能用 X1 和 X2 来预测 y，为此要找一个可以完成此任务的线性模型。该脚本的第二个命令指定通过 lm 函数创建线性模型，其参数首先是公式 y～X1+X2，其次是包含数据的数据框 data。R 的公式是有趣而且非常有用的结构，我几乎没在其他的任何地方看到过。他们的目的是要代表变量之间的某种数学关系。你可能已经猜到，该公式告诉 lm 函数你想用 X1 和 X2 来预测 y。除非明确删除，否则自动添加拦截值。可以在公式中增加更多的输入变量或变量组合，例如两个变量的乘积、平方等。在 R 中构造公式有多种可能性，可以相当复杂，所以我建议在动手之前先参考文档。

公式中的变量名必须与传递给 lm 函数的数据框的变量名匹配。

对 lm 本身进行回归并返回存储在变量 linearModel 中的线性模型拟合。重要的是要注意我在这个例子中创建了数据以获得预期的回归结果。四组数据点的值分别对应 X1、X2 和 y。数据框数据看起来像下面这样（> 是 R 的提示符）：

```
> data
  X1   X2  y
1 1.01  0   3
2 1.99  -2  5
3 2.99  2   7
4 4.01  -1  9
```

如果仔细研究数据，你可能会注意到每行的 y 值与相应的 2*X1+1 的结果相当接近，X2 的值对 y 的影响不大。可以说 X1 是 y 的预测，但 X2 不是，所以期望回归的结果非常接近。期望线性回归结果可以表明这一点。

命令 summary(linearModel) 输出关于拟合数据的线性模型的信息摘要，具体如下：

```
> summary(linearModel)

Call:
lm(formula = y ~ X1 + X2, data = data)

Residuals:
       1        2        3        4
-0.02115  0.02384  0.01500 -0.01769

Coefficients:
            Estimate Std. Error t value Pr(>|t|)
(Intercept) 1.001542   0.048723  20.556  0.03095 *
X1          1.999614   0.017675 113.134  0.00563 **
X2          0.002307   0.013361   0.173  0.89114
---
Signif. codes:  0 '***' 0.001 '**' 0.01 '*' 0.05 '.' 0.1 ' ' 1

Residual standard error: 0.03942 on 1 degrees of freedom
Multiple R-squared:  0.9999,      Adjusted R-squared:  0.9998
```

从该输出可以看到 X1 的系数估值非常接近 2，X2 的系数估值几乎为零，截距在 1 以上，所以结果符合期望。

其他结果包括标准误差、p 值、R-squared 等拟合优度指标，还有系数的显著性以及其他用来判断模型优劣的统计结果。

脚本的最后一行预测输入数据框中数据点的 y 值，在这种情况下，它与训练模型的数据相同。函数 predict 输入 data 中的变量 X1 和 X2，根据模型 linearModel 输出 y。下面是打印输出的内容：

```
> predict(linearModel,data)
    1        2        3        4
3.021152 4.976159 6.985002 9.017687
```

四个值中每个都是模型对各数据点的预测。可以看到，该值非常接近训练模型用的 y 值。

Python 中的线性回归

Python 有多个线性回归软件包，这为前面总结的软件选择提供了好机会。根据所收集的信息，在 sklearn 软件包中，LinearRegression 对象可能最流行，而在模型拟合摘要方面不如 R 函数实用。但在 statsmodels 软件包中，linear_model 对象可以输出更为翔实的摘要，所以我选择使用这个方法。

下面是面向对象风格的代码，脚本中创建的两个主要对象分别是 linearModel 线性模型和 results 结果。调用这些对象中的方法来创建模型，拟合模型，输出结果摘要，并且像 R 脚本一样作出预测。如果不熟悉面向对象的编程，下面的代码看起来似乎有些奇怪：

```
import statsmodels.regression.linear_model as lm
```

```
X = [ [ 1.01,  0.0, 1 ],
      [ 1.99, -2.0, 1 ],
      [ 2.99,  2.0, 1 ],
      [ 4.01, -1.0, 1 ] ]
y = [ 3.0, 5.0, 7.0, 9.0 ]

linearModel = lm.OLS(y,X)
results = linearModel.fit()
results.summary()

results.predict(X)
```

注意我是如何创建变量 X 和 Y 的。在拟合模型时，这些值列表被强制转换成相应的数组 / 矩阵。也可以用来自 pandas 软件包的数据框，但我选择不用。我在 X 数据列的右边增加了 ls 列，因为该模型不会自动添加截距值。当然还有其他更优雅的增加截距值的方法，但为了清晰起见我没有使用它们。

创建数据对象后，脚本执行与 R 脚本相同的步骤：用 statsmodels 软件包中的 OLS 类创建模型，用对象中被称为 linearModel.fit() 的方法拟合模型；打印结果摘要；根据原来的 X 值预测 y 值。

调用方法 results.summary() 输出结果如下：

```
OLS Regression Results
==============================================================================
Dep. Variable:                      y   R-squared:                       1.000
Model:                            OLS   Adj. R-squared:                  1.000
Method:                 Least Squares   F-statistic:                     6436.
Date:                Sun, 03 Jan 2016   Prob (F-statistic):            0.00881
Time:                        13:45:54   Log-Likelihood:                 10.031
No. Observations:                   4   AIC:                            -14.06
Df Residuals:                       1   BIC:                            -15.90
Df Model:                           2
Covariance Type:            nonrobust
==============================================================================
                 coef    std err          t      P>|t|  [95.0% Conf. Int.]
------------------------------------------------------------------------------
```

以上的结果给出了许多与R脚本的摘要相同的统计指标以及一些其他信息。更重要的是两种方法给出了一致的结果。

8.4.2 创建自己的方法

作为学术界的研究人员，我在生物信息学领域主要研发用于分析各种系统和数据的算法。因为该领域很新，所以无法在软件包中找到合适的方法，尽管在某些情况下能找到一些可用的方法来辅助参数优化和模型拟合。

创建新统计方法可能很费时，而且我不建议这么做，除非你自己很清楚，或这是你的工作。如果必须做，知道从哪里开始会非常有帮助。一般来说，从统计模型的数学定义开始，看起来可能像上一章描述过的模型，它包含了模型参数概率分布的多个定义，例如：

$$x_{n,g} \sim N(\mu_g, 1/\lambda)$$

对模型及其所有参数及变量都做类似的定义，然后将定义转换成可用于寻找最佳参数值或分布的似然函数。

似然函数利用数据计算参数值，将每个数据点的概率分布函数的数学定义相乘得到似然函数。因为概率密度通常很小，乘积会是非常小的数值，所以通常最好取每个数据点的似然函数对数，然后累加。由于似然函数对数的最大值与同一数据点似然函数本身的值相同，对数似然度总和的最大值相当于似然度乘积的最大值。事实上，大多数软件和算法都设计成利用对数来处理概率和似然性。

一旦有了联合似然和对数似然的数学定义，就可以用数学函数库和语言直接将其转换成软件。可以简单地研发软件功能，输入参数，输出基于数据的对数似然率。这个函数在软件中的表现应该和对数似然函数在数学中的表现一样。

现在有了软件版本的联合似然函数，可以用第 7 章讨论过的算法之一找到最佳参数值或分布，这些算法是：最大似然估计（MLE）、最大后验概率（MAP）、期望最大化（EM）、变分贝叶斯（VB）或马尔可夫链蒙特卡罗（MCMC）。大多数统计软件都有 MLE 方法，采用优化例程最大化联合似然函数。对简单模型很容易实现，但对复杂系统很难。

使用 MAP 方法意味着必须回到模型方程，并在数学上计算参数后验分布的可能性。然后用与 MLE 大致相同的方法最大限度地提高后验分布。构造后验分布不是件小事，在尝试之前可能要参考贝叶斯模型的资料。

EM、VB 和 MCMC 通常也像 MAP 一样依赖后验分布。许多软件工具已经实现了 MCMC，所以有可能把那些方法直接用于参数估计的后验分布，尽管已经有人创建软件来简化过程，但 EM 和 VB 通常必须编写自己的模型拟合算法。研发 EM 和 VB 等算法的困难也可能是 MCMC 受欢迎的主要原因之一。成功构建 MCMC 并不容易，但一旦完成就可以让原始的计算能力取代其他两个算法需要的人工编程。

练习

继续在第 2 章中描述的脏钱预测个人理财应用场景，并与前面几章练习相关联来尝试回答以下的问题：

1. 在项目中可以完成预测计算的两个最佳软件是什么？为什么？每个软件的缺点是什么？

2. 问题 1 中的两个选择是否具有内置的线性回归函数或其他时间序列预测方法？分别是什么？

小结

- 统计软件是理论统计模型的实现；理解二者之间的关系对于认识项目非常重要。
- 从电子表格、中级统计工具直到统计编程语言和库，有大量软件可用于数据科学。
- 电子表格对简单任务，有时甚至对数据科学家都有用。
- 市场上有几个不错的中级统计工具，各有利弊。
- 编程并不难，但确实需要时间来学习，它为数据统计提供了最大的灵活性。

第 9 章　辅助软件：更大、更快、更高效

本章内容：

- 有助于更有效地进行统计的非统计软件
- 一些与分析软件相关的流行并普适的软件概念
- 使用辅助软件的基本准则

图 9-1 显示了我们在数据科学过程中所处的阶段：用辅助软件优化产品。第 8 章所涵盖的软件工具功能非常广泛，但我主要关注每种软件的统计功能。软件可以做的事远远不止统计。特别是，许多工具可用于有效地存储、管理和移动数据。有些软件几乎可以使各种计算和分析更快和更容易管理。本章将介绍一些常用和有益的软件，从而使数据科学家的生活和工作更加便利。

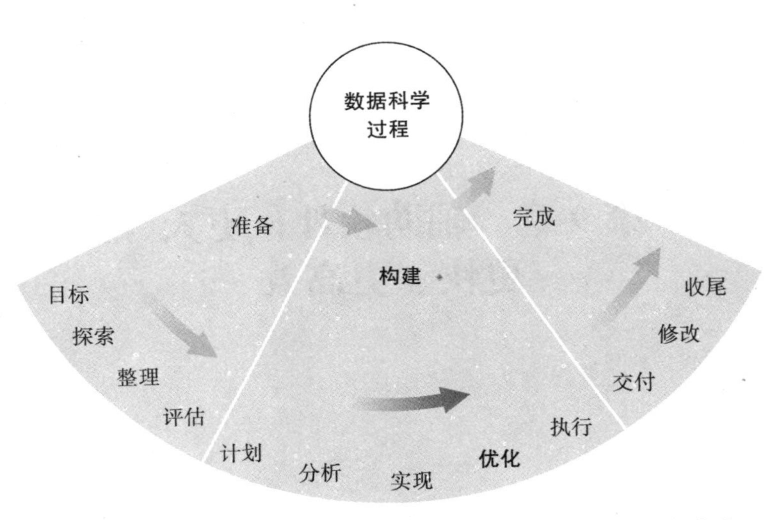

图 9-1　数据科学过程构建阶段的重要方面：利用辅助软件优化产品

9.1　数据库

第 3 章讨论了数据库的概念，它可以作为数据源的一种形式。数据库很常见，在项目过程中用到的机会相当高，特别是当你要用的数据经常被别人使用的时候。除了偶尔理所当然地使用别人的数据库，更值得为项目建立相关的数据库。

9.1.1　数据库的类型

数据库有许多不同的类型，每种数据库都以自己的方式来存储数据并提供数据访问。但所有数据库设计得都比标准的基于文件的存储效率要高，至少对于某些应用而言。

目前，常见的数据库类型是关系型和面向文档型数据库。虽然我不是数据库模型和理论专家，但我尽量从认识和互动的角度描述这两种类型的数据库。

关系型数据库

关系型数据库的一切工作都与表有关。关系型数据库中的表通常可以看作二维表，例如在电子表格中包含行和列的表，行列交叉的单元格包含数据元素。

关系型数据库的强大之处在于能够容纳许多表，而且这些表以清晰的方式相互关联。因此能以最佳的方式执行来自多个表和不同数据类型的复杂查询，与原始的扫描查找方式相比，查询匹配数据的工作往往能节省大量时间。

关系型数据库已经流行了几十年，占主导地位的用于构建查询的语言是 SQL（结构化查询语言）。虽然其他的关系型数据库确实也存在着查询语言，但是 SQL 实际上已经无处不在。总之，你可以使用 SQL 查询许多不同类型、品牌和子类型的关系型数据库；因此，如果你熟悉 SQL，就可以马上在不熟悉的数据库上开始工作，而不需要学习新的查询语法。另一方面，并非所有基于 SQL 的数据库都使用完全相同的语法，因此，可能需要做一些调整以适应新数据库特定的查询语法。

面向文档型数据库

在某种意义上，面向文档型数据库是关系型数据库的对立面。关系型数据库有表，而面向文档型数据库有文件，这种对立情况的存在司空见惯。

文档可以是一组所谓的非结构化数据，例如电子邮件的正文以及一组结构化的识别信息，如电子邮件的发件人和发送时间。它与数据存储的键值概念密切相关，其中数据根据几个键加以存储和编目以便于检索。键通常选择作为数据点的字段，可以在查询时使用，例如身份证、姓名、地址和日期等。可以把数值当成存储在键旁边的有效载荷，它可以是一堆杂乱无章的数据，因为通常不会用值来查询数据。

原始文本、未知长度的列表、JSON 对象或其他不太适合表的数据通常比较适合用面向文档型数据库处理。为了有效查询，每块非结构化数据将与一些结构化的识别信息相匹配，因为数据库处理结构化数据比非结构化的效率要高很多。

因为面向文档型数据库是关系型数据库的对立面，所以经常用术语 NoSQL 来称呼它们。你会发现其他类型的 NoSQL 数据库，但面向文档型是其最大的子类。

除了总体上更灵活但可能比关系型数据库效率低以外，面向文档型数据库有自己的优势。从流行的 Elasticsearch 数据存储可以看到这种优势。Elasticsearch 作为面向文档型开源数据库，是建立在开源 Apache Lucene 基础上的文本搜索引擎。Lucene 和 Elasticsearch 善于分析文本、查找单词和单词组合，并统计这些词的出现频率。因此，如果你正在处理大量的文本文档，需要研究单词和短语的出现频率，很少有其他的数据库会像 Elasticsearch 这样高效。

一般来说，通用规则是按照键而不是值来查询数据库，但用原始文本来查询 Elasticsearch 或类似数据库是个例外。Lucene 在文本索引上做得如此之好，以至于我们可以按照文本中的词语进行查询，这种做法更像其他按键搜索的数据库。

其他类型数据库

如果正在处理一种特定类型的数据，而这些数据既不是表也不是文档，那么关系型或面向文档型数据库可能都不是理想的工具，这时就需要寻找适合该数据类型的数据库。例如，在社交网络分析项目中，用图数据库处理图数据更高效。Neo4j 是一种流行的图数据库，它善于处理事物之间的连接（如社交网络中的人），使图数据的存储、查询和分析更容易。还有很多其他适合处理各种不同类型数据的数据库例子，但在这里我们不做深入讨论。上网进行搜索就能很快找到正确的方向。

9.1.2　数据库的好处

数据库和其他相关类型的数据存储比将数据存储在计算机文件系统上有更多的优势。大多数情况下，数据库可以提供比文件系统更快的数据访问，也能以优于文件系统的简洁方式完成大规模和带冗余的扩展。本节将简要介绍数据库的一些主要优点。

索引

数据库索引是一组可以为所有数据生成映射图的软件技巧，目的是快速、方便地找到数据。索引就是建立这种映射关系的过程。它经常利用磁盘和内存来有效地提高整体效率。

相对于没有索引，有索引的代价是磁盘和内存空间，因为索引本身占据空间。我们常常要在效率较高但占用较多空间的索引和效率较低但占用较少空间的索引之间做选择。最佳的选择取决于想要解决的问题。

缓存

一般来说，缓存是把经常访问的某些数据保留在方便访问的地方，所以可以提高整体效率。当某些数据常被访问时，可以通过把常用数据放在手边从而减少整体的平均的访问时间。如果常用数据的访问时间非常短，那么需要较长时间才能找到偶尔或很少访问的数据就不是个大问题。数据库经常会找出那些常用的数据并把它们留在手边，而不是和其余数据一起放回原位。像索引一样，缓存也要占用空间，你要决定为缓存分配多少空间，因为这反过来又决定了它的效率。

扩展

许多类型的数据库可以分布在多台机器上，因此可以访问很多磁盘，但与把数据存储在磁盘文件上相比，这并不是明显的优势。分布式文件系统上的数据库的优势在于协调。

如果数据分布在多台机器的许多磁盘上，那么必须跟踪你的数据存放在哪里。分布式数据库可以自动完成这些任务。分布式数据库通常由分片或数据块组成，每个数据块都存在单一位置。中央服务器负责管理不同分片之间的数据访问和传输。额外的分片可以根据数据库配置，用来扩大数据库的潜在规模，或存储其他地方复制过来的数据。

并发

如果两个不同的计算机进程试图同时改变相同的数据，那么这种改变称为并发，而寻找数据合适的最后状态通常称为并发处理。数据库对并发的处理通常比文件系统要好。具体来说，如果两个不同的进程试图同时创建或编辑同一文件，可能会出现很多错误，也可能毫无问题，但这有时是个大问题。一般来说，要竭尽所能避免文件系统的并发，但有些类型的数据库为解决冲突提供了方便的解决方案。

聚合

数据库索引可用于查询数据以外的任务。数据库通常提供用于聚合匹配全部数据的功能。它能够以比代码快得多的速度完成数据相加、相乘或汇总任务，因此可能有助于推动数据库汇总从而提升整体效率。

例如，Elasticsearch 可以很方便地计算数据库中某个术语出现的频率。如果 Elasticsearch 没提供这个功能，就必须先查询出所有出现术语的地方，然后计算出现的次数，再除以文档总数。这似乎看起来不是问题，但如果要计算成千上万次就是一个大问题了，让数据库以优化和高效的方式来计算频率可以节省大量的时间。

抽象的查询语言

查询数据库中的某些数据，涉及用 SQL 这样的数据库可以理解的查询语言来构建查询。虽然必须为使用新数据库而学习新的查询语言会有些烦，但这些语言可以把查询所依赖的搜索算法抽象出来。如果数据存储在文件系统而不是数据库中，或者要搜索满足某些条件的数据，那么每次都必须写算法遍历所有文件来检查数据是否满足条件。但有了数据库之后就不必再担心具体的搜索算法，因为数据库会处理它，而查询语言通常为搜索提供了简明可读的描述，并由数据库来执行。

9.1.3　如何使用数据库

包括 Excel 在内的大多数软件都可以与数据库连接，但有些软件做得更好。流行的编程语言都配备了库，或用于访问所有最受欢迎的数据库的软件包，我们需要参考文档来学习如何使用，一般来说，必须掌握以下的知识：

- 创建数据库
- 加载数据到数据库
- 配置和索引数据库
- 用统计软件查询数据

虽然数据库各有不同，但是一旦习惯使用其中的几种，便会了解其相似之处，并能迅速掌握。每种类型的数据库都能找到介绍它们的参考书，所以问题只是如何找到合适的数据库并使用它。关于 NoSQL 数据库的书籍可谓汗牛充栋，类似有 McCreary 和 Kelly 合著，2013 年由 Manning 出版的《Making Sense of NoSQL》一书，可以能帮你理清所有 NoSQL 数据库的功能和选项。

9.1.4　什么时候使用数据库

如果访问文件系统的数据速度缓慢而且不够便捷，那么就要考虑尝试数据库了。当然这也取决于如何访问数据。

如果代码常常需要成千上万次地搜索特定的数据，那么数据库可以大大加快访问速度，缩短代码的整体执行时间。例如，从文件系统切换到数据库有时可以使代码的整体执行时间成数量级地缩短，曾经有个项目在切换后执行速度加快了 1000 倍。

如果数据在文件系统上，但是大多数的处理主要是从上到下遍历全部，或者不太经常搜索，那么数据库可能不会有太大的帮助。数据库适合用于查询符合特定条件的数据；如果不需要在数据中查询、搜索或者跳转，那么文件系统可能是最佳的选择。

有时抗拒使用数据库的原因是它增加了软件和项目的复杂性。运行数据库至少是在项目中增加了一个需要认真维护的可变动部分。如果需要把数据搬到多台机器或多个地点，或者担心没有时间配置、管理和调试另一种软件，那么创建数据库不是最好的选择，因为它需要一定的维护工作。

9.2　高性能计算

高性能计算（HPC）是指做大量计算并且尽可能快速地完成。有些情况下，需要一台高速计算机，其他情况下，可以拆分工作然后利用多台计算机分别处理。在这两种情况中间有一些中间地带。

9.2.1　HPC 的种类

除了考虑使用一台还是多台计算机以外，也可以考虑使用擅长某些任务的计算机，或以某种有用的方式组织起来的计算机集群。接下来我们分别加以介绍。

超级计算机

超级计算机是一种运行速度非常快的计算设备。世界范围的超级计算机冠军头衔声誉显赫，但迎接技术挑战并取得荣誉的困难也不小，而且往往无功而返。

一台新的超级计算机计算出结果的速度可能比个人计算机快几百万倍。能使用超级计算机这件事非常值得考虑，但不是所有人都有这样的机会。

大多数有 IT 部门的大学和面向数据的大型组织虽然没有超级计算机，但它们有功能强大的计算机，如果你问对了人，那么有可能使你的计算速度加快 100 倍或 1000 倍。

计算机集群

计算机集群通常是一组在本地网络上相互连接的计算机，在进行计算时通过配置相互协调共同完成工作。与超级计算机相比，使用计算机集群时，计算任务可能需要明确并行或分割成独立的任务，这样集群中的每台计算机可以完成部分工作。

取决于集群、计算机类型及其所执行任务，集群中的计算机有时能有效沟通协调，有时则不能。有些类型的商用计算机集群（HTCondor 是统一的流行软件框架）不关注优化个别机器，而是关注最大化集群可以完成的工作总量上。其他集群类型在性能方面高度优化，通过聚合使其处理能力可以匹敌超级计算机。

与超级计算机相比，集群的缺点是可用的内存容量。在超级计算机中，通常有巨大的内存池可用，可以把庞大复杂的结构加载在内存中，这比试图将该结构存储在磁盘或数据库中要快得多。在集群中，每台计算机只有自己可用的内存，因此每次只能加载复杂结构的一小段。磁盘读写会花费时间并影响整体性能，并且很大程度上取决于具体的计算。因此集群更适合进行高度并行的计算。

GPU

GPU（图像处理单元）是专门用于处理计算机视频图像的电子器件。每个计算机设备上的视频卡都包含 GPU。

视频处理的需求催生了 GPU，GPU 非常擅长执行高度并行的计算。事实上，由于有些 GPU 擅长某种类型的计算，因此它们比标准的 CPU 更受欢迎。几年前，研究人员通过购买视频游戏系统（比如索尼的 PlayStation）来构建集群，因为该系统 GPU 的计算能力大大高于价格相近的其他计算机。

9.2.2　HPC 的优势

HPC 的唯一优势就是速度快，它的计算比普通计算机快得多，普通的计算机计算被称为低性能计算。如果有机会使用 HPC，那么它将是取代普通 PC 完成所有计算的极佳选择。本章后面将讨论的云计算使每个人都用得起 HPC。不过，在使用云计算 HPC 中相当强大的计算能力之前，必须要考虑好资金成本。

9.2.3　如何使用 HPC

如果你知道怎么使用带有多核处理器的计算机，那么使用超级计算机、计算机集群或 GPU 与使用个人计算机非常相似。在通常使用的统计软件和语言中，如果有办法使用多核个人计算机，那么这些办法一般也可以很好地应用在 HPC 上。

在 R 语言中，我曾使用 multicore 软件包通过多核系统来并行执行代码。在 Python 中，我曾使用 multiprocessing 软件包来完成同样的工作。在这两种情况下，我都可以指定想要使用的处理器核数，每种方法都有在不同核上运行的进程之间共享对象和信息的概念。在进程之间共享信息和对象可能很棘手，特别是对新手而言，应该尽可能敬而远之。单纯的并行计算在代码和思路方面比较容易，但前提是能够以并行计算的方式实现算法。

根据我的经验，将代码提交给计算机集群与在自己的机器上运行类似。我向所在大学的同事们询问了提交任务到集群队列的基本命令，然后据此调整了代码。我可以指定想用的计算机内核数量以及内存大小，这两个参数会影响集群队列中任务的状态。该大学计算机集群的计算需求量并不大，排队既是必要的也有点儿游戏的意思。

在使用过程中，有时需要修改代码以明确使用特殊的硬件能力，特别是使用 GPU 时。具体细节最好咨询专家或通读文档。

9.2.4　什么时候使用 HPC

因为 HPC 比其他方案速度快，所以原则是能用则用。如果不用顾虑成本同时也不必修改太多的代码，就应该充分利用 HPC，这非常容易理解，但情况并不总是那么简单。在选择 HPC 的解决方案时，我会首先考虑代码的修改量，以及其他为使用 HPC 必须做的准备工作，然后计算可以节省的时间，并与准备工作所耗费的时间进行比较。如果项目时间充裕，那么不值得使用 HPC。如果采用其他方法需要一星期或更长的时间才能得出结果，而采用 HPC 一小时就能给出计算结果，那就值得采用 HPC。

9.3　云服务

几年前，云服务异军突起，势不可挡，经过几年的发展，云计算技术更加成熟。可以负责任地说，云服务还会继续发展。你可以选择云服务提供的按小时出租的计算能力，否则只有通过购买和管理整个机架的服务器才能获得相应的服务。

大型的云服务提供商多是大型科技公司，其核心业务是其他领域。亚马逊、谷歌和微软等公司在向公众开放云服务之前已经拥有了大量的计算和存储资源，但他们无法把资源用尽，因此决定出租过剩的产能并且扩大总容量。该决定给他们带来了一系列有利可图的业务。

9.3.1　云服务的种类

云服务所提供的相当于个人计算机、计算机集群或本地网络的功能，它们存在于世界各地，通过在线连接、标准连接协议和浏览器界面访问。

存储

所有主要的云服务供应商都提供文件存储服务，通常按每千兆字节每月收取费用，还有各种层次的存储。如果想更快地读写文件，需要支付更多的费用。

计算机

按小时付费访问给定配置的计算机可能是最直接的云服务。我们可以根据需要选择处理器的核数、内存量和硬盘大小；也可以租用大型机器，像使用自己的超级计算机那样用上 1 天或 1 周。虽然好的计算机花费较大，但价格每年都在下降。

数据库

作为云服务商提供的存储扩展，出现了云原生数据库服务。这意味着可以创建和配置自己的数据库，而不必关心数据库在哪个计算机或磁盘上运行。

基础设施不可见论可以减少一些数据库维护的麻烦，因为不用担心硬件配置和维护。此外，数据库几乎可以无限扩展，云服务商只需考虑涉及多少服务器和分片，然后根据数据库的读写访问次数以及数据的存储量收费。

网站托管

网站托管类似于租用计算机然后部署网络服务器，同时还能提供更多的附加服务。如果要部署网站或其他网络服务器，云服务可以提供帮助，而不必担心计算机及其配置。云服务商通常提供平台，如果能符合要求并且满足标准，网络服务器将会顺利地运行和扩展。例如，亚马逊网络服务允许平台使用 Python 的 Django 框架，以及 Node.js 框架部署网络服务。

9.3.2　云服务的好处

与使用自己的资源相比，使用云服务主要有两个好处，特别是当要采购本地资源时。首先，云服务不需要任何长期合约，只需要按照用量支付费用，在不确定到底需要多大容量的情况下会节省大量资金。其次，除非是财富 500 强公司，否则云服务能提供的容量要比自己能购买的大得多。如果项目的规模不能完全确定，云服务可以在存储量和计算能力方面提供极大的灵活性。另外，云服务还可以让你即刻开始自己的业务。

9.3.3　如何使用云服务

云供应商可以提供各种各样令人难以置信的服务，几乎能以无限的方式组合使用。首先创建账户，然后开始免费尝试基本服务。如果觉得好用，就可以付费增加用量。在大规模投入使用之前往往值得对类似的服务做比较。

9.3.4　何时使用云服务

如果没有足够的资源来充分满足数据科学的需要，就值得考虑云服务。如果所在的组织拥有自己的资源，那么在使用付费服务之前应尽可能先考虑本地的资源，这样成本更低。另一方面，即使自己有相当多的本地资源，如果不断遇到本地资源的限制，请记住云可以提供几乎无限的容量。

9.4　大数据技术

在过去的 10 年里，对于分析软件行业，“大数据”这个词比“云计算”更经常被人提起。但对大数据所描述的技术，理解的远比说的要少得多，这是让人遗憾的。

我将会按自己的理解讨论大数据，因为我不觉得有任何类似大数据的具体定义。从研发人员到销售人员，软件行业的每个人都在用这个词来为正在构建或兜售的软件树立形象，但对大数据到底意味着什么众说纷纭。我在这里要描述的不是他们提到大数据时意味着什么，而是当我提到大数据时它到底意味着什么。之所以觉得自己的想法很重要，是因为大数据在 2007 年进入市场时有革命性的意义，而我试图从概念中提炼出核心思想和技术。

我从来不使用大数据这个词来表示“大量数据”。因为对“大量”有争议，这种用法注定很快会过时。根据我个人的经验，10 年前 100GB 的数据很大；而现在 100TB 的数据属于常规。“大”永远是相对的，所以任何大数据定义必须具有相对性。

因此，我个人对大数据的定义是基于技术而不是基于数据的大小：大数据是一套软件和技术，旨在解决数据传输成为计算任务瓶颈的问题。每当数据集太大而无法移动时，在某种意义上，采用特殊的软件来避免必要的数据移动时，可以使用大数据的概念。

举个例子来说明。谷歌可以说是大数据技术背后主要的力量，它要定期处理巨量数据以支持搜索引擎这一主营业务。互联网空间广阔，许多系统在网页上发布广告，人们可以在互联网上找到自己需要的东西。因此谷歌需要保持最佳搜索效果，包括分析互联网上所有页面与其他页面链接的数量和强度。虽然不清楚现在这个数据有多大，但我知道它肯定不小。另外，这些数据在许多服务器上传播，而这些服务器可能位于许多不同的地理位置。为了产生以互联网为基础的搜索结果而分析所有数据，是在所有数据服务器和数据中心之间涉及大量数据传输的复杂协调任务。

聪明的谷歌意识到数据传输是造成计算速度下降的重要原因，并认为最小化传输可能是个好主意。然而，如何最小化是另外一个问题。谷歌所做的以下解释以及前面的大部分描述，是我从多年前谷歌发布的有关 MapReduce 和 Hadoop 这样的技术信息中推断出来的。我不知道谷歌到底发生了什么事，也不想声称读过与此相关的论文和文章，但我认为对以下假设的解释可以启发任何想知道大数据技术工作原理的人。如果是几年前，这对我肯定也会有所启发。

假如当年我在谷歌工作，意识到数据传输破坏了分析的效率，那么我会做些什么事呢？设计一个三步骤算法，最大限度地减少数据传输，同时仍然执行想完成的所有计算。

第一步是对本地服务器上每个数据库的每个数据进行初步计算。本地的计算结果中，除去其他的，会有一个属性表明该数据属于哪组。在联机搜索术语中，该属性对应于互联网的某个角落（很可能是一个网页），将会在该角落发现该数据。网页倾向于链接到相同角落内的其他页面，而不是其他角落里的网页。对于每个数据，一旦确定互联网角落的属性，就进入谷歌算法的第二步。在 MapReduce 框架中，该步骤被称为 map。

第二步，调查数据的新属性，同时最小化不同地理位置之间的数据传输。如果角落 X 的大多数数据在服务器 Y 上，步骤二将把所有角落 X 的数据发送到服务器 Y。因为大部分数据已经在服务器 Y 上，所以只有小部分角落 X 的数据需要传输。这个步骤俗称 shuffle，如果做得巧妙，可以显示出大数据技术最受欢迎的主要优点。

第三步，对具有共同属性的所有数据统一进行分析，产生共同的结果及一些个别的结论，该结论会考虑具有相同属性的其他数据。这一步是分析在角落 X 的所有网页，所得出的结果不仅是关于角落 X，也是关于角落 X 的所有页面以及相互之间如何关联。这个步骤就是所谓的 reduce。

概括一下这三个步骤：首先，有些计算在本地的每个数据上完成，数据被映射到属性；然后按照每个属性聚集数据，尽可能减少数据传输；最后，把每个属性的所有数据减少为一组有用的结果。理论上，MapReduce 范式是许多（但不是所有）大数据技术的基础。

9.4.1　大数据技术的类型

Hadoop 是 MapReduce 范式的开源实现，该软件出现后非常受欢迎，但在近几年似乎乏善可陈。Hadoop 最初用于批处理，由于其成熟性，其他声称实时的大数据软件工具开始被取代。它们的共同之处在于都认为过多的数据传输不利，所以尽最大可能在本地完成数据处理。

有些大数据概念已经引导数据库向明确使用 MapReduce 范式及 Hadoop 实现的方向发展。Apache 软件基金会的开源项目 HBase 和 Hive 等都明确依赖 Hadoop，为规模极其庞大的数据库提供强大的功能，这些都是不以你的意志为转移的。

9.4.2　大数据技术的好处

大数据技术的目标是减少数据传输。在数据规模庞大的情况下，该技术大显身手，可以节省大量时间与金钱。

9.4.3　如何利用大数据技术

这个问题很大程度上取决于技术。通常它们在小规模设备上模仿非大数据的版本，稍加配置就可以像使用标准数据库那样使用大数据数据库。

其他技术，特别是 Hadoop，需要大费周章。Hadoop 和 MapReduce 的实现需要定义步骤 1 的 mapper 和步骤 2 中的 reducer。经验丰富的软件研发者在编码实现这些基本版本时不会有问题，但在实现和配置过程中可能会碰到麻烦，所以要小心。

9.4.4　什么时候使用大数据技术

当计算任务与数据传输紧密相关时，大数据会助力效率提升。但使用大数据软件时要比本章所描述的其他数据技术付出更多的努力，才能够成功地运行。只有在有时间和资源去摆弄这种软件及其配置，并且肯定能够从中获得可观的效益时，才应该动手去做。

9.5　XX 即服务

显然这不是真的，但我经常觉得它是。在读软件描述文档时，不碰上 SaaS（软件即服务）、PaaS（平台即服务）、IaaS（基础设施即服务），或者其他什么即服务的机会很小。虽然是开玩笑，但对软件业来说，把许多东西作为服务对外提供是很潮流很时髦的事。租用服务的目的是取代自己做，寄希望于所提供的服务比自己做更好或更有效率。

在现实生活中以及软件方面，我非常喜欢让别人来完成自己不想做的标准化任务。在今天互联网连接的经济中，可作为服务的任务越来越多，没有理由希望这种趋势会很快放缓。虽然本节不讨论任何具体的技术细节，但强调可以通过租用更多常用服务来简化软件研发和维护任务。从硬件维护到数据管理、应用部署、软件互操作性甚至机器学习，可以让别人来处理一些处在构建阶段不那么重要的工作。需要注意的是，应该相信所租赁的服务，当然建立信任可能需要一些努力。稍做一些网上搜索就能找到甩掉某些工作的有用信息。

练习

继续第 2 章首次描述并与前面章节相关的脏钱预测个人理财应用场景练习，试着回答下列问题：

1. 有哪三种辅助性软件产品可能会在本项目中使用？为什么？

2. 假设 FMI 的内部关系型数据库运行在单机上，每晚把数据备份到远程服务器。分别给出该架构的一个优点和一个缺点，并说明原因。

小结

- 虽然有些技术不属于统计软件范畴，但它们有助于使统计软件运行更快、更具可扩展性、更高效。
- 配置良好的数据库、高性能计算、云服务和大数据技术，在分析软件行业均有一席之地而且各有利弊。
- 在决定是否应该开始使用这些辅助技术时，最好问一问下面这个问题：目前的软件技术是否存在严重的效率低下或者限制？
- 迁移到新技术需要耗费时间和精力，但是如果有令人信服的理由还是值得的。
- 关于云服务和大数据技术有很多炒作，但并非对每个项目都极其有用。

第 10 章　执行计划：汇总

本章内容：

- 把第 7 章的统计和第 8、9 章的软件付诸行动的技巧
- 什么时候修改第 6 章提到的计划
- 理解结果的意义及其与实用性的关系

图 10-1 显示了执行构建产品计划在数据科学过程中所处的位置。在之前的三章中，我介绍了统计学、统计软件和一些补充软件。这些章节为数据科学家提供了在项目过程中对可用技术选项的分析，但这并不是前面章节中数据科学过程的继续。因此，本章将通过讲解如何从制定计划（第 6 章）到应用统计（第 7 章）和软件（第 8 章和第 9 章）以便取得良好的效果，并把你带回到那个过程。本章会给出一些有用的策略，指出一些潜在的陷阱，并对好结果可能意味着什么做出必要的解释。最后，我将剖析早期职业生涯中的一个项目，应用在过去和当前章节中学到的知识。

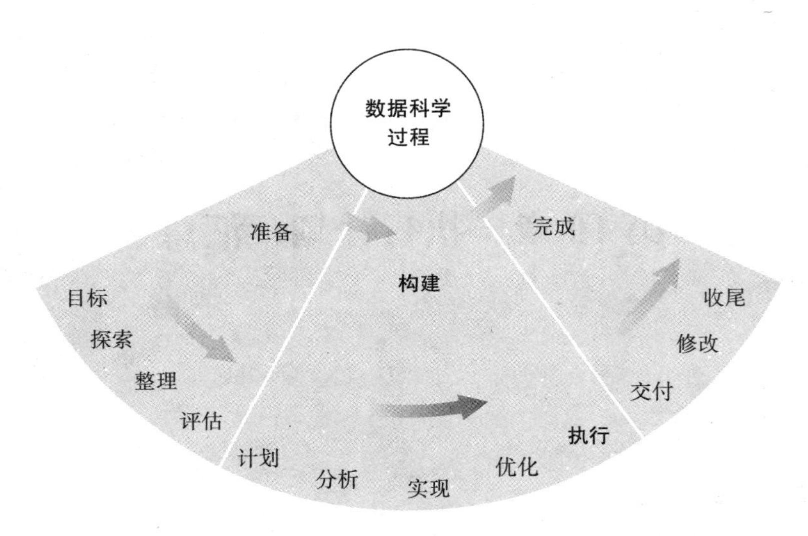

图 10-1 数据科学过程构建阶段的重要方面：谨慎小心地执行计划

10.1 执行计划的诀窍

第 8 章和第 9 章讨论了与统计应用相关的各种软件，何时、何处使用何类软件会取得最佳效果，以及如何考虑软件与打算要做的统计之间的关系。但构建软件的过程是另一码事。即使确切地知道想要构建什么以及希望看到的结果，构建该类软件的过程可能仍然充满障碍和挫折，尤其是在试图构建的软件工具非常复杂的情况下。

大多数软件工程师可能都很熟悉构建复杂软件所要经历的艰难困苦，但他们对构建处理可疑数据的软件所要遇到的困难也许并不熟悉。统计学家可能了解脏数据，但对构建高质量的软件或许并没有什么经验。同样，与项目相关的每个不同角色的人均有可能拥有不同的经验和训练，期待为应对不同事物做好准备。作为本书始终强调的项目意识，我将简要地描述不同人所面对的不同类型的困难和经验，以及防止问题发生的可能办法。我不假设自己知道别人在想什么，但根据我的经验，背景相似的人往往会犯类似的错误，我会在此描述这些错误并希望能对你有所帮助。

10.1.1　统计人员

如果你是了解脏数据的统计学家，那么你应该知道偏见和夸大的结果意味着什么。因为这些都是你熟悉的东西，所以天生就对它们保持警惕性。另一方面，你可能没有太多构建商业软件的经验，尤其是生产软件，我所指的是客户直接用来了解数据的软件，生产软件可能会有许多出错的机会。

请教软件工程师

统计学家是一群聪明人，他们可以在短时间内学习和应用大量知识。对聪明人来说，当需要新技术时，他们会主动去学习并相信自己有能力可以正确地使用。如果自己创造的东西自己使用或成为基本原型，那很伟大。但如果担心缺陷和错误对项目和团队产生重大的负面影响，那么最好在构建分析软件之前、期间和之后请教一下软件工程师。如果没问题，软件工程师会竖起大拇指称赞设计或软件的伟大。更可能的是，若工程师稍加注意，他们会指出某些可以改进的地方，使软件更加健壮，不至于因为未知原因而失败。假如没有软件工程师，那么自己构建生产软件，如同没有受过木工或建筑方面训练的人为你的房子铺地板一样。你可以从书本和其他参考资料中学到大部分需要知道的东西，从理论上讲，把木头、钉子和接头放在一起可能会有些乱。因此确保向有实际动手经验的人请教非常有益。

彻底测试软件

如果打算把软件交给客户直接使用，他们肯定会想方设法弄坏它，很难消除所有的错误和处理好所有可能的边界情况。但如果把软件交给与客户有类似背景的同事，同时告诉他们从所有方面使用工具并尝试弄坏它，那么有可能会发现那些最明显的错误和问题。更好的安排是把软件交给几个人，让他们分别使用并尝试弄坏。通常这被称为缺陷大扫荡，但可以把它扩展到缺陷之外的用户体验领域以及软件的一般用途。这里不应该对反馈掉以轻心，因为如果同事能够在几小时发现错误，几乎可以保证顾客发现它的速度会比这快两倍，而且还要耗费时间、损失金钱和破坏声誉。

顾客要花很多时间

如果你以前从未向客户交付过软件，那么可能会感到目瞪口呆。大量客户你若不提示，他就不使用；而使用软件的客户又会提出大量的问题，并且把软件说得一无是处。

如果希望人们使用软件，那就需要与客户在一起多花些时间，以确保他们对软件使用感到满意而且能够正确地使用。这意味着根据实际情况，你可能需要发电子邮件、打电话或亲自出现。数据科学项目经常取决于是否能成功地使用新软件，而且客户可能并不完全了解以数据为中心的新解决方案对未来的影响，因此需要你引导他们到正确的道路上去。

顾客不断地找麻烦是个好兆头，这意味着他们已经开始使用软件，并且真心希望软件能够正常工作。不好的是要么有太多问题，要么不知道如何正确使用。这两个问题可以由你或团队中的其他人来解决。所以说提前意识到客户对维护的需要至少要和对软件的需求一样重要。

10.1.2 软件工程师

如果你是软件工程师，那么需要了解什么是软件研发的生命周期，并且知道应该在部署和交付之前如何测试软件。然而你可能对数据本身以及数据如何破坏漂亮的程序逻辑知之不多。如前所述，不确定性是软件工程师的大敌，而且在数据科学中的确不可避免。不管有多好的软件设计和研发，数据最终都会以某种你未想到过的方式破坏应用。因此，需要以新的思维模式来构建软件，并提高错误和缺陷的容忍水平，因为它们会经常发生。

咨询统计人员

软件工程师也是聪明人，他们能够掌握复杂结构的逻辑流和信息流。但数据和统计引入了逻辑和刚性结构本来就不善于处理的不确定性。统计学家精通预测和处理有问题的数据，如离群值、缺失值和损坏值。与统计学家谈话会很有帮助，因为会关注数据来源以及计划的用途。一旦软件开始运行，统计学家也许能够提供一些对可能出现问题的类型和边界的洞察。不咨询统计人员或以统计为导向的数据科学家，可能会忽略潜在的特殊情况，结果破坏软件或引起问题。

数据会破坏软件

软件工程师擅长集成不同的系统，让两个软件系统协同工作的关键是系统之间的通信协议。如果其中一个系统是统计系统，那么输出或状态通常无法保证满足特定的合同准则。特殊情况和边界数值可能使统计系统出现异常，当软件组件出现异常时，系统经常遭到破坏。在处理数据和统计时，最好能够提前做好准备，设想会出现最广泛的结果或状态，并且为其做好计划。如果觉得自己特别宽宏大量，那么可以在 try-catch 或类似的结构中包含统计语句，以便不破坏任何东西就可以处理、记录、报告奇怪或不可接受的结果，或将其提出来作为例外，采用其他看起来似乎合适的办法。

检查最终结果

这一步对大多数人来说似乎显而易见，但在时间有限的情况下，一般都会频繁地跳过它。我建议统计学家们请些人尝试破坏他们的软件，强烈建议软件工程师运行几个正在进行数据分析的完整例子，确保结果是 100% 正确。（其实每个人都应该这样做，但我希望统计学家们有足够的训练好自发地去做）这可能是一个冗长乏味的过程，以少量原始数据开始，并一直追踪到结果，但如果不做端到端的正确性测试，就无法保证软件可以做应该做的事。即使做了一些这样的测试也不能保证软件的完美，但至少知道得到了正确答案。要想提高测试水平，可以把端到端测试转换为正式的集成测试，如果将来修改软件，可以马上发现错误，因为集成测试将会失败。

10.1.3 初学者

如果你刚开始从事数据科学，没有统计学或软件方面的经验，首先，这对你有好处！这是向一个广阔领域迈出的一大步，需要很大的勇气。第二，要小心！如果头脑中没有本书强调的意识，你可能会犯很多错误。不过周边会有很多人可以帮你，比如公司的同事，类似的其他公司的人员，技术组织或互联网。由于某种原因，软件行业的人乐于助人。如果你能解释清楚项目和目标，那么任何有经验的人都可能会给你提出一些可靠的建议。不过最好还是听从我在这一章中给统计学家和软件工程师的建议。作为初学者，为弥补经验不足，在这个阶段应该有双重职责。

10.1.4　团队中的一员

如果你只是为这个项目而建立的团队中的一员，那么沟通和协调最为重要。不必对团队里发生的事情无所不知，但有必要清楚目标和期望，并确定有人在管理整个团队。

确保有人管理

我见到过团队没有经理或领导的奇怪情况。个别团队或许能成功，因为有时候每个人都知道问题是什么，继而各自处理自己的部分并完成任务，但这是罕见的。即便在这种罕见情况下，如果团队中每个人都在跟踪其他人正在做的事，通常也会效率低下。最好由一个人跟踪所有正在发生的事情，回答来自于团队或以外的任何人（例如客户）关于项目状态的问题。虽然不必要，但通常需要指定某个团队成员来跟踪所有与项目状态相关的东西。这个角色可以简单到做纪要，也可以复杂到像正式项目经理一样召集会议和设定截止日期。作为团队的一员，你应该知道这个人是谁，及其管理的程度。如果出现某些方面的管理缺失，可以找自己的上级或其他的负责人谈谈。

一定要有计划

如果有人同时在做两份以上的工作，那么很可能是某个老板不尽职。有些老板人很好，但效率不高，有些则恰恰相反。第 6 章讨论了如何为项目制定计划；如果你在团队中工作，很可能自己没有制定计划，但参与了关于应该做什么、什么时候做以及由谁来做的讨论，因此应该形成某种计划，而且你也应该知道谁在跟踪该计划。如果不是这么做的话，可能存在问题。组长或经理应该有计划并且能够根据需要去描述。如果计划不存在，语无伦次或存在问题，那么可能你要与团队领导展开严肃，甚至是很困难的交谈。虽然管理项目计划也许不是你个人的责任，但确保有人能以合理的方式履行管理职责将有利于整个团队。

期望要具体

在团队中工作，除了人事问题外，几乎没有什么比工作方向不明确更糟糕的事情了。如果不知道到底应该做什么和对结果有什么期望，那么很难做好工作。另一方面，虽然目标不清晰，但只要每个人都意识到了也可以。无论如何，如果对项目中自己负责的部分不太清楚，一定要提出问题并解决问题。

10.1.5　如何领导团队

如前一节所述，如果你是数据科学项目团队的一员，所有这些建议仍然适用。但如果除此之外还身居领导职位，就还要补充几点。

确保知道每个人在做什么

如果不知道团队整体在做什么，那么这个团队毫无意义。不需要每个人都知道所有的事情，但至少要有一个人应该知道几乎所有的事情，如果你是负责人，那这个人应该就是你。我不是在暗示事必躬亲，但我建议你要以积极的态度关注项目的每个部分。这应该能使你掌握团队和项目的状态，可以不必咨询任何人就能够回答关于项目最基本的问题。如果不能回答关于项目的时间安排和是否在某个期限能完成项目，那么你对团队的关注程度可能不高。关于更具体的问题，如实现细节，可以询问相关的团队成员。如果你是团队的领导或经理，在非团队成员（如客户）面前，成为团队的代表是你工作的一部分。

做计划的守护人

第 6 章讨论了制订项目计划的过程，针对不同的中间结果设计不同的路径和选择。如果项目不是特别复杂，而且已经有了计划，可能需要一些时间去了解计划的细节。如果团队中每个人在每次做决定时都要花时间去询问和了解计划，那么效率可能会很低。作为团队负责人，在项目过程中负责计划和解决所有与此相关的问题是个好主意。并不是说计划只属于你自己，事实上完全相反，应该采纳整个团队的建议来制订计划，团队成员仍然只拥有计划的某些方面，但团队负责人对整个计划以及团队状态应该完全熟悉。如果顾客问，“你们在研发过程的哪个阶段?”，你应该能够向他们解释计划概要，以及团队在这个计划框架所处的位置。

有智慧地授权

除了有计划以外，从事数据科学项目的团队需要把工作相对均匀地分配给最适合指定任务的人。软件工程师应该更多解决面向编程和架构方面的问题，数据科学家应该更多关注数据和统计，业务专家应该更多处理与项目的专业领域直接相关的东西，有一技之长的其他人应该更多完成与其技能最相关的任务。我不建议把每个人都限制在只做他们擅长的事情上，但是每个团队成员的专长和局限性与任务的划分有关。我曾经在由少数数据科学家和多数软件工程师组成的团队中工作，数据科学家被当成软件工程师使用，其结果不甚乐观。考虑一下团队的人员组成与要完成的工作之间的匹配关系就应该明白。

10.2　修改计划

第 6 章讨论了制定完成数据科学项目的计划。计划应该包含多个路径和选项，具体选择取决于项目的结果、目标和最后期限。不管计划多完美，随着项目的进展，应该总有机会修改。即使考虑到所有的不确定性，并且意识到每个可能的结果，计划范围以外的事还是可能会发生。改变计划最常见的原因来源于项目以外，计划的一个或多个路径或目标本身发生了改变。我将在这里对这些可能性做简要的讨论。

10.2.1　目标有时候会变化

项目的目标变化会对计划产生很大的影响。通常目标改变是因为顾客改变了主意，或由于某种原因通报了以前没有提到的信息。这是在本书第 2 章讨论过的普遍现象，客户可能不知道哪些信息对数据科学家很重要，所以信息收集和目标设定不像是讨论业务，而更像是在诱导启发。如果能在过程中向顾客提出正确的问题，那么可能离好的有用的目标不太遥远。但如果新的信息介入，改变计划可能是必要的。

因为最初的计划已经执行了一部分，如果目标发生了大幅度的改变，很可能有些可以展示的东西，如初步结果、软件组件等就没有什么用了，但你却很难说服自己抛弃它们。而在做未来的决定时，不应该再考虑以往构建系统的成本；在金融业，这部分费用被称为沉没成本，是无法恢复的成本，永远失去，无法挽回。因为金钱和时间已经花费了，任何将来的新计划都不应该再考虑它们。但已经产生的结果可能会有用，所以在制定新计划时一定要考虑。例如，已经构建了要使用的加载和格式化原始数据的系统，不论新旧目标这个系统可能都会有用。又例如构建了统计模型来回答基于最初目标而不是新目标的问题，那么可能要抛弃该模型重建。

目标改变时的主要焦点是像第 6 章描述的那样，要再次制订计划，但是这次有了些额外的资源，无论原始计划的完成部分中已经产生了什么，都必须要非常小心，不要让沉没成本及其惯性妨碍你做出正确的选择。一般情况下，非常值得再次正式地走一遍规划的过程，以确保项目过程中的各方面对所制定的新目标和新计划都有利。

10.2.2　困难可能比想象的更大

我遇到过许多这样的事。2008 年初，我在亚马逊网络服务（AWS）上使用 MapReduce 对生物信息学算法进行计算，R 语言写成的算法要处理复杂的逻辑而且计算量庞大，当时 AWS 的文档、教程和简单工具都比较少，MapReduce 相关的软件包亦是难寻。必须承认我当时相当天真，我花了很多时间也没弄明白如何在 AWS 上建立集群，更不清楚如何使用 R 语言，因此改变了计划。

当计划中你觉得相当简单的那一步变成了恶梦，这就成为改变计划的好理由。尽管这种改变通常没有目标改变对计划的总体影响大，但其影响仍然非常严重。有时你可以把困难的事情换成容易的事情。例如，搞不清楚如何使用 MapReduce，你可能会去使用计算集群并在那里进行分析；或放弃过于复杂的分析软件，改用比较简单的。

如果无法避免困难，比如没有可用的其他软件可以替换已经被证明难用的工具，那么很可能需要全面修改计划，所依赖的某个特定步骤必须修改或放弃。做出这个决定的关键是及早并正确地认识到这一点，而搞清楚怎么处理困难的事往往比做其他的事耗费更多的精力。

10.2.3　有时意识到做了错误的选择

我也经常这样做。为什么看起来很好的计划，但当取得了一些进展后，却似乎并不是那么好，其中有很多原因。例如以前没有意识到某些软件工具或统计方法，现在认识到它们是更好的选择；又或在开始使用某个工具后，才意识到以前没有发现的限制。另外一种可能性是对使用哪些工具有错误的假设或不良建议。

无论如何，如果开始认识到先前的选择和所包括的步骤存在问题，根据最新信息重新评估和制订计划永远都不晚。忽视纯粹的沉没成本，考虑迄今为止所有的进展是明智的。

10.3　结果：知道什么时候足够好

随着项目的推进，通常会看到越来越多的成果积累，这就给了确保项目的最后结果符合预期的机会。一般来说，数据科学项目涉及统计，对于结果的预期是基于统计显著性概念、实用性或适用性概念，或两者兼有。统计显著性和实用性往往密切相关，当然并不相互排斥。

请注意，本节所用的术语“统计显著性”，泛指一般意义上的精确度或准确度，从 p 值概率到贝叶斯概率，再到机器学习样本的准确率。

10.3.1　统计学意义

第 7 章提到了统计显著性，但关于选择显著性水平的指导相对较少，是因为在很大程度上适当的显著性水平取决于项目目的。例如，在社会学和生物学研究中，95% 或 99% 的显著性水平很常见。在粒子物理研究中，研究人员通常需要看到 5 个 sigma 的显著性才可以确认结果；作为参考，5 个 sigma 的显著性水平（五个标准偏差的平均值）约为 99.999 97%。

不同类型的统计模型和方法有不同概念形式的显著性，从置信水平到可信水平，再到概率。我不想在这里讨论每种显著性的细微差别，但强调显著性有多种不同形式，所有的显著性都是要表明如果再次分析或收集更多的类似数据，你会看到相同结果的确定性水平与显著性水平匹配。如果以 95% 作为显著性水平，在 20 个可比较的分析当中，19 个预期会得到同样的结果。这种解释并不适合所有类型的统计分析，但对于讨论其已经足够接近。

假设正在进行基因组项目，要寻找与新陈代谢相关的基因。假如为这个项目研发了一个不错的统计模型，并使用前面重复分析的

95% 显著性水平的概念，可以预计任何符合这个显著性水平的基因也能达到 20 次实验中 19 次会得到同样结果的显著性水平，而会有一个实验达不到显著性水平。假设基因真的与新陈代谢相关，这个不显著的结果将被视为假阴性，这意味着虽然结果是否定的（不显著），但实际上不应该如此。如果对成千上万个基因数据进行分析，你会看到很多假阴性。

另一方面，因为对每个基因只做一个实验和随后的分析，肯定有些基因与新陈代谢无关，但达到了 95% 的显著性水平。从理论上讲，这些基因大部分时间应该不会有显著性结果，但刚好有一次罕见的实验结果数据使其呈现显著性，这被称为假阳性。

在实践中，选择显著性水平意味着在假阴性和假阳性之间选择适当的平衡。如果需要将真实的东西呈现为阳性，那么就需要非常高的显著性水平。如果更关注在呈现阳性的一组中捕捉真实的东西（例如，所有真正与新陈代谢相关的基因），则较低的显著性水平更加合适。这是统计显著性的本质。

10.3.2　实用性

我所说的实用性与前面所描述的统计显著性非常相似，但更多地聚焦于打算如何处理结果，而不是纯粹信息的统计概念。下一步计划用分析结果做什么，应该对决定需要什么样的显著性水平起较大的作用。

在与新陈代谢相关基因的例子中，下一步可能是取一组呈显著性的基因，在每个基因上进行具体的实验，以在更高的精度水平上验证它们是否真的参与。如果这些实验耗费很多的时间和资金，那么你可能希望在分析中使用更高的显著性，以便做相对较少的后续实验，这些实验只针对确定了的基因。

在某些情况下，甚至可能就是本例，具体的显著性水平几乎不相干，因为你知道目的是要取一些固定数目的最重要的结果。例如，可以取 10 个最重要的基因来做随后的实验。如果取不超过 10 个基因的话，显著性水平在 99% 或者 99.9% 并不重要。低于 95% 的显著性水平可能不可取，如果没有 10 个基因能达到这一水平，那么最好只关注那些统计证据对它们有利的基因，至少达到最低的显著性水平。

你可以通过问自己这个问题来决定显著性水平：有了显著性结果以后下一步我要做什么？然后再通过回答下列问题来考虑打算要做的具体事情：

- 需要多少显著性结果？
- 能处理多少显著性结果？
- 假阴性的误差是多少？
- 假阳性的误差是多少？

通过回答这些问题，把答案与统计显著性知识结合起来，应该可以从项目分析中选择出一组显著的结果。

10.3.3　重新评估原来的准确性和显著性目标

项目计划可能包括实现统计分析结果的准确性或显著性目标。这些目标的实现将被认为是该项目的成功。参照上一节的统计显著性和实用性，在项目过程的这个阶段，值得重新考虑预期的显著性水平，概述原因如下。

现在有更多的信息

当项目刚开始的时候，所拥有的信息比现在少很多。所要求的准确性或显著性可能由客户决定，也可能由自己选择。但无论哪种情况，现在即将到达项目终点，而且有了一些真实的结果，可以更好地判断这种水平的显著性是否最有效。

基于现有的结果你可以问自己下面这些问题：

- 如果我把结果的样本提供给客户，他们会高兴或兴奋吗？
- 这些结果是否能够回答项目一开始所提出的重要问题？
- 客户或我是否可以根据结果采取行动？

如果对所有这些问题的回答都是正面的，那么情况很好，也许没有必要调整显著性水平。如果回答是负面的，那将有助于重新考虑阈值以及如何选择重要结果。

结果可能不是想要的

不管以前如何选择显著性水平，最终显著性高的结果可能有太多超出处理能力，或有用的结果太少。对结果太多的解决方法是提高显著性的门槛，对结果太少的解决方案可能是降低阈值，但应该小心处理下面几件事情。

因为希望更多或更少的结果，所以只要在不违反项目的任何假设或偏离目标的情况下，提高或降低阈值可能是一个好主意。例如，我们正在进行一个涉及把文档分类成与法律案件相关或不相关的项目，重要的是尽量不要有那些假阴性。把一份重要文件归类为不相关可能是个大问题。如果碰巧意识到分类算法漏掉了一两份重要的文档，降低算法的显著性阈值以包含这些文件确实会减少假阴性的数量。但它也可能会增加假阳性的数量，这反过来又需要更多的时间来手工检查所有的阳性结果。在这里，降低显著性水平将直接增加以后要完成的手工处理量，在法律场景中可能代价高昂。与其仅仅改变阈值，不如重新审视算法和模型，看看是否可以改善以更好地处理手头的任务。

本节的主要观点是，提高或降低显著性阈值是个好主意，可以任意减少或者增加显著性结果的数量，但是前提是它不会对项目的其他假设和目标产生负面影响。需要仔细考虑阈值变化所带来的全部可能因素，以避免问题的发生。

结果可能不如预期

尽管有时候有最好的打算，在考虑了所有的不确定性后，最终的结果看起来不像你预期的那样。一般来说，可能会有一组显著的结果，但似乎不是你所期待的。显然这是个问题。

潜在的解决方案是提高显著性的阈值，以确保最显著的结果确实符合预期。如果效果不错，那么只要不对项目产生其他的不利影响，就可以使用新阈值。如果效果不好，那么可能会有比显著性更大的问题，你可能也要重新审视统计模型并尝试诊断问题。

一般来说，当提高显著性水平时，好的结果应该和预期一致。例如，在法律的例子中，文档应该更加相关；在基因组的例子中，基因显然应该与新陈代谢更相关等等。如果不是这样的话，那最好调查清楚原因。

10.4　案例研究：基因活性测定协议

本章和前几章通过对我职业生涯早期项目的深入研究解释一些

概念。读完硕士学位并有了两年工作经验后，我决定回学校读博士学位。入学后，我很快就加入了维也纳的一个研究小组，其重点是为生物信息学的应用研发有效的统计方法。

我以前没有从事过生物信息学工作，但一直对生物学的基本语言（DNA 序列）感兴趣，所以我期待着挑战。我必须学习生物信息学和其他相关的专业，因为以前的编程经验主要是 Matlab 和 C，所以还要学习一些软件和编程工具方面的知识。但我得到了两个顾问和在实验室里共同工作的其他研究人员的支持，每个人在生物信息学、统计学和程序设计方面都有不同的经验。

刚在新办公桌前坐稳，顾问就拿着一个项目来到我面前。任务是关于要以比较严格的统计方式来比较微阵列的实验室协议。顾问已经考虑了实验设置以及可能应用于结果数据的数学模型，所以对初学者来说，已经迈出了很重要的第一步。项目结果是想知道哪个实验室的协议最好，我们打算把结果发表在科学杂志上，这不仅会影响实验室，也会影响到统计。

在完成这个项目的过程中，我学到了很多关于生物信息学、数学、统计学和软件等方面的知识，把所有这些知识放在一起正好与现在的数据科学领域契合。在本节的剩余部分，我将用本书前几章的概念来描述该项目，希望通过本案例的研究阐明在实践中如何工作。

10.4.1　项目

该项目的目标是，评估和比较几个测量基因表达的实验室协议的可靠性和准确性。每个协议都是从生物样品中提取供微阵列应用的 RNA 的化学过程。微阵列技术在过去十年大部分已经被高通量基因测序所取代，后者可以测量 RNA 样本中成千上万个基因的表达水平（或活动水平）。该协议为微阵列准备的 RNA 复杂性，以及每个微阵列所需要 RNA 输入量是不同的。按照协议研发者的说法，协议需要 RNA 的输入量范围从约一微克到几纳克，他们通常是私人公司，有可能在协议的可靠性方面误导研究人员，以便售出更多的成套工具。尽管如此，每个微阵列使用较少 RNA 还是有益的，因为提取和维持生物样品的成本可能很高。我们想在协议之间进行一场势均力敌的竞争，因为实验室将会使用这些协议，看看是否有哪些承诺的事情没有做，并且为了让有限的实验室预算发挥最大的功效。

我们总共有四个协议，其中一个众所周知，其是相当可靠的，而且最接近黄金标准。对于每个协议，我们将测试四个微阵列，假定的实验目标是比较雌雄果蝇的基因表达，果蝇是模范生物，生物学家对果蝇的理解要比大多数生物都好。雄性果蝇和雌性果蝇某些基因的表达差异较大，特别是那些与性发育和功能有关的基因，以及其他不应该有太大差别的基因。每组四个微阵列将以染色交换配置方式进行测试，这意味着雄性 RNA 在两个阵列上用绿色放射性染色，而另外两个阵列上用红色放射性染色；雌性 RNA 在每个阵列上以相反的颜色染色。最终，检验大约 10 000 个基因的微阵列，得出雄性基因测量值对雌性基因测量值的表达比率。

因为使用了一种类似黄金标准的协议，所以我们用它运行了四个微阵列中的两组。除了有两组可用的可靠协议与其他协议作比较以外，我们还可以对这两组进行比较，以验证协议的可靠性。如果这两组结果相差很大，就证明即使黄金标准协议也并不可靠。

此外，实验中的四个协议有两个所用的RNA比通常要求的要少，这样可以在公平竞争的前提下，比较这些协议与需要更少RNA的其他协议。四组微阵列对应四个协议，加上额外的黄金标准组和两组低RNA版本共计28个微阵列。这就是我们将要使用的全部数据集。

10.4.2　知识基础

项目开始时，我的数学和统计学知识至少可以达到硕士学位水平，同时掌握相当数量的Matlab知识；了解DNA和RNA转录的基本知识，以及细胞内基因翻译和表达的一般原则。在相对短的时间内，我也学到了关于项目描述的基本知识，包括微阵列如何工作以及如何进行实验配置。

10.4.3　需要学习什么

虽然生物信息学有很多东西要学，但奇怪的是并没有那么多必学的内容。我在相对较短的时间内学到了有关基因和微阵列的相关知识，但却碰到了以前没见过的数学和统计学方面的问题，而且我也不懂R语言，因为R语言具有生物信息学优势，所以其成为实验室编程语言的首选。

在数学方面，虽然我对概率和统计学非常熟悉，但从来没有建立和应用数学模型来处理数据的经验。我偏爱贝叶斯模型，而且还有专业的贝叶斯模型顾问指导，所以需要学习如何建立和应用贝叶斯模型。

在编程方面，我完全是 R 语言的初学者，但根据顾问的建议那是我要用的语言。R 语言库对加载微阵列数据的支持非常好，而且统计库也很全面，为了能在这个项目中使用，我需要大力学习 R 语言。

10.4.4　资源

除了两位顾问之外，我还有几位在生物信息学、数学、R 语言编程方面有丰富经验的同事。 我肯定自己处在学习 R 语言的良好环境中。当遇到问题或出现奇怪的错误时，我就大声问："以前有人遇到过这个问题吗？"，通常会有人评论甚至帮助我解决问题。同事们都非常乐于助人。每当我发现了自己认为其他人可能没见过的编程技巧时，就把这些技巧告诉小组的其他成员，以此偿还欠下的知识债务。

除了人之外，我们也有些技术方面的资源。最重要的是我们小组的实验室能够完成从开始到结束的整套微阵列实验。虽然微阵列并不便宜，但我们看起来有能力产生任何数量的分析数据。

在计算方面，我可以使用两所大学的服务器，每台服务器都有很多个 CPU 内核，因此计算速度比本地计算机快好几倍。我在编写代码时记住了这一点，所以能确保所写的一切代码可以在多个核上并行运行。

10.4.5　统计模型

在这个项目中可能会有相当多的变量在发挥作用，其中最重要的是真正的基因表达。该项目的主要目标是评估每个协议的测量结果与真实基因表达水平的匹配度有多高。我们希望在模型中有变量可以表示真实的基因表达。我们并没有完美的测量，最好的就是不尽完美的黄金标准，所以真正的基因表达变量必须是潜在的。除了真正的基因表达外，我们还需要表示协议产生的测量结果的变量。因为我们有数据，而且这些都是很明显的测量数量，虽然可能有相关的误差，毕竟在遗传水平上的测量通常有噪声。

除了真实的基因表达值及其不同的测量之外，还涉及几种类型的方差。通常，我们会在 RNA 样本中寻找不同的果蝇个体，取决于其基因组成，个体之间会有差异。在这种情况下，我们把所有的雌性果蝇样本混合在一起，对雄性果蝇也一样处理，所以不会存在生物学意义的误差。众所周知，测量具有相同生物样本的微阵列每次都不会产生相同的结果。这就是为什么对每个协议的微阵列我们要测量四组：获得每个协议技术方差的估计。较低的技术差异通常更好，因为它意味着对同一事物的多次测量会得出相近的结果。另一方面，较低的技术差异也并不总是好；如果协议完全失败，对于每个基因其会一直报告测量值为零，虽然技术差异是完美的零，但毫无用途。我们想要在模型中也使用技术差异的概念。

最终建立的模型假设每个协议的微阵列测量值是基于真实基因表达值呈正态分布的随机变量。具体来说，基因 g 的测量结果 $x_{n,g}$ 表示由黄金标准协议的微阵列 n 报告的基因表达值，而 $y_{m,g}$ 代表由另一个协议的微阵列 m 报告的表达值。公式如下：

$$x_{n,g} \sim N(\mu_g, 1/\lambda)$$

$$y_{m,g} \sim N(\mu_g+\beta, 1/(\alpha\lambda))$$

这里 μ_g 是基因 g 的真实基因表达值，λ 是黄金标准协议的技术精度（逆方差）。变量 β 和 α 代表协议与黄金标准的内在区别。β 代表允许可能调整的表达值；如果一个协议对所有基因的表达值过低或过高，我们希望允许这种情况存在（而不是惩罚），因为并没有直接暗示按比例缩小或扩大数字是错误的。最后，α 代表协议与黄金标准之间在技术上的差异，较高的 α 意味着协议的技术差异较低。

前面曾提到过我喜欢把每个变量都看作是随机变量，直到能说服自己才把值固定下来。因此，在上述概率分布中的参数也需要有如下所示的定义范围：

$$\mu_g \sim N(0, 1/(\gamma\lambda))$$

$$\beta \sim N(0, 1/(\nu\lambda))$$

$$\lambda \sim \text{Gamma}(\varphi, \kappa)$$

伽马分布以这样的方式与正态分布相关，从而使正态分布的方差参数方便而且有用。出现在方程中的其余还没有讨论过的模型参数 γ，ν，φ 和 κ，虽然并没有把它们当作是随机变量，但还是要小心地对待。

模型中每个参数距离数据至少有两步之遥，意味着它们都没有直接出现在描述观察数据 $x_{n,g}$ 或 $y_{m,g}$ 的方程式中。这样的参数通常被称为超参数。此外，这些参数能以非信息的方式使用，意味着它们的价值可以用来避免对模型的其余部分施加过大的影响。我试图让超参数不影响模型的其余部分，通过检查以确保情况确实如此。在找到最佳参数值后（见本章的模型拟合部分），检查以确保超参数的值几乎与模型不相关，而且结果涉及某种敏感性分析，即大幅度改变参数值，然后查看结果是否因此而发生改变。在这种情况下，即使把超参数乘以 10 或 1000 也并不会对结论产生显著性的影响。

我用几个段落和方程式描述了相当复杂的模型，但我是擅长形象思维的人，所以喜欢制作模型图。数学或统计模型的良好视觉表示以有向无环图（DAG）的形式出现。图 10-2 显示了基因表达多协议测量模型的 DAG。可以在 DAG 中看到讨论中涉及的所有变量和参数，每个圆圈代表一个变量或参数。灰色带阴影的圆圈是观察变量，而没有阴影的圆圈是潜变量。从一个变量指向另一个变量的箭头，表示作为分布参数第一个变量的源头，以及作为分布参数第二个变量的目标。背景中的矩形或方块显示有多个基因 g 和微阵列复制 n 和 m，其中各个变量都有不同的实例。例如，每个基因 g 都有不同的真实基因表达值 μ_g，以及黄金标准测量值 $x_{n,g}$ 和另一种协议测量值 $y_{m,g}$，这样的可视化表达有助于确保所有变量的正确性。

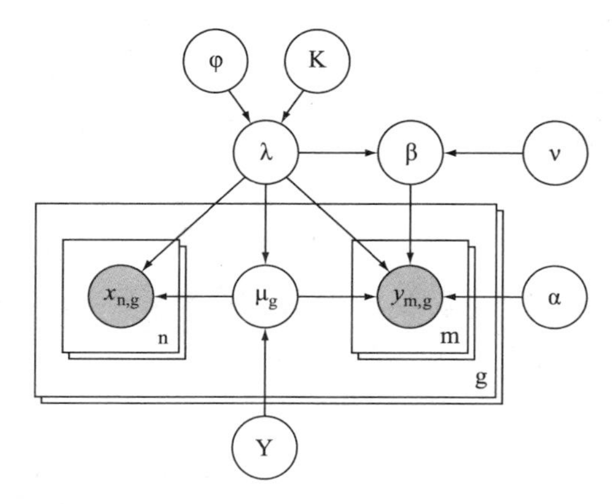

图 10-2　有向无环图（DAG）展示基于不同实验室技术的基因表达测量比较模型

10.4.6　软件

在这个项目上，我边学边用 R 语言。R 语言有一批非常好的生物信息学软件包，但我只用了方便加载和操作微阵列数据的 limma 软件包。作为 R 语言的初学者，我决定只用它来将数据变换为熟悉的格式：以制表符分隔的基因表达值文件。

然后我用比较熟悉的 Matlab 语言编写了拟合统计模型代码，该语言非常擅长完成大型矩阵运算，在我的代码中这部分计算非常重要。

先用 R 语言代码处理微阵列数据并把它转换为熟悉的格式，然后再用大量 Matlab 代码加载处理过的数据，并且将统计模型应用于这些数据，这是我在职业生涯的这个阶段编写过的最复杂软件。

10.4.7　计划

学术研究的时间表通常相当松散，除了有个即将召开的会议可以申请发言以外，该项目没有真正的期限。会议申请截止日期还有好几个月，所以在提交论文之前我有大量时间来确保一切正常。

这个项目的主要目标和大多数学术项目一样，即有一篇可以被公认的优秀科学杂志所接受的论文。为了论文能够被接受，研究必须原创，这意味着它要包含前人没做过的事；论文必须严谨，这意味着作者所写的东西没有错误或谬误。

因此，第一个目标是要确定主要的固定的科学成果；第二个目标是收集更多的统计和支持证据，确保项目中所用方法符合常理且与生物信息学的方法一致；最后，基于研究结果写一篇引人注目的科学论文，然后提交给会议及有水平的科学期刊。

因此，我的计划相对简单，根据我当时的知识水平，制订的计划大致如下：

1. 学习 R 语言并用它把数据转换为熟悉的格式；

2. 在一所大学的高性能计算机上用 Matlab 编写统计方法并将其应用到数据上；

3. 用一组已知的统计来测量微阵列数据的质量，并与从主要统计模型得出的结果进行比较，如有必要调和差异；

4. 写一篇令人信服的论文；

5. 请顾问审查论文，根据建议反复修改优化，有些迭代可能需要额外的分析；

6. 一旦论文修改得足够好，提交给会议及期刊；

7. 如果论文被拒绝，根据期刊评审员的反馈重新编辑论文并再次提交。

这个计划相当简单，没有太多利益的相互冲突或潜在的障碍，大部分时间都花在研发复杂的统计模型、构建软件、反复检查和优化分析上。

在这个项目过程中遇到的一个问题是某种微阵列协议的数据质量似乎很差。经过数周的调查，实验室的研究人员发现其中一种化学试剂在协议中过期的速度要比预期快很多。一开始，我们没有意识到这种试剂会在几个月后失效，原因可能是因为没有使用原先的包装并且与附近的实验室分享。想通问题后，我们订购了一些新试剂，并重新做了受影响的微阵列实验，这次实验的结果比较好。

除了试剂一团糟以外，并没有其他太大的问题，一切都按部就班地进行。刚开始最大的不确定性是结果的好坏。完成计算并将它们与已知的微阵列数据的质量统计进行比较后，障碍基本上被克服。另一方面，顾问和我对到底哪些构成良好的统计结果进行了大量的讨论，一旦发现有什么缺失就马上补充改善。

10.4.8　结果

该项目的目的是客观地比较几种实验室中微阵列协议的保真度，并决定哪些协议以及需要什么数量的 RNA 可以产生可靠的结果。主要结果来自于前面描述的统计学模型，但在大多数的生物信息学分析中，没有人会相信新统计模型，除非能证明它与已知的应用模型之间不存在矛盾。我们计划用主要的统计模型来进行衡量，对四个衡量保真度不同方面的统计进行了计算。如果四个统计结果在总体上支持主要的统计模型，其他的研究人员有可能会相信新模型。

图 10-3 是摘自科学论文草稿的结果表，对其他统计数据的描述以原始和剪辑标题的方式给出，这些细节在这里并不重要。重要的是四种统计的组合，这四种统计分别是技术方差（TV）、相关系数（CC）、基因列表重叠度（GLO）和呈显著性基因数目（Sig.Gene），有大量证据可以证明我们统计模型的对数边缘似然度（log ML）是协议保真度的可靠度量。这些补充性统计和分析就像描述性统计一样，它们更接近数据并且可以提供容易解释和难以置疑的结果。而且因为它们普遍支持统计模型的结果，该统计模型涵盖了保真度的所有有价值方面，我相信其他人看到了它的价值。

Protocol	Log ML	TV	CC	GLO	Sig. genes
Direct 50 μg, set 2	−69 534	0.0949	0.9945	0.91	3099
Indirect 20 μg	−82 713	0.1352	0.9767	0.88	1562
Indirect 2 μg	−87 275	0.0665	0.9192	0.75	1781
Klenow 2 μg	−107 687	0.3196	0.9344	0.74	858
Direct 2 μg	−115 913	0.3834	0.9283	0.77	177
Smart 2 μg	−121 727	0.0602	0.8434	0.18	7624

利用各种统计数据比较协议。对于每个标记及放大协议：基于参考数据集，利用直接标记为50μg的（集1，未列在表中），假设由模型（首选更大或更小的负值）处理而且产生数据的对数边缘似然度（log ML），由模型假定过程生成数据的似然度（更大或更小的负值是首选），微阵列复制的技术方差（TV），与参考协议相关程度的系数（CC）以及用协议的前100个基因与前100个参考基因所计算出的基因列表重叠度（GLO）。最后一栏的“Sig.genes”包含对协议存在显著性差异表达的基因数目。除了这四个实验协议之外，为了比较方便，我们还包括了参考数据集Direct 50μg集2的技术复制和一个第三方参考数据集indirect 20μg。

图10-3　微阵列协议比较项目的主要结果表，摘自提交给科学杂志的论文草稿

10.4.9　提交出版与反馈

与数据科学产业一样，在科学研究中，需要严格的研究来证明结果，哪怕确实知道这是真实的，可能还是会被社会上的大多数人排斥。毕竟大多数人需要一些时间来接受新知识。因此，不要对从你认为应该接受的人身上感受到一些阻力而大惊小怪。

在向生物信息学会议提交了研究报告的几个星期后，我收到一封电子邮件，通知不接受该论文作为主题在会上发言。我略感失望，因为据了解，这次会议论文的接受率远低于50%，作为一年级的博士生可能处于明显的劣势。

这封拒绝信有少量的反馈意见，那些科学家读过论文并且对其价值进行了判断。据我所知，没有人质疑过这篇论文的严谨性，但他们觉得很无聊。令人兴奋的科学话题肯定会得到更多的关注，但确实需要有人做些无聊的事，而我承认自己就是其中一个。

被拒绝后，我又进入项目计划的下一步，再次向科技期刊提交论文之前，聚焦如何使论文更具有说服力。

10.4.10 如何结束

不是每个数据科学项目都能圆满结束。会议最初的拒绝是扩展阶段的开始，该阶段重新定义论文的确切目标，然后再次将论文提交给科技杂志。从最初提交直到项目的结束超过一年时间，项目和论文的一些目标在不断地变动。我的学术经历和后来在软件公司的经历类似。在这两种情况下，贯穿整个项目过程的目标很少保持不变。在软件和数据科学中，业务负责人和客户经常因为业务原因而修改目标。因为我们对好结果的感觉在变，所以微阵列协议项目的目标在改变，这对潜在的审稿人也意味着变化。

因为这个项目的最终目标是让一篇论文能够在科技期刊上发表，我们需要知道期刊的评论者可能会说什么。过程中的每一步都要从自己的论点和研究提供的证据中寻找漏洞。除此之外，我们还需要考虑来自其他没有参与该项目的研究人员的反馈，因为他们是那些最终审稿人的同行。

不断变动的目标确实令人沮丧。我很庆幸没有发生大目标的改变，但肯定有几十个小变化。因为目标改变，项目进展充满了小的计划变动，我花了几个月的时间对项目的优先级进行调整，这些改变对论文能够被不错的期刊接受有重大影响。

最终，基于这项研究的论文没有发表。项目的领导很善变，无法聚焦在一组目标上，无论做了多少修改，他们从来都没有对研究和论文的状态满意过。我在与研究团队合作和发表学术论文方面缺乏经验，不管多努力，没有所有作者的批准，一般不能发表论文。

这当然不是一个快乐的故事，但我认为整个项目提供了在数据科学中结局不定的案例。项目进展得相当顺利，直到后期才出现问题，我个人认为该项目的分析和结果都很好，但不得不在困难的节骨眼上做出一些强硬的决定，并且该计划在几经修改后被彻底放弃。数据科学有时并非像新闻界所说的那样，看上去总是充满了阳光和彩虹，但它可以帮助我们解决许多问题。不要让失败的可能性阻止你做好工作的脚步，但要意识和警惕项目和计划脱离轨道的迹象，捕捉迹象并给予改正的机会。

练习

继续在第 1 章和第 2 章中描述的脏钱预测个人理财应用场景，并与前面章节的练习相关联，尝试回答下列问题：

1. 请列出在执行 FMI 公司的项目计划时，你可能会沟通最多的三个人（按照角色或者专长），并简要说明为什么要沟通这么多？

2. 假设产品设计师与管理团队进行了沟通，一致同意统计应用必须为所有用户账户生成预测，包括那些数据不多的账户。工作重心已经从确保预测结果转为确保预测每个账户。你将会如何应对？

小结

- 项目计划能以多种方式展开，紧盯产出，因为它们的出现可能会规避风险和问题。
- 如果你是软件工程师，要小心统计。
- 如果你是统计学家，要小心软件。
- 如果你是团队中的一员，要谨守本分，制定计划并跟踪进展。
- 当出现新的外部信息时，可以修改进展中的项目计划，但要谨慎小心。
- 项目的结果好是因为其在某种程度上有用，并且统计显著性可能是其中的一部分。

第三部分

整理产品结束项目

就像第二部分中的一样，一旦产品构建完毕，要想使项目更成功，使未来的生活更容易，你仍然还有一些事情要完成。以前章节的重点放在原始结果或具有不错统计意义的结果上，但仍然不够完善，尚无法呈现给客户。

第三部分首先着眼于提炼和策划产品的形式和内容，以特别简洁的方式向客户传达，可以最有效地解决问题并达成项目目标。第 11 章将会涵盖这部分以及产品交付的其他内容。第 12 章将讨论产品交付后可能会发生的一些事情，包括发现缺陷，客户不积极使用产品，以及优化或改进产品。第 13 章以建议结束本书，这些建议包括清楚地保存项目，从项目中吸取教训，以提高在未来项目中成功的机会。

第11章　交付产品

本章内容：

- 了解客户预期的结果
- 从简单报告到分析应用，采取不同形式呈现结果
- 为什么有些内容应该包含在结果中，有些却不应该

图11-1显示了本章在数据科学过程中所处的位置：产品交付。本书前面的章节讨论了设定项目目标、提出好问题、通过严格的数据分析来回答问题。做完这些事情后，如果你是负责项目的数据科学家，可能比任何其他人更了解项目的各个方面，可以回答从方法和工具的使用到意义和结果的影响等各种关于项目的问题。成为该项目的万事通，掌握关于该项目的所有信息，通常并不是什么好事。你不仅会成为单一故障点（如果你有事不在怎么办），还会形成出现问题永远需要你来解决的局面。因此，应该做好总结或结果的编目，当客户和其他人提出问题时，至少那些最常见问题可以在不劳烦你的情况下，由其他人来回答。

第 11 章　交付产品

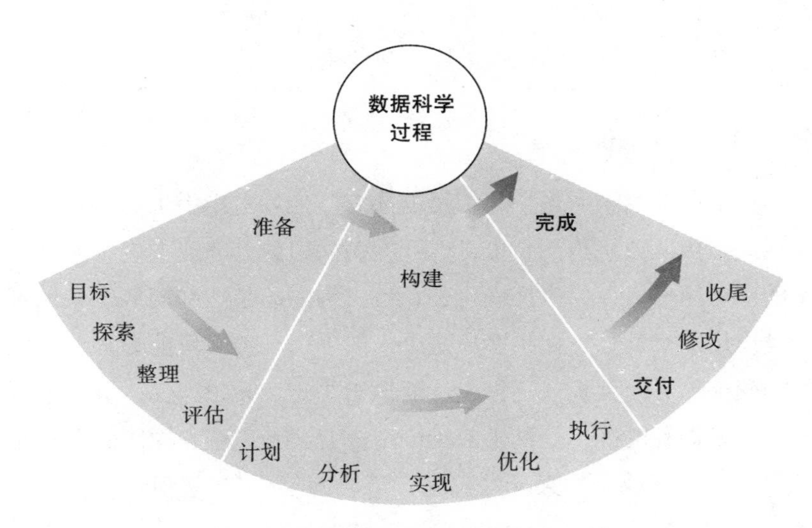

图 11-1　数据科学过程完成阶段的第一步：交付产品

为了构建可以交付给客户使用的有效产品，首先，必须了解客户的想法。其次，需要为项目和客户选择最好的载体。最后，必须选择应该包括在产品中的信息和结果，以及要排除在外的信息和结果。在产品构建和交付过程中，做好选择可以大大提高项目成功的机会。

11.1　了解客户

第 2 章讨论了聆听客户和提出有助于了解问题的疑问，以及提供与问题相关的信息。希望我提出的一些策略，在数据收集、探索、设计和实现统计方法以及汇总结果的过程中能带来好效果。本章将再次讨论了解客户想法的重要意义，重点在于如何构建可以最有效地把这些良好的结果提供给客户使用的产品。

11.1.1　结果提供给谁

你可能非常了解客户，但可能还有其他人对结果也感兴趣。如果客户是团队或机构的负责人，那么团队里的其他成员也可能是结果的部分用户。如果客户是机构，该机构内的某些部门或个人也可能是用户的一部分。如果客户是个人或部门，结果可能会沿着层次结构向上传递给老板或高管，从而做出决定。无论如何，最好不要假设经常接触的客户是结果的唯一用户。要考虑客户周围的人是否是用户的一部分。如果无法确定，可以问客户："您预见都有谁想看到结果，为什么？"希望由此可以弄清楚用户是谁。

11.1.2　结果能做什么

一旦知道了用户，就想知道他们要用结果去做什么。回答这个问题通常比想象的要难。

第 2 章简要介绍了如何与客户讨论项目交付，所以你可能已经对客户要看结果中的哪类内容，以及想用结果去做什么有所了解了。例如，在生物信息学中客户可能打算从结果中筛选出前十个基因，并对其进行更深入的检验。如果构建啤酒推荐算法，客户可能打算让朋友使用算法品尝推荐的啤酒。这里有很多种可能性。

在涉及组织行为的项目中使用了社交网络分析技术，客户可能有兴趣探索每个人的通讯录，比较不同通讯录的相似处和差异点。在这个例子中，动作比兴趣少一点。如果客户以下面的句子开始对话：

- “我们会对……感兴趣”
- “我们想看……”
- “我们想知道……”

或类似的句子开始，一定要进一步追问，并找出他们打算如何处理这种新知识。他们打算采取的行动远比他们对什么感兴趣更为重要。

例如客户打算基于项目的发现做出业务决策，那么应该知道所能容忍的误差，并将其纳入为他们量身定制的结果，毕竟对预期行动及其后果产生误解可能会导致更大的问题。本章结尾的例子给出了在交付产品过程中沟通错误所导致的问题。

客户可能会对我们所提供的结果采取难以估量的行动，所以在完成结果并确定呈现形式之前，我们最好先花些时间把它们确定下来。尝试让客户了解与项目相关的各类结果的假设场景，甚至可能去工作场所拜访，观察他们的工作流程，亲自见证决策过程。与很多人交流也是个好主意，特别是那些有不同经验、知识和兴趣的用户。总之，应该尽可能彻底地了解客户和用户的观点，以及他们对所提供结果的预期，这有助于构建和交付可以实现客户目标的产品。

11.2　交付形式

创建和交付给客户的产品形式多样。数据科学产品的要点在于客户是否被动地消费信息，或客户是否积极主动地与产品互动，并能用产品来回答许多问题。最常见的被动产品是报告或白皮书；客户只能从文档中的文本、表格和数字中寻找答案。最常见的主动应用产品允许客户与数据和分析互动，并自己回答问题。在被动和主动之间有多种类型的产品，各有利弊，细节会在下面几节中讨论。

11.2.1　报告或白皮书

报告或白皮书可能是将结果交付给客户的最简单形式，包括文本、表格、数字以及其他旨在回答部分或全部问题的信息。报告和白皮书可以以纸质、PDF 或其他电子形式交付。因为报告是被动产品，交付后客户可以阅读并在未来需要时查询，但是报告永远无法提供在写作时没有包括在内的新信息，这是报告与更活跃的产品形式间的重要区别。另一方面，报告和白皮书是最简单、最易消化的产品形式。

好处

报告或白皮书的好处如下：

- 报告和白皮书以纸质或电子介质出现，十分便携；除了需要一些与报告主题相关的专业知识外，不需要任何特殊的技术或知识来使用。
- 如果所要寻找的答案存在且组织良好、简明扼要，报告和白皮书可以为客户提供寻找答案的最简单、最快捷的方式。对大多数人来说，找到并阅读答案远比打开应用或使用电子表格解释数据更容易。
- 报告为构建用于有效地交付答案、信息、警告和影响的解读提供了能力。一些产品形式不通过上下文提供数据和答案，但解读可以通过建立上下文帮助报告的读者更好地利用结果。假如读者了解算法的适用性精度和限制，那么机器学习算法所产生的分类可能更加有用。解读可以在陈述结果之前提供上下文以防误解和滥用。

坏处

报告或白皮书的坏处如下：

- 报告和白皮书最大的软肋是完全被动。在撰写有关客户问题报告之前，需要先了解客户想要回答的问题，以容易理解的方式回答这些问题。如果不能成功地撰写好报告，那么客户会反过来向你提问，更糟糕的是，即使结果本身相当不错，客户也会将项目视为失败，且对你及团队失去信心。
- 包含数量合适的细节以便覆盖所有要点并回答最重要的问题，同时避免过多细节分散注意力，做到这一点可能比较困难。
- 报告和白皮书只能回答当下的问题，不适用于未来以及当前数据集之外的其他数据。如果客户希望在将来重新审视项目的问题或使用其他数据，报告可能不是最佳的选择。
- 有些人不喜欢阅读报告。不同学习风格和领导风格的人可能喜欢以不同的方式查看结果，如果这些人很固执且居于权威地位，为他们撰写报告将是浪费时间。

何时使用

报告或白皮书可以在下述时间交付：

- 要求完整回答项目涉及的关键问题，书写简洁，并可能包括表格、图形或其他数字。
- 项目的主要目标需要同时回答几个问题，这些答案本身有用且不需要更新或扩大。

- 客户想要书面报告，而你觉得该请求合适。

11.2.2　分析工具

在数据科学项目中，数据分析及结果也可用于项目原始范围之外的数据，其中可能包括在原始数据之后或未来生成的数据，不同来源的类似数据，或者由于某种原因尚未分析的其他数据。在这些情况下，所构建的工具可以针对新数据进行分析并产生新结果。如果客户有效地使用这个工具，就能根据各种类似数据产生结果，继续在未来回答主要的问题。

根据公司及行业目前的财务状况和预期进行预测，电子表格就是这类分析工具的一个简单例子。理论上说，客户可以在电子表格中输入一系列数值，然后假设公司的财务状况发生改变，预测结果会如何变化。如果电子表格包含复杂的公式和统计方法，顾客可能无法自己创建；但假如电子表格符合普遍接受的财务准则，他们就可以理解计算的意图和结果的意义。

分析工具可以作为数据科学项目的产品交付给客户，工具本身可能是接受并分析数据的软件脚本，客户能以特有的方式使用产生的结果；也可能是高度专业化解决项目某些问题的数据库查询。作为产品交付的分析工具可以有多种形式，但需要满足一些标准：

- 分析工具需要在待分析处理的数据内产生可靠的结果；
- 必须指定适用的数据集；
- 客户必须能够正确地使用分析工具。

如果能满足以上三个条件，那么产品交付可能会很完美。工具的实用性取决于项目可以解决多少问题，以及这些问题对项目目标和客户的重要性。

好处

分析工具有如下好处：

- 分析工具可以让客户自主快速地回答问题，从而节省相关的时间和精力。
- 在计划可回答的问题范围内，分析工具比报告更灵活。即使是较窄的范围，通常也可以用分析工具根据输入和数据得出无限的结果。报告不可能完成同样的任务。

坏处

分析工具有如下坏处：

- 通常，构建能可靠并简洁回答客户重要问题的分析工具很难。在工具遇到罕见的边际情况下，客户可能无法意识到工具给出了不正确或误导性的结果。
- 客户需要了解工具的基本工作原理，以便了解其局限性，并能正确解读结果。
- 客户需要能正确地使用工具，否则会得到错误的结果。如果无法协助客户，那么需要合理地保证他们不会把事情弄糟。
- 如果工具存在错误或其他问题，客户可能需要支持。即使数据分析得很好，其他诸如数据格式化、计算机兼容性和第三方邀请分享工具等，可能会带来意想不到的问题，并影响客户的效率，所以需要密切关注。
- 因为创建尽善尽美的分析工具很难，这样的工具通常仅能复现项目分析中绝对清楚的那部分，一般对准确性、显著性和影响力的要求都很高，所以使用范围必须仅限于严格满足这些条件的那些场景。

何时使用

把分析工具作为成熟产品交付给客户的时间点如下：

- 项目中有要完成分析的过程，需要把它转换成工具，使用起来相对容易且预期结果可靠。
- 客户可以正确地使用该工具，并能正确地解读结果。
- 被动产品如报告，难以满足客户需求，例如客户打算在新数据上复制分析。

11.2.3　交互式图形应用

如果想要提供比分析工具更主动的产品，可能就要构建完整的应用。像脚本和电子表格应用，虽然也被认为是分析工具，但我会在命令行、图形交互（GUI）方式之间做模糊的区别。这些并不是明确的类型，但我觉得在这里用模糊的概念描述就够了，因为可以用任意方式组合，并且可以权衡这两种方式的优劣。我认为前者（命令行风格）属于前面章节描述的分析工具类别，本节将主要考虑交互式图形应用。

前面讨论过，现在基于GUI的应用通常在网络框架上构建。虽然不一定是网络应用，但这种类型最常见。可交付的交互式图形应用可能包括以下内容：

- 图形、图表和表格；
- 从下拉菜单选择不同的分析方法；
- 交互式图形，例如端点可移动的时间轴；

- 有能力导入或选择不同的数据；
- 搜索栏；
- 过滤及排序的结果。

虽然这些不是必需的，但每个都可以让用户有机会回答更多与项目有关的问题。

关于互动图形应用需要记住的最重要的事情是，如果考虑交付这种产品，就必须进行设计、构建和部署，通常这些都不是小事。如果希望应用具有更多功能、更加灵活，那么设计和构建将变得更加困难。软件设计、用户体验和软件工程都是软件公司的全职工作，所以如果交付应用的经验不足，就最好在开始之前咨询那些有经验的人，仔细考虑时间、精力，并提炼需要的知识。

上一节讨论过的分析工具的利弊同样适合于交互式图形应用，但本节将在这里添加更具体的内容。

好处

交互式图形应用有以下这些好处：

- 如果设计得好，从传达信息和回答问题的角度来看，交互式图形应用可能是可以交付给客户的最强大工具。
- 如果应用本身能够描述清楚如何正确有效地使用，那么设计精良、部署良好的交互式图形应用会非常易于访问和使用。
- 如果使用通用框架构建和部署，当预期用户数量增长，或认为其他客户也想要使用的时候，交互式图形应用可以移植和扩展。

坏处

交互式图形应用有以下这些坏处：

- 交互式图形应用难以设计、构建和部署，不仅任务困难，还可能需要更多时间。
- 交互式图形应用通常需要持续的支持。随着软件和部署平台复杂性的增加，潜在的错误和问题也随之增加，支持应用和修复错误将耗费相当多的时间和资源。
- 如果客户不清楚如何正确使用，或者用户不小心，那么可能会产生误导性的结论。

何时使用

交互式图形应用可以作为完善的产品来交付使用的时间是：

- 上一节中关于何时使用分析工具的指南同样适用于此。
- 交互式图形应用优先于其他类型的工具，无论是易于使用还是结果交付的有效性。
- 投入时间和资源来设计、构建、部署及支持这样的应用。

11.2.4　如何复现分析

不管是否已经决定创建和交付我们讨论过的产品，记录项目所采取的最终分析步骤是个好主意，可以将其写入说明书供顾客甚至你自己使用。

如果你和聪明能干的客户甚至某种类型的数据科学家打交道，可以把说明书给他们，他们能借此复现分析。如果未来他们想分析新数据或其他类似的数据，这对他们有帮助。构建分析工具的目标是，让客户自己能提出并回答问题，而不需要耗费你太多的精力。把详细的使用说明交给他们，可以避免构建和交付高质量、无缺陷的软件应用。即使交付代码，仍有可能遇到错误，但在这种情况下，需要合理地预期客户能够读懂、编辑和修复代码。虽然有时仍需提供支持，但假设客户非常能干，这种安排可以甩掉大部分支持的负担。

另一方面，如果他们对某些步骤不熟悉，或没有太多使用工具的经验，把使用说明交给客户可能会产生各种问题。

好处

交付使用说明的好处是：

- 很容易记录做了什么，把它与代码或其他工具一起交付给客户。
- 使用说明非常有用，特别是当未来需要重启项目并以同样的方式分析数据时。

坏处

交付使用说明也有一些坏处：

- 客户需要了解所交付的全部，当数据或其他方面变化时，能按说明重现，并在这个过程中不会遇上太多无法解决的问题。
- 客户需要投入大量的时间和精力，因为他们要阅读和理解复杂的分析及工具。
- 含糊的说明或糟糕的乱码会使重现可靠分析变为不可能，要注意避免这种情况。

何时使用

重现分析过程的说明文档作为完善的产品来交付使用的时间是：

- 探索工作具有挑战性，而使用统计方法对客户来说相对比较容易时。

- 客户聪明能干，在使用交付的说明、工具及代码过程中没有太多障碍时。
- 为自己准备好使用说明，当未来有可能重启该项目时。

11.2.5　其他类型的产品

还有许多其他产品也可以满足项目和客户的需求，下面是一些例子：

- 调用网络 API，返回相关的答案和信息以帮助客户集成数据分析软件与现有软件。
- 直接在客户的软件里构建组件，这比调用网络 API 需要更多的协调工作，因为必须了解现有软件的体系结构，但这仍是个不错的主意，主要取决于软件如何使用和部署。
- 在原项目基础上扩展，与客户的软件工程师共同构建组件，并且将来由他们自己负责维护。如果有机会让其他人构建和维护你的分析软件，可以省去很多时间。
- 对经常使用数据库的客户来说，把最有用的数据及分析结果导入数据库，有时比交付 API 或者组件更方便。不过需要找到高效且相对简单的数据库构造方法，以便数据库有用并可以被正确地使用。

每种产品都有自己的长处和短处，许多都跟我前面列出的其他产品一致。如果你考虑的产品不属于我所描述的类别，那么可以用同样的方式思考得出自己的结论。特别重要的是，要考虑产品是被动的还是主动的，以及从短期和长期看是否需要你花费很多时间来提供支持。除此之外，每个项目和潜在的产品都会有其独特的情况，如果发现自己对项目的信心不足，那么请教有经验的人并征求他们的意见会很有帮助。如果你能区分优劣，那么互联网也是一个很好的指导来源。

11.3 内容

除了确定要交付的媒介外，还需要确定包含哪些结果。一旦选择了产品，就必须清楚要提供的内容。

有些结果和内容可能是显而易见的，但是其他的信息可能并不明显。通常希望包含尽可能多的有用的信息和结果，但要避免客户误解或者误用。在许多情况下，这可能是一种微妙的平衡，在很大程度上取决于具体的项目以及客户和其他用户的知识与经验。本节将对如何做出包容和排斥决定提供指导，也将讨论用户体验如何影响产品的效果。

11.3.1 突出重要的、具有决定性的结果

如果要回答项目的某些关键问题，而你现在对这些问题有确凿的答案，那么应该突出展示这些答案。如果是在提交报告，那些重要的具有决定性意义的摘要应该出现在第一节或者第一页，其他更详细的讨论、方法和影响可以放在后面的文件中。如果正在交付交互式图形应用，那些结果应该出现在分析结果的主页面上，通过简单的点击、搜索或者查询便很容易就能找到。

总之，最好把最重要、确凿无误、直截了当的东西放在所交付产品的最前面或者展示的中间位置，这样客户和其他的用户就可以

很容易找到并且能立即了解结果及其影响。

11.3.2　不要包括不确定结果

你可能很想把计划的所有的分析结果都告诉客户。在研究环境中，这或许是个好主意，因为即使是失败的实验有时也能洞察系统的工作机制，而且可以借此分析其他结果为什么会成功。但是在非学术性的数据科学中，那些尝试过但是行不通的事情如果出现在报告里面，会使客户失去对重要的、可操作信息的聚焦。

大多数人没有必要在工作中分心，因为他们可以在工作中自己调整。如果有段信息对作出商业决定或者实现项目的既定目标没有直接的情报价值，那么最好把它排除在外。对于有趣的花絮可以作为自己的记录或者产品的补充报告，但不要作为主要的产品提供给客户；如果项目方向发生改变或者有新的相关项目开始，这些素材可以再使用。

11.3.3　对不确定的结果要包括明显的免责声明

有些结果可能会在确定和不确定之间。对此作出决定可能很困难，在报告中包括它们和排除它们都可能有很多理由。当然，你不想用那些绝对确定性的结果和只有部分确定性的结果来迷惑客户。因此，为了自己的名声，同时再向前迈出一步，为了确保客户能最好地使用所提供的信息，我高度推荐在每个统计显著性不到99.9%的结果旁边添加免责声明和警告，否则就不具有确定性。

例如，假设试图检测欺诈性的信用卡交易，如果软件为某些交易打上欺诈的标签，客户将会立即拒绝这些交易。如果您的软件的准确度是99.9%，客户可能不会对0.1%的错误情况进行投诉。但是如果软件的误报率为10%，那么顾客的投诉可能会非常强烈。与此类似，如果有10%的误报率，那么肯定在交付之前要进行充分的沟通，在客户使用之前，告知他们误报率及其对结果的潜在影响。如果有什么影响的话，客户在完全理解产品的影响及其局限性之前采取行动，有可能不利于客户，不利于项目，也可能不利于自己。

如果你要提供非结论性的结果，而该结果可能对决策有所帮助，那么你就要确保包含免责声明，明确地说明结果的统计显著性到底有多高，存在什么限制，以及如果客户以某种方式使用结果会产生什么样的正面和负面影响。总的来说，顾客需要充分理解你对这些结果以及采取行动后可能会产生的后果并不是100%的肯定。如果能有效地沟通，客户可以根据结果作出良好的决策，项目也将因此而成功。

11.3.4 用户体验

大多数人用“用户体验”一词指人与软件交互的方式。在软件行业中，用户体验（UX）设计已理所当然地成为有利可图的职业。理解如何与软件交互是一件不容易的事情，而且事实已经证明在很多情况下与软件的交互对该软件最终是否有效有很大影响。在可以有效使用的优秀分析软件和大多数人都不知该如何使用的分析软件之间，形成了用户体验的差异。

用户体验也包括报告、分析工具或其他交付给客户的产品。客户或用户对产品的使用经验就是用户体验，而主要目标是确保这些用户正确地使用产品，以便能做出正确的业务决策。如果客户无法正确使用产品，那么你可能要重新考虑用户体验。我们的目标是促进并鼓励客户和用户正确地使用软件。

新闻倒金字塔

如图 11-2 所示，流行的倒金字塔概念揭示了如何展示新闻故事，以便为读者带来最大的效果。所隐含的假设是读者可能不会通读整篇文章，或至少可能不会全神贯注地阅读整篇文章。基于此，最重要的信息应放在文章最开头，接着是支持最重要信息的内容，最后的结尾是为故事的完整性而添加的其他部分，并非绝对必要。

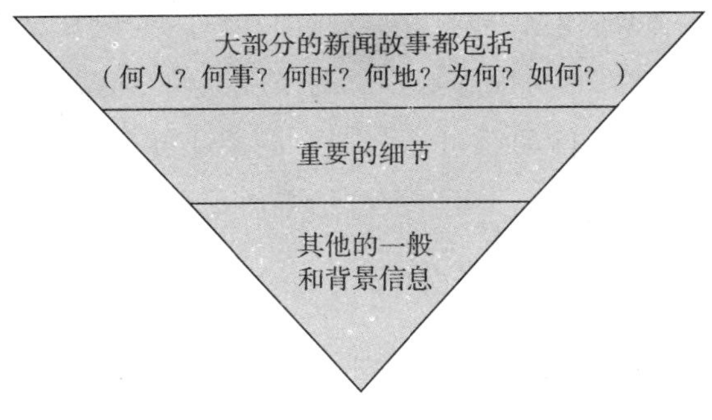

图 11-2　新闻学的倒金字塔

数据科学的项目报告，在如何最有效地把结果交付给客户方面，可能遵循同样的模式：用清晰的语言、最重要、最有影响力的结果为先导，包括直接支持结果的细节，最后还包括有用但非必要的辅助性结果。

在设计及构建分析工具和交互式图形应用时，参考倒金字塔的概念可能会有所帮助。一旦用户开始使用应用，应该马上把最重要的结果和信息在最前面显示出来。对于支持性的细节和不太重要的信息，用户可能需要费些劲儿四处搜寻，但最好不要让用户找太久。

虽然这不是数据科学项目的金科玉律，但遵循来自新闻学界的倒金字塔模式，对撰写报告或设计应用很有帮助，首先向客户传递最重要的信息，然后才是不重要但有用的信息。

朴实无华的语言

对于那些不在该领域工作的人来说，术语令人困惑。不要在报告、应用或产品中使用术语。如果必须要用，应该清楚地把定义告诉使用产品的客户或用户。

就我们的目的而言，术语是受过特殊训练、有经验或知识的人熟悉的短语，但在不同领域工作的人对此并不熟悉。因为很少能保证和你谈话的人都有相似的背景，所以通常最好认为他们不懂。

我虽然坚决反对使用术语，但也看到了在高度专业化的对话和写作中使用术语的价值。人们允许运用术语在自己的领域里，或至少在子领域里有效地交流。在这种情况下，我完全支持使用术语，但在有人可能不理解专业术语的情况下，最好避免。

展示工作成果时，如果要与别人交流或在众人面前讲话，要更清楚且更慢的进行表达。当大部分听众听不懂时，使用术语并没什么好处。

相同的规则也同样适用于编写报告或应用中的文本：大多数读者都应该理解文本，即使他们在相关领域里没有什么经验。关于语言和理解，最重要的是使用术语并不能证明有人知道他们在说什么。以我的经验，通常情况与此相反。用简单语言解释复杂概念的能力是一种罕见的天赋。在我看来，该技能远比使用术语进行解释更为宝贵。

可视化

与用户体验设计领域一样，数据可视化极大地改善了应用及其他产品，但是通常不是产品的主要焦点。数据可视化已经有了很好的研究成果，通常它们能很好地留意并且听从对数据可视化有透彻的研究和思考专家们的建议。

爱德华·塔夫特（Edward Tufte）的《定量信息的视觉展示》一书，是探究如何正确地实现数据可视化的必读材料。尽管该主题也有许多其他的参考书籍，但通常塔夫特这本书是最好的启蒙读本。在这本书中，不仅能了解什么时候最好用柱状图或折线图，而且还可以发现适用于可视化的地图、时间轴、散点图等，诸如“鼓励眼睛去比较不同的数据”与“把数据统计和口头描述紧密结合起来”。塔夫特的书有许多这样的原则，并提供了大量的实例来解释。

数据和结果的可视化对报告和应用很有帮助，但如果设计得不好也可能会损害产品。所以对于创建可视化所需要的假设及其影响，值得花些时间来思考和研究。在传递者把可视化继续作为清晰、简洁的有用信息的情况下，参考一些数据可视化文献，例如塔夫特的书或咨询有经验的人会大有好处。

用户体验背后的科学

研究用户体验是一门科学，尽管有些人不这么认为。直到几年前，当我亲眼目睹了经验研究和行动评估后，才意识到它更可能是一门科学而不是艺术。有许多原则研究得很好，可以让应用易于使用、更加强大或更为有效，如果正在构建复杂的应用，采用这些原则可以对项目的成功产生巨大的影响。如果在构建应用，我鼓励向有经验的用户体验设计师咨询。有时与用户体验设计师简短地对话，就可以使应用的可用性得到极大的改善。

11.4　案例：分析电子游戏

圆形监狱实验室是专门描述、检测和分析线上多人视频游戏环境中可疑行为的软件公司，我们向视频游戏发行商提交初步报告，其中包括游戏社区的状态以及可疑玩家的名单。就像对待所有其他客户一样，我们将该客户的数据应用于专有的统计模型；统计模型为每个玩家打分，以区分玩家的行为是否可疑或存在欺诈行为。我们相信得分最高的玩家有欺诈行为的可能，随着对名单上最可疑玩家调查的逐渐深入，我们越来越不确定。合同规定我们要把可疑玩家的名单提供给客户，但我们知道必须要把这种不确定性与名单一起呈现给客户。

与我们打交道的客户安全部门没有数据科学家，所以对统计的重要性或不确定性，我们必须要谨慎，绝不可以闪烁其辞。要做的主要决定是把多少可疑玩家列入名单。如果提供相对较少的名单，很可能会遗漏一些非常可疑的玩家，他们将继续浪费电子游戏发行商的资金。如果在报告中包含太多玩家，就会误导电子游戏发行商，使他们认为问题比实际严重，对不相干的玩家采取行动，例如，禁止他们继续玩游戏，结果有可能伤及无辜。

为了解决这个问题，我们与客户共同决定，禁止那些被高度怀疑的玩家，并且客户愿意接受小于 5% 的出错率。为了确定出错率，客户从最初可疑玩家名单中随机抽样并进行人工核查。然后通过反馈来改善统计模型，并随后生成新的、更准确的报告。通常两三轮反馈后足以获得高精确度的名单。

第一轮反馈输出报告后出现了小波折，在我们还没准备好宣布玩家行为模型 100% 完成之前，客户却表示他们已经准备开始根据名单在游戏中禁止可疑玩家了。幸运的是，在他们采取行动之前，我们有机会向他们说明最近的报告尚不具备完全的可操作性，他们对本报告的反馈，对于获得下一阶段报告的可操作情报（满足<5%出错率），以及随后的软件部署至关重要。这是应对不清楚客户会如何使用所交付产品的典型例子。我不确定他们事前是否承认自己的意图，所以即使再多的质疑也可能毫无结果，但值得尝试和保持警惕。比交付不完全有效的产品更糟糕是交付的产品有效但被滥用，结果会带来很大的损害。

在下一轮的反馈之后，我们提交了一份报告，该报告预期出错率大大低于 5%，确保客户理解名单，但仍然不够完美，可以预见名单上的一小部分玩家并不是坏人。如果他们对这些玩家采取行动，预料应会有些负面影响。

在提交最终报告之后，我们开始将客户的数据源连接到我们的实时分析引擎上，该引擎支持交互式图形化网络应用，可以提供与报告内容相同的信息，而且有与其交互和了解更多关于玩家及其行为的功能。应用可以让客户看到以同样逻辑列出的可疑玩家名单，允许他们点击玩家的名字以获得更多的信息，特别是被列为可疑玩家的原因。应用在许多方面比报告更优越，包括处理后增加的可用信息，多种方式和格式展示的结果，以及应用的交互特性，这些特点使用户可以在需要的时候找到相应的答案。此外，应用具有丰富的图形和精心设计的用户体验，使其与数据和结果的交互更容易而且更直观。虽然支持客户部署实时应用需要大量的工作，但对于客户应用似乎比报告实用得多。

练习

根据在第 1 章和第 2 章中描述过的脏钱预测个人理财应用场景，结合前几章的练习尝试完成下述这些练习：

1. 假设老板或另一个管理人员需要预测结果的总结摘要。摘要中要包括什么？

2. 假设负责 FMF 网络应用的主要产品设计师要求你为用户写段说明，专门介绍应用生成预测的可靠性和准确性。你会写些什么？

小结

- 从某种意义上说，产品是整个项目持续努力的结果，确保格式和内容正确非常重要。
- 产品的格式和媒介应尽可能的满足顾客现在和可预见未来的需求。
- 产品内容的重点应该放在重要的和具有决定性的结果上，不要用不确定的结果或其他的琐事来分散客户的注意力。
- 最好花些时间专门思考用户体验设计以促使产品尽可能地有效。
- 提前考虑好产品是否需要持续的支持并据此做好计划。

第 12 章　交付后：问题与修改

本章内容：

- 产品交付给客户后问题的诊断
- 寻找问题的补救方法
- 根据发现的问题和反馈意见修改产品

图 12-1 描述了我们在数据科学的过程中所处的位置：根据初始反馈意见修改产品。前一章讨论了如何把产品交付给客户。客户一旦开始使用产品，就会出现很多问题。本章将讨论这些问题的类型以及如何补救，并且还将涵盖客户反馈以及根据所遇到的问题和收集到的反馈意见对产品进行的修改。

12.1　产品及其使用问题

尽管已经尽了最大的努力，但仍然有可能没有预想到客户使用产品的各种可能方式。即使产品按照设计预想的正常运行，客户和用户可能没有使用或者没有有效地使用这些功能。本节将讨论产品不能像希望的那样被有效使用的几个原因，并对如何识别和补救给出建议。

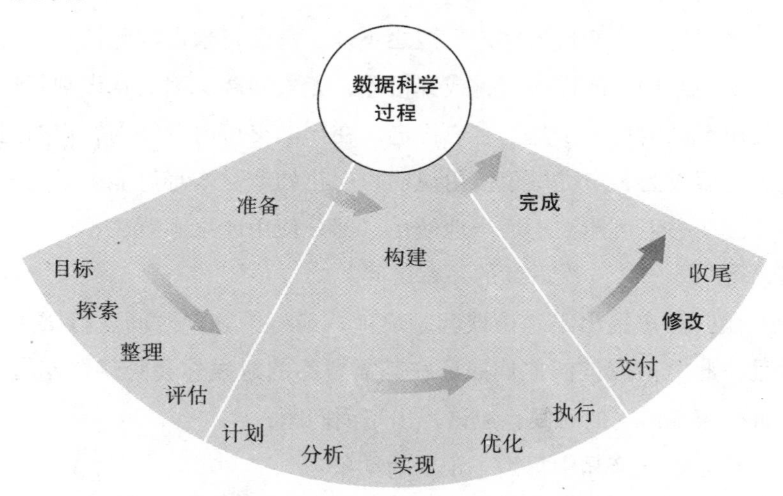

图 12-1 数据科学过程完成阶段的第二步：产品初始交付后的修改

12.1.1 客户不能正确使用产品

客户趋向于以各种非正常方式使用产品。有时弄错了应在哪里输入或该按哪个键，要么是因为没有花功夫去学习，要么太难搞清楚该怎么用。客户有时滥用产品，通常是因为他们以为产品有那种能力，或要小聪明歪曲夸大产品将其用于解决不适用的问题。

无论如何，客户不按产品的设计目的去使用是一个问题，这是导致错误、误导性结果或无结果的根本原因。误导性结果可能是最坏的情况，因为客户可能因此错误地获得信息并付诸行动，带来潜在的糟糕的业务决策。

如果客户得不到任何结果，那么他们可能会彻底放弃使用产品，也有可能会返回寻求你的帮助，这比其他的选择好很多。

如何识别

如果把产品交付给客户后置之不理，那么将永远都无法知道产品的最后结局。或许很好，或许很差，无人知晓。因此，识别不适当使用产品的第一步是与客户沟通。在产品交付时曾经与客户有过交流，假设为客户提供了使用说明，但正如产品本身可能被滥用一样，说明书也可能被不适当地使用，部分使用或根本置之不理。所以，至少要安排一次后续的跟踪访问。

在向客户提出跟踪访谈问题之前，最好给客户时间进行试用，而且在此之前应该向他们保证在其需要你的时候你会陪伴在左右。当进行跟踪访问的时候，应该提出下列问题：

- 是否从产品中得到了预期的结果？
- 是否能用产品来满足预期的业务需求？
- 产品有什么不足？
- 多少人以什么频率使用该产品？
- 是否可以描述产品的典型用法？

如果客户能够陈述坏的结果或某些意料之外的东西，那么最好深入探讨并设法发现问题。

除了要确定客户是否存在问题以外，最好也要留意客户是否能够针对提出的问题给出完整的答案。你可以据此来判断正在拜访的客户是否是产品的主要用户，或产品的主要用户是否充分了解产品，或是否根本无人在使用产品。数据科学家的工作可能并不是强迫客户使用其产品，但帮助客户正确地使用产品通常是其工作的一部分。如果客户因为不能理解产品而无法正确使用，给他们点儿鼓励可能是个好的选项。

有时候只与客户谈话还不够。如果想知道客户怎么使用产品，需要花时间陪着客户一起工作。当他们在工作中使用产品时，足以让你有机会观察他们到底怎样使用产品，当然在这个过程中不要打扰他们，但可以适当提问。特别是出现意外时，需要问他们为什么要那么做，千万不要当场指导或演示，要先完全理解客户为什么那么做。有了这个理解，就可以纠正误用的根源而不是症状。

例如，如果客户在使用产品时点错了按钮，不要说，“我觉得你点错了按钮”，最好问，“你为什么要点那个按钮呢?”，然后设法理解其中的原委。假设客户为了修改数据库中的姓名地址，然后点击提交按钮，而你觉得他们应该点击更新按钮。如果你问他们为什么点击提交而不是更新，他们可能会说，以为保持姓名不变只修改地址，在这种特别情况下才会去点击更新按钮。

应用设计的真实意图是按提交增加新记录，按更新修改现有记录。因为客户想要修改现有记录，所以他们应该点击更新而不是提交按钮。如果你当场告诉他们应该点击别的按钮，应该不会有太多的收获，但现在你可以知道他们动作背后的真实原因。接着你有可能向客户解释提交按钮是为了增加新的地址记录，而更新是为了修改现存记录。无论地址的哪个部分需要修改，如果点击提交按钮，客户可以产生新的正确记录，但旧的不正确记录依旧存在。更为重要的是，由此你意识到对客户来说，提交和更新两个词的含义不够清楚，所以也许值得修改或进一步培训用户，使其理解这两个按钮之间存在的差异。

如何补救

识别和诊断了产品的不适当使用情况以后，有两种办法来补救：

- 教育和鼓励客户正确地使用产品。
- 修改产品以使客户知晓正确的用法。

进一步教育可能包括编写文档并交付给客户。也可能包括举办研讨会、专题讨论会或 1 对 1 对话以亲自辅导用户如何正确使用产品。具体采取哪种补救办法完全取决于具体情况。

修改产品以鼓励用户正确地使用，是一个要讨论的用户体验问题。用户体验问题可能会引起产品使用不当，但在“用户体验真差劲”和“用户使用不当”之间，存在着灰色地带。最终目标是有效地使用产品，所以通过改善用户体验促进更有效地使用产品是个好主意，即使因为其他的原因这些体验看上去不正确。如果对此有疑问，请咨询用户体验专家。

12.1.2　用户体验问题

除了由于某种原因客户不适当地使用产品以外，过程中还存在使用效率低的问题。他们用产品做自己想做的事，而且可以解决问题，但耗费较多的时间和精力。解决用户体验问题可以直接帮助客户提高效率。

产品效率低下的原因很多，其中一种是流程中步骤过多。假如一般情况下客户用产品进行查询，然后以特定的方式存储结果。如果结果未按默认安排排序，那么客户就需要在查询时额外排序。如果客户每天做数以百计的查询，那么花费的时间和精力相当巨大。修改排序的默认方法可以使产品更为有效。

如果客户只需要几个常用功能，而我们却在产品中包括了很多功能，这往往会造成产品效率低下。例如，你要对果蝇从胚芽发育到成年的各个阶段做复杂的遗传分析，把报告和包含各阶段数据的电子表格软件交付给客户。接着发现 95% 的时间客户都是从成年果蝇数据中寻找某个记录，然后将其与其他发展阶段的数据进行相互参照。在设计电子表格之前，并不清楚用户把大部分时间花在成年阶段的果蝇数据上，但如果考虑客户的使用习惯，在电子表格中添加一页，对全部数据进行相互参照，将会节省客户大量的时间。添加很多页做更多的相互参照或许也有道理，但只有在客户可能用到，而且规模可控的情况下才考虑。

产品的外表及其界面设计可能也会导致效率低下。有些显而易见的用户体验和用户界面设计问题：

- 文档的格式和书写是否易读？
- 按钮和文本框是否易用？
- 常用的操作是否有快捷键？
- 是否很容易找到需要的东西而且很方便使用？

尽管最后一个问题意在覆盖全部用户体验问题，但实际上用户体验和用户界面设计的细节和范围远远超过了上面几个问题。除了最明显的问题以外，其他的最好咨询用户体验专家。

如何识别

当你在设计和构建产品时，非常容易遗漏某些用户体验问题。因此，在意识到界面上存在重大缺陷之前，你可能不得不把产品交给其他人。

一个策略是通过客户来诊断用户体验的缺陷。可以向他们提出下述问题：

- 觉得产品容易使用吗？
- 产品中是否有什么地方很难用？
- 你最常做哪些操作？
- 产品不同部分的使用频次是什么样的？

假如得到了这些问题的答案后，你仍然怀疑在用户体验方面有问题，最好花些时间与客户一起工作，像我在前面描述过的那样，观察他们如何使用产品。

要想对用户体验和客户的工作流程有更加透彻的分析和改进，可以请用户体验专业人员参与项目。他们在技术、设计和心理学的交叉重叠领域受过教育而且有经验，他们愿意直接与客户打交道，了解尽可能多的产品使用和工作流程情况，然后据此做出推荐，指明哪些设计好，哪些设计差，以及哪些设计需要改善。

如何补救

像大多数的生产问题一样，我们要么迁就用户体验问题，要么修改产品。假设问题还没有到产品无法使用的程度，一个可行的选项是教育和培训客户如何绕过问题，或由客户自行设法解决。另一个选项是修改产品，这可能需要很多时间重新设计和研发，补救措施的选择涉及在修改产品的过程中所耗费的时间及与客户一起绕过问题所耗费的时间和精力之间的权衡。有关的过程请参见本章12.3节。

12.1.3　软件缺陷

缺陷是软件问题。用户体验会造成产品使用不顺畅，但不是错误，而软件缺陷却不是这样。下面给出了几个例子：

- 计算结果不正确。
- 错误信息或者软件崩溃。
- 显示的文字、表格、图像等不适当。
- 按钮或其他功能不起作用。

显然这并未穷尽所有情况，但对那些经验不足想了解如何应对软件缺陷的人应有所帮助。

如何识别

在向客户交付产品之前，许多软件研发团队，为了寻找并解决软件中的缺陷，会组织一次全员找缺陷的活动。在这个活动中，几个人也许是整个团队再加上有些非本团队但与产品相关的人，会在一个小时内（或某个固定时间段）一起测试软件，试图寻找系统中的缺陷。找缺陷的人会点击软件中的每个按钮，在文本框内键入稀奇古怪的东西（负数、荒谬的大数、在应该放数字的地方放入文字等），然后看软件是否会崩溃、显示错误信息或者出现异常行为。每找到一个缺陷就记录下来，以便在软件发布之前修复解决。

如果你和同事不去寻找缺陷，客户就会替你发现。因为他们没有参与从产品设计到研发过程中的活动，所以偏见较少而且没有行为的趋同性。因此，他们想在软件上做各种你意想不到的尝试，开启一系列有可能发现缺陷的活动。

如何补救

根据定义，缺陷是软件中的错误，通常除了修复别无选择。另一方面，如果某个缺陷很难修复而且客户遇到的机会极小，那么或许可以不修复。我想这非常普遍。从广泛使用的公共错误报告系统中，可以找到一些陈年的软件缺陷，这些缺陷很难修复而且影响较小。虽然缺陷一般会比用户体验问题更严重，是否修复缺陷的决策归结为修复所耗费的时间和精力与将其留给客户所带来的损失之间的权衡。

12.1.4　产品无法解决实际问题

这可能是产品的最差结局。虽然已经投入了时间和精力，设计与研发了可以满足客户需求的产品，但因为某些原因所完成的产品无法帮助客户实现目标。发生这样的事情感觉很不好。如果产品和目标之间不匹配并不是由于不适当使用、用户体验或软件缺陷所引起的，那么产品必然在某些方面存在着严重的不足。

例如，当年我曾在专业分析的初创公司工作，分析的目标是受SEC 监管的金融企业内部的组织间信息沟通，我们团队研发了探测危险行为的统计方法，然后将其与软件产品集成。客户想从内部和外部发现那些涉嫌非法交易机密信息的可疑雇员，如证券相关的内线交易。合规人员能寻找潜在违法者的各种可疑活动，我们为这些活动建立了行为档案。这些档案可以转换为危险行为的统计检测模型，针对每个行为档案生成最可疑雇员的名单。

我们认为这将回答许多金融监管与合规部门的问题，潜在客户的所有反馈意见也都支持这个假设。但当合规官员开始上手使用这个软件时，他们被行为分析与危险行为检测搞晕了。许多人继续使用旧工具来完成合规任务，该工具主要包括扫描内部通信的随机抽样，以寻找可疑的词语。这就是产品似乎并没有任何重大缺陷，或存在用户体验方面的大问题，但客户感觉不到该产品解决了他们的主要问题。

回想起来，我确信在大部分情况下，该产品都能找到客户想要的答案，但在合规官员的心目中却不尽如人意。他们似乎想要下述两样功能：

- 毫无疑问地告诉他们坏人是谁的统计方法。
- 更有效搜索和过滤员工通信的方法。

不幸的是，我们的统计方法不够好，无法完成第一个任务；复杂的统计方法有助于第二个任务中提到的更有效地过滤，但似乎在信任这些统计方法，与对搜索和过滤工具的确定性行为预期之间产生了认识分歧。换句话说，如果客户不完全相信统计方法，他们宁愿使用自己完全理解的方法，如简单的搜索和过滤。所有参与该项目的人对此并不十分清楚，直到产品构建和交付以后才意识到。

如此说来，这也算是个好消息，因为通过交付产品和获得客户反应使我们更加了解客户。事实上不止一个顾客有同样的反应，这使我们对顾客和所瞄准的行业有了更深入的了解，远比之前与客户的任何互动都要深入。

然而，投入的时间和精力并没有完全浪费；即使没有行为分析，软件产品的大部分仍然可以使用，特别是用来管理、存储和查询数据的那部分。但在产品界面方面，研发团队必须利用创业公司著名的传奇妙招。必须围绕已建成的行为档案重新设计用户界面，使其可以吸引客户兴趣。值得庆幸的是，此时我们对客户的了解比几个月前多，这主要是通过交付产品及后来客户的拒绝中所取得的经验。

像这样未能达到主要目标的产品的情况各有不同，有很多变量在起作用。有时候可以通过教育和说服客户来弥合差距，如前面过滤和排序通信统计模型的例子。有时候必须在产品上做出重大的改变。但假设顾客已经开始使用产品，认识到有问题并不难。

如何识别

这很容易。当客户开始使用产品时，如果产品有问题，他们要么投诉，要么停止使用。一旦和顾客充分沟通，排除使用不当、用户体验和明显的错误以后，很快就可以知道产品是否达到目标。

如何补救

这个很难。每种情况都不同，但可以利用对客户需求的新发现做出最明智的产品决定。选择通常包括对顾客的再教育、修改产品、构建新产品以及为已有产品找到不同类型的客户。根据情况，其中有些可能要比其他的更有道理，但有件事是肯定的：在决策之前应该彻底考虑所有的选项。

12.2　反馈

获得反馈的确很难。一方面很难从客户、用户或者其他任何人那里获得建设性的反馈。另一方面，我们花费了大量的时间和精力构建了产品，如果不考虑对产品的攻击或误解，将很难获取反馈和批评。除了比较罕见的情况以外，本节将讨论为什么反馈是一件好事，并且分享一些如何充分利用反馈的建议。

12.2.1　反馈意味着有人在用产品

如果有反馈说明有人在用产品，这很不错。但令人惊讶的是，见过在生活中有很多辛苦构建的产品不被使用的情况。不被使用的原因各不相同，主要包括以下几种情况：

- 客户没时间学习和使用产品。
- 提出产品请求的客户不是用户，用户拒绝将产品集成到工作流程或对其不满意。
- 产品偏移了目标，当研发完成时发现目标已经偏移得太远了，所以产品没用。

无论什么原因造成客户不使用产品都是糟糕的，如果能获得客户的反馈就很好，证明这些理由不成立。

12.2.2　反馈绝非反对

除非是非建设性或卑鄙的人存在，否则不要把客户的反馈视为对你或产品的侮辱。地球上的大多数人都喜欢为了别人做得更好而提出建议，尤其是工程师和软件研发人员。这不意味着任何伤害，他们的一些建议可能很有用。

反馈可能与商业礼仪相关但与数据科学无关。如果能心平气和地倾听反馈，那么可以得到更多有用的信息。不过，花数月时间构建的产品，用了 10 分钟后就被评论，确实很难让人接受，我见过不止一个研发人员或数据科学家为产品收到的小建议而极力辩解；这就是我在这里提到它的原因，在这种情况下，我坚信“任凭风浪起，稳坐钓鱼台”。

别过于在意每个评论和建议，但通常都值得倾听。在决定是否认真对待这些意见之前，需要考虑其知识和专长。我可能不会接受 CEO 对统计方法的建议，除非他和我一样也有统计学学位，同样，在商业问题上，CEO 也不会采纳统计学家的建议，除非他们有相关的经验。谁都可能有改善产品的建议，倾听和冷静考虑比不倾听和不思考的人更有机会做出伟大的产品。

12.2.3　从字里行间了解

在忙于听取反馈的同时，可以采取后处理步骤获得更多的信息。虽然这不完全准确，但可以归结为几个应该同时考虑的状况：

- 人们所说的经常词不达意。
- 人们所说的往往体现了其身份和经验。
- 人们所说的是基于主观感知而并非客观现实。

我知道这些都是笼统的陈述，严格地说不适用于数据科学，但仍值得考虑。任何时候当你打算采纳某人的建议改进产品时，在投入时间和精力改进之前，建议考虑此人的身份和出发点，这可能会有帮助。我在下面几节中将对这三点进行解释。

他们到底是什么意思

如果有人使用网络应用说，“应该添加搜索标签以搜索所有的可用数据”。如果根据直面意思采纳其建议可能并不是一个主意。也许他们想要的是，“能够搜索所有的数据”而并不是关心搜索功能是通过标签、网页还是页眉的形式实现。如果只按照字面意思采纳建议，而不考虑建议中哪些部分重要，有可能会犯错误。也许在建议添加额外的标签之前，他们根本就没有考虑到所有可能的用户体验解决方案，即使搜索能力的建议是好的。

类似这种情况，在本章的前面讨论过，当我在负责研发分析金融公司内部组织信息沟通的产品时，经常会听到反对用户定义正在寻找的可疑类型的行为档案的建议。要求用户定义档案阻碍产品使用的情况，有人请求在无用户输入的情况下使用通用档案。经过一段时间，我们渐渐意识到为用户建档案需要做很多努力，尽管事实上典型的产品用户对自己要找的这些可疑类型的了解，远比数据科学家和软件研发人员要多得多。我们开始理解“应该包括通用的行为档案”的意思是“我们不想把时间和精力用在研发行为档案上”，后一个陈述的要求更明确和直接，会阻碍通用档案的研发，因为所给的信息不够具体。

区分客户所说的话的表面含义与真实含义是一门艺术，真正弄清楚他们的意思可以在改进产品上节省大量的时间和精力。

他们都是谁

身份和经历很明显会影响他们的语言表达。在与软件相关的行业中，我注意到不同角色人员有不同的思维模式。当然不是所有人都符合这些描述，还要看教育基础、经验、目标等，以下角色通常会有些共同的看法：

- 销售和业务拓展人员希望一切都简单明了。似乎无视统计与软件工程，希望事情更容易理解。他们期望产品能直接解决客户的问题（可能性极小）。
- 软件工程师希望一切更高效，尽可能提高能力。他们的反馈可能包括像“如果……可以快得多”，“如果你让它更快……，”，“你只要……，就可以……”和“……可以……吗？为什么不呢？”这样的短语。希望产品能够处理每个潜在用户的所有边界案例以及大量数据。
- 其他的数据科学家希望能分析得更巧妙，而且数据驱动图形能产生惊人的效果。其反馈可能包括“采用什么统计方法？”，“可能以图形化方式……”，他们希望产品能为每个用例提供学术级结果，而且有足够的灵活性进行强大的统计分析。

- 业务领域的专家主要希望解决自己的问题；他们没有软件或数据科学方面的经验，但愿意根据需要进行学习。其反馈通常充满含蓄和好奇，比如“我能做……吗？”，“我怎么样才能……？”，因为他们想解决自己的问题，除非知道产品无法解决问题，否则几乎愿意接受任何策略或方法。

尽管这些信息不完善，但希望它们有用，可供你参考来自各种不同业务角色的反馈。所有的反馈可能都很重要，但是否采取行动在很大程度上取决于目标与反馈的一致性。

他们的看法

在给出反馈意见之前，对产品以及可解决的问题的观察和思考很重要。

最近在一家初创公司工作的时候，有位顾问建议在我所构建的分析组件中，应该停止用文件系统作为中间存储，并且把中间存储和最终结果存入数据库。我理解他的想法，因为数据库除了最简单的读写操作外，显然比文件系统快，因此，不管哪种类型，如果切换到数据库都会有明显的改进。此外，我们现在经常与数百万兆字节的数据打交道。我不是第一次听到这样的建议，所以有些解决双方分歧的经验。根据我的经验，并不想接纳该建议。不采纳此建议的理由如下：

- 无论是在测试还是在实时部署过程中，数据库作为软件，必须配置和管理每个环境。这也意味着需要大量的维护工作。

- 只有自己研发或维护的分析软件，并且我没有部署多环境数据库的经验。
- 文件系统的存储已经相当有效。
- 经过分析代码发现大部分时间用在计算而非存储。切换到数据库充其量能提高 2 倍的效率。

这个建议切换到数据库的初创公司顾问，其对上面描述的情况并不了解。作为数据科学家和研发人员，我对这些事情谙熟于心，所以可以在知己知彼的情况下考虑这些建议。如果切换到数据库，对我而言，每次部署都会有更多的工作，而我们又没有资金雇佣其他的人，所以选择不切换乃长久之计。许多软件工程师也许对此并不认同，但我聚焦在利用软件取得正确结果上，并不在意处理时间是否多出 1.5 倍。

要想描述彼此之间在看法上的差异可能非常困难，但我想强调的是，看法因人而异。提出的反馈建议应该由他们自己来考虑，因为他们对产品情况的了解最深入。

12.2.4　如果必须要求反馈

一些数据科学家交付产品后就认为已经结束。另一些数据科学家在交付产品后，想等待客户的反馈，还有一些数据科学家在交付产品后，与客户不断纠缠。我并不想暗示最后一类最好，但经常与客户跟进可以确保所交付的产品能更好地解决问题。这么做主要有两个原因。

声誉

要跟进客户的第一个原因大概是，如果项目成功，客户满意，对自己、团队及雇主的声誉大有好处。当然，花几个星期甚至几个月来构建无用的东西是一种耻辱，而且也没有什么意思。更为重要的是，该项目是你工作的关键部分，应该反映出所从事工作的质量和顾客期望之间的关系。跟进客户可以让你有机会解决问题，特别是那些容易解决的问题，从而大大地提高客户的满意度。

学习的机会

在要求客户反馈的持久战中，你可以完善自己并提高在数据科学方面的技能。在向客户交付产品时，如果不与客户交谈，就没有太多其他的办法来弄清楚成败之所在。正如本章所描述的那样，详细地询问客户是洞悉设计和构建产品成败的唯一机会。

12.3　产品修改

每个产品研发人员都希望能把产品交付给客户，解决客户的所有问题，从此万事大吉。这种情况比较少见。如同数据科学过程的每个步骤，产品使用的初始阶段也充满了不确定性。通常存在各种问题。正如本章前面所讨论的那样，这些问题有时候可以通过帮助客户更有效地使用产品来解决或缓解。但在其他情况下，所出现的问题很难或无法通过培训客户的方式来解决。此时以某种方式修改或改变产品成为最佳或唯一的选择。

本章前面讨论了不同类型的产品可能会发生的问题以及如何解决。在某些情况下，我建议可以通过改变或修改产品本身来解决问题。修改产品可能非常棘手，适当的解决方案和实现策略取决于所遇到问题的类型以及要修改的内容。本节将讨论由于项目某些方面的不确定性直接导致的产品修改、设计和工程过程的修改，以及决定修改哪些产品可以最大限度地提高项目的成功机会。

12.3.1　必要的修改源于不确定性

如果在整个项目中一直保持对不确定性以及每步可能产生结果的谨慎意识，那么也许你发现自己正面临与预期不同的结果也并不奇怪。但同样的意识也可以保证至少接近可行的解决方案。实际上，这意味着你从未期望过每件事在第一次 100% 正确，所以当然会有问题。但如果你一直很谨慎，那么出现的问题就不会大而且解决起来也相对容易。

情况甚至有可能是这样的，你预先知道有出现这样错误的机会，甚至已经对可能出现的结果做好了计划。如果是这样的话，你一定在整个过程中保持着令人难以置信的意识，现在你处于有利的位置，可以为存在的问题找到并制定可行的解决方案。如果没有预见到这些问题，你就属于绝大多数；知道存在不确定性并不等于知道结果。但现在知道产品交付后会出现哪些问题，从实现项目主要目标的角度看，你处在比以往任何时候都更明智的有利位置。然而，这需要你付出更多的努力来设计和构建产品。

12.3.2　修改设计

修改设计指的是弄清楚产品需要做哪些必要的修改，应该采取什么形式？设计过程是从概念上识别和想象产品需要修改的地方而并非实现这些修改。

除了已有产品以外，修改产品设计和初始产品设计基本上一样，希望产品的大部分功能仍然能够使用。尽管可以继续使用现有产品的大部分功能，但最好不要这么做。借用财务术语，已构建产品上花费的时间和精力属于沉没成本，所以在做未来决策时不应该考虑已有产品的成本。在做决定时，可以把现有产品作为一种要处置的资产来考虑。

本章前面部分讨论过为产品识别和寻找各种各样的补救办法。在这一点上，你应该知道问题是什么以及如何解决，但我并没有给出关于补救本身的许多细节。这里会讨论更多关于三类问题以产品修订的形式的设计补救措施。

漏洞

从设计的角度来看，修复缺陷微不足道。在某个范围内，很显然软件本来应该做些其他的事。修改设计的目的是让软件做该做的事，而产品修改所涉及的工程量却不容小觑。

用户体验问题

设计是用户体验问题的全部。棘手的问题可能需要用户体验专家的帮助。假定产品的第 1 版包含用户体验问题，除非问题的具体解决方案显而易见，否则完全有可能在第二次用户体验设计时也会有问题。对于特别的问题，可能需要在用户体验上重新设计，投入比原来更多的精力，这通常需要有用户体验经验的人帮忙。至少值得花些时间与用户相处，以了解他们如何使用产品以及问题是如何产生的。

功能问题

关于分析软件的应用，我用术语“功能”表示任何在幕后收集、计算、存储数据等操作，以及为用户提供信息和结果的一般应用能力。例如，功能问题可以是应用花太多时间将结果交付到用户界面，或使用不适当的统计模型或关键数据。

修改产品功能通常也需要修改架构，这可能对应用的许多其他方面产生影响。对这样的修改不应掉以轻心。最好与参与产品设计和实现的每个人进行讨论，了解要修订部分可能带来的影响。对更复杂的分析应用，无法完全清楚修改可能带来多么巨大和深远的影响，这可能需要调查才能发现。

在涉及重大功能修改时，我通常会按照下述步骤收集所有团队成员关于产品和架构的关键知识：

1. 清楚地描述关于用户最终结果的修改。
2. 从在场的每个人那里得到关于应用的反馈。
3. 考虑是否可以实现最好的修改，或某些方面无法实现。
4. 获得对修改所需时间和精力的估计。

可以把这些步骤反复应用于任何功能的修改。然后，根据所需要的时间和精力，与计划实现修改的最好情况的接近程度，以及对产品和项目成功的整体影响，来对修改进行比较。

12.3.3　工程修改

工程修改指的是将修改设计构建成产品的过程。分析应用，意味着编码或集成新工具。

与产品设计一样，产品架构可以有相当大的惯性，但它应当被视为沉没成本。产品架构的许多部分可能仍然有用，但有些可能没有用。决定何时抛弃重要的代码可能是个难题，但有时抛弃是正确的。

另一方面，可能有些巧妙的方法用当前的架构满足设计修改的要求。使用这些巧妙的解决方案存在风险。当你对产品做进一步修改或补充时，可能会在当下节省很多时间，但可能在将来耗费大量的时间和精力。如果有巧妙的解决方案，考虑以新的方式重新集成现有的软件组件，最好询问自己和团队下述问题：

- 如果让我重建整个产品，会以这种方式构建吗？
- 为什么不呢？
- 不适合目前情况表明我设计的巧妙解决方案风险太大，这是为什么？

在这里稍有些远见便可以走很远。一次性的巧妙修改通常是可以的，但在此基础上的第二轮几乎保证还会有更多巧妙的修改，此起彼伏，直到整个代码库被巧妙地修改成一团乱麻，没人知道应该如何修改。

尽管巧妙的解决方案如此，但我还是要多说一下基于几类问题的修改措施。

缺陷

软件缺陷的生命周期是发现、诊断并修复。发现缺陷容易，诊断缺陷的根本原因的难易程度取决于应用中缺陷的深度和关联程度。修复缺陷的难度差异很大，这个难度可以独立于缺陷是否难以诊断。有些缺陷很容易就被诊断出来，但修复它们却并不容易，当然也存在着与此相反的情况。

在大多数情况下，修改产品，包括修复缺陷相当简单。诊断并修复缺陷，几乎不涉及设计，是否以及如何修复缺陷几乎不是个问题。但在一些特殊的案例中，诊断或修复缺陷复杂得令人难以置信，根本不可能在合理的时间范围内完成。在这种情况下，必须根据对缺陷的影响，以某种有效的方式做出重要的决定。容忍缺陷不是一件有趣的事情，有些缺陷顽固到必须与之共存的程度，除了商业压力之外，没有其他的理由会要求项目必须关闭缺陷，所以尽量减少缺陷影响就会成为产品修改的目标。

用户体验问题

旨在解决用户体验问题的产品设计优化，要弄清楚该做什么通常比修改实现本身更难。当然，有些用户体验涉及复杂的实现，但大多数不会。许多现成的用户界面框架已经包含了各种标准行为，同时存在大量的软件应用，所以很可能早已有人构建了类似的用户体验。在把修改后的产品交付给顾客之前，要确保用户体验设计师对修改做了彻底的检查。

功能问题

修改并解决功能问题会对应用产生深远的影响。这个判断对 12.3.2 节中提到的修改也同样有效。最好能召集团队对要做的修改分析评估所带来的后果和影响。

除已知或预料到的影响之外，功能问题也可能会出现预想不到的影响。如果修改软件中的对象，使其具有新功能，那么代码中每处使用该对象的应用行为都会发生相应的改变。面向对象编程因依赖性而带来的副作用使其臭名昭著（同样又受人喜爱），其中有些副作用可能在最初读代码时不那么明显。对复杂的应用，软件研发人员通过单元和集成测试，确保软件不会引入新缺陷。如果担心在修改过程中引入新缺陷，最好在代码中包含测试。

许多软件工程师认为，对应用代码进行正式测试的时间安排得太迟。在理想情况下，应该在写代码的同时准备好测试，这样应用会始终保持 100% 的测试覆盖率。但作为数据科学家而不是软件研发人员，当我刚开始写代码时，很少准备测试。我通常会把实验或研究代码改编成应用代码，测试是事后的事情。只有当我意识到要做一系列修改时，会担心在这个过程中破坏某些东西，于是开始写测试脚本。这可能不是理想的工作流程，但我倾向于这么做。无论如何，测试写得晚总好过不写，如果你还没有这么做的话，现在是纳入测试的好时机。在研发或修改产品过程中，有关如何依靠测试结果来避免在产品中引入缺陷，可以请教有经验的软件工程师，或参考常见的软件测试指南以获得更多的信息。

12.3.4　决定要做哪些修改

一旦你认识到产品的问题，而且弄清楚了应该如何解决，那么仍然需要决定是否修复。有一些人最初倾向于每个问题都修改，这不一定正确。不修改产品问题也有原因，就像修改产品有原因一样。

以下是一些有利于修改的可能原因：

- 产品不错，客户很满意而且项目非常成功。
- 基于合同约定的义务进行某些类型的修改。
- 未来的项目、产品或修改取决于此，现在作出修改将会提高产品的质量。
- 客户愿意为修改支付更多的费用。
- 客户要求修改，授权请求将帮助你维护或改善与客户的关系。

下面是不利于修改的可能原因：

- 修改不会完善产品。
- 很难修改或耗费很多时间。
- 合同中约定的义务已经履行，认为产品“能满足政府工作的需要”。
- 怀疑客户不会注意到问题或不会受到明显的影响。

下面是一些应该考虑的因素：

- 修改需要的时间和精力。
- 修改对产品及其效率的真正影响。
- 合同中约定的义务。
- 其他可能的修改及其影响，如时间和精力。
- 研发团队的责任冲突。

如许多决定一样，最后作出的选择归结为权衡利弊后的结果。以我在软件研发和数据科学方面的经验，重要的是停下来考虑选项，而不是盲目地解决所发现的每个问题，这会花费很多的时间和精力。

练习

根据第 1 章和第 2 章中描述的脏钱预测个人理财应用场景，试着与前面章节的练习相关联，并回答下述这些问题：

1. 假设已经完成了统计软件研发及网络应用集成。但大部分应用生成的预测似乎都不正确。请列出三个检查和诊断问题的好地方。

2. 应用部署后，产品团队通知你，即将向选定用户发送应用调查问卷。可以在问卷中提三个开放式问题。你会提哪三个问题？

小结

- 客户倾向于以别出心裁的方式打破产品。
- 应该小心谨慎地识别、诊断和解决产品问题。
- 获得反馈是有帮助的，但不应该所有的都重视。
- 修改产品设计与实现应与当初设计和构建的产品相同或相似。
- 没必要解决每个问题。

第 13 章　结束：项目善后

本章内容：

- 清理、记录和存储项目的材料
- 确保你或其他人在找到文档以后可以重新启动项目
- 项目的总结、反思与教训
- 数据科学项目经验及其作为工具的产品

图 13-1 显示了我们在数据科学过程中所处的位置：结束项目。随着数据科学项目的结束，似乎所有的工作都完成了，但在进入下个项目之前，应该先修复缺陷或解决遗留问题。在正式宣布项目完成之前，我们还可以再做些事情来增加对现有项目的扩展或者新项目成功的机会。

有两种方法可以着眼当下，助力未来。一种方法是确保在未来的任何时候都可以很容易地重新启动现在的项目，返工、扩展或修改，以此增加后续项目成功的机会。而若与此相反，则在几个月或几年后，如果翻出项目材料和代码，结果会发现自己不记得曾经做过什么或怎么做的。另一个方法是尽可能从现在的项目中学习，并把这些知识带入未来的项目。本章聚焦两件事：项目善后以备复用，从整个项目中尽可能多地学习。

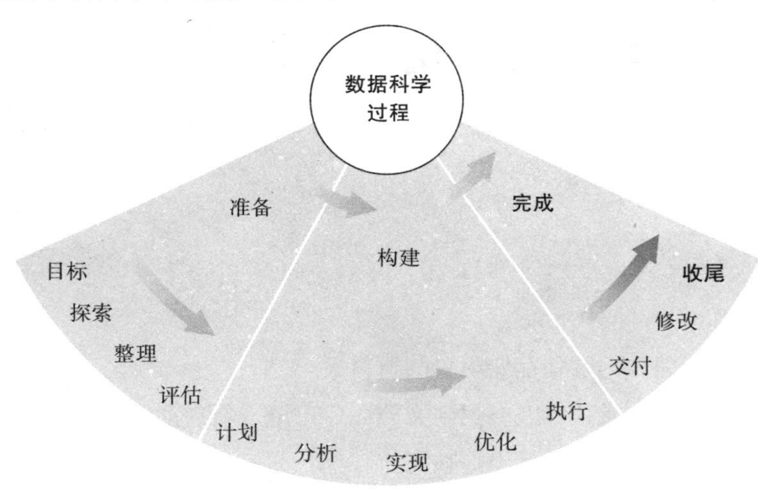

图 13-1　数据科学过程完成阶段的最终步骤：干净利索地完成项目

13.1　项目善后

在清理完遗留事项，并在所及范围内没有新的任务后，你可能会有一种把项目从脑子里清除的冲动，如果同时还有其他待完成的项目，你宁愿把时间花在新项目上，也不愿意沉湎于已完成的项目。此外，需要现在努力以确保妥善保管并安全存放项目材料，以备在未来的几种情况下高枕无忧：

- 某人对项目的数据、方法或结果提出质疑。
- 自己在本项目的基础上开启新项目。

- 同事在本项目的基础上开启新项目。

如果这几种场景在项目结束后立即发生，情况就不会那么令人畏惧，但如果过几个月甚至几年后，回忆项目细节就会越来越有挑战性，如果记不住就需要查找项目材料，而这需要耗费多少精力完全取决于项目善后时材料组织条理性的高低。

本节将对这些未来场景提前予以考虑，但首先要涵盖与项目善后相关的两件事：文档和存储。为了能在前面提到的未来场景中节省时间和精力，应该确保项目材料既容易找到（存储）也易于理解（文档）。

13.1.1　文件

项目文档可以分为三个层次，其取决于谁用以及需要多少专业知识来理解。客户或用户会看顶层的文档，只有构建产品的软件工程师才会看最底层的文档，而中间那层技术文档则是为想了解软件原理，但又不必修改软件的人准备。像设计和构建产品一样，了解用户有助于创建文档。

用户文档

级别最高的是用户文档，是客户从产品或与产品配套材料中可以看到的内容，这包括报告、结果摘要以及在应用构建和交付中涉及的文本和描述。用户文档应包含使用产品的人必须掌握的信息，从概念上相当于开车需要的信息，但不涉及如何维修或制造汽车。

用户文档可能包括以下内容：

- 如何使用产品？
- 产品的主要功能和局限性。

- 不明显但有助于用户的信息。
- 关于会引起问题产品使用方式的警告。

用户文档通常要么与产品在一起，要么出现在伴随产品的材料中。一些常见的用户文档形式有以下几种：

- 网络应用的帮助页面。
- 向所有用户解释如何使用产品的书面文件。
- 维基或提供给用户的其他资源。

一般来说，用户文档的范围不会超过用户界面，或者没有明确用于客户和用户查看的任何信息。有关产品在幕后是如何工作的应该作为低层的文档保留。

研发文档

中间层的研发文档包含软件研发人员想知道的信息，不管是集成、程序化使用或构建类似的系统。研发文档应该包括对架构和接口的描述，以及不会深入软件实现的细节，完全是表面的描述加上内部结构的概念性描述，与更换机油或制动器所需要信息的性质相同，并不太在意如何制造汽车，在更换机油时，知道车内有发动机，而且发动机与油箱相连可能会有帮助，但是不应该包括同步带、活塞、阀门等具体结构。

研发文档可能包括以下内容：

- 关于API和其他集成的详细说明。
- 具体统计方法的实现。
- 对软件架构和对象结构的概述。
- 对输入输出数据的内容和格式的描述。

通常研发文档不在产品中，除非产品的用户是软件研发人员。

下面是常见的研发文档：

- wiki、Javadoc、pydoc 生成的文档或其他描述 API 的文档。
- 代码库自述文件。
- 描述软件架构和对象模型的关系图或其他文件。
- 描述所用统计方法的技术报告。
- 对数据及其格式的文字或图形描述。
- 以集成或编程方式使用软件产品的代码实例。

研发文档通常描述软件产品或方法内部的工作原理，不涉及产品的代码及详细结构。

代码文档

代码文档的级别最低，用于负责研发产品的软件人员或维护团队，从代码的具体实现细节看产品如何工作，代码文档有利于修复缺陷、改善产品或扩展能力。与前面提过的汽车文档相似，代码文档相当于说明如何安装、拆卸、组装和调整汽车。在这种有趣而且恰当的类比中，这类低级别的文档并不讲解如何驾驶汽车，尽管开车和修车认可彼此的价值，但所需要的知识几乎相互排斥。代码文档和用户文档之间的关系也是如此，尽管可能有些重叠，但一般来说它们不相同。

代码文档包括以下的内容：

- 描述对象、方法、功能、传承和使用等。
- 非常详细地描述对象的结构和架构。
- 解释为什么要选择某种实现方式。

代码文档通常伴随代码或其相关的地方。常见的代码文档形式如下：

- 对代码及其所描述事情的注释。
- 代码库自述或其他文件。
- 软件架构图。
- 用 Javadoc、pydoc 或其他类似应用自动生成的文档。

一般来说，代码文档应该为产品团队的研发人员提供足够的信息，并以合理有效的方式引导、理解和使用代码库，如果没有良好的代码文档，要想弄清楚代码如何工作，研发人员就需要阅读代码了。然而对于那些复杂的软件产品或可读性差的代码，会像爱丽丝掉进了兔子洞一样，前途未卜。

13.1.2　存储

存储是指把代码、文档，数据、结果等所有材料存储起来的方法，如果需要重启项目或回答出现的问题，更方便和可引导的存储有助于更容易地找到答案。此外，更安全和可靠的存储有助于确保材料在未来可以继续存在。

本节将考虑材料存储方法和格式。我把这两个概念混合使用，虽然二者可能无法相互替代，但往往很困难区分，例如远程的 Git 库，所以我们需要了解概述方法和格式以便清楚应该使用哪种方案？

本地存储

对不那么重要的项目来说，本地计算机通常是最容易存储代码、数据和其他文件的选择，但如果只用一台计算机而且不支持异地备份，就会存在严重风险和限制。表 13-1 总结了何时何地使用本地存储。

表 13-1　使用本地存储的优点与风险

优　　点	缺　　点	最适合的场景
容易 方便 可存储任何格式的文件 完全控制	有限的磁盘空间 计算机丢失或损害情况下会出现单点故障 除了你，没有人能访问	容易返工的个人项目 有异地备份

网络存储

在工作场所，共享网络通常比本地计算机的存储大，而且可以由 IT 部门定期备份到异地，通常可以通过登录到系统，或使用联网的计算机进行网络存储。表 13-2 摘要总结了何时以及为何使用网络存储。

表 13-2　使用网络存储的利弊

优　　点	缺　　点	最适合的场景
可以存储任何格式的文件 由内部 IT 部门管理 通常有充沛的空间 经允许其他人可以访问	有限的访问 无异地备份，可能会出现单点故障 多人使用，可能会很乱	共享项目 不需额外工作，将所有文件保存在同一个地方

代码库

本书前面曾提到源代码库和像 Git 这样的版本管理工具。除了最琐碎的编码项目之外，强烈建议把代码推送到异地存储。个人或组织可以管理自己的代码库服务器，或使用如 Bitbucket 或 GitHub 等服务商所提供的网络远程代码库，这不仅为代码提供了冗余的托管空间，也为查看和共享代码提供了空间。表 13-3 摘要描述了何时以及为何使用代码存储。

表 13-3　代码库存储的利弊

优　点	缺　点	最适合的场景
非常适合共享代码 远程服务器既有版本管理也有备份功能	除了普通文本以外，不适合其他像 Git 这样格式的代码库软件	全部代码 当关注基于普通文件的修改历史时

自述文件

虽然自述文件不是技术意义上的方法或格式，但它基于文本，通常与应用或代码在同一文件夹，其格式通常可以是直接由文本编辑器，或标记语言解释器读取的某种标记语言，可以有多个自述文件，分别在代码或项目结构的每个文件夹中以描述文件夹的内容。自述文件也可以在确认后存入代码库，Bitbucket 和 GitHub 均提供了不错的工具，以便用浏览器直接阅读自述文件。我强力推荐为代码提供自述文件，包括重要的研发者和代码级文档。表 13-4 概述了何时以及为何使用自述文件。

表 13-4　使用自述文件的利弊

优　点	缺　点	最适合的场景
格式轻 与代码驻留在一起 与代码存储在一起 标记语言确保合理的格式	文本格式不如 wiki 和其他复杂文档类型那么灵活 属于代码库的，没有代码很难共享	文档不在代码中但是总与代码相伴

wiki 系统

维基是基于网络的系统，适用于多个共享、相关而且可以反复更新和扩展的文档。维基百科是大型维基系统的典型案例。文档可以通过链接相互关联，而且当文档的位置发生变化时，wiki 系统会自动更新所有的相关链接，如果试图使用不太复杂的系统，就必须手工完成这些事。关于何时以及为何使用 wiki 系统，请参考表 13-5 的摘要。

表 13-5　Wiki 作为文档存储的利弊

优　　点	缺　　点	最适合的场景
与其他方式相比，能更好地处理文档之间的链接和相互参照问题 维基的标记语言允许相当复杂的页面格式与结构	设置与管理可能比较繁琐 免费的优秀维基系统很少 如果不积极维护，维基系统会变得杂乱无章	相当多非代码文档，而且文档之间存在许多链接和相互参照 需要比文本格式文档更多的格式与结构

网上文档托管

谷歌网盘、文档以及微软的 Office 365 等都提供了网络文档托管，这对组织文件和文档也很有帮助，同时可以提供从任何计算机访问的基于浏览器的文档编辑器。所托管文档通常有几种常见格式：文字处理式文档、电子表格、图表、图形等，也可以上传其他类型的文件，但无法通过浏览器处理，因此可以作为托管公司管理的普通远程备份服务器。表 13-6 摘要描述了有关何时以及为何使用网络文档托管。

表 13-6　网络文档托管的利弊

优　　点	缺　　点	最适合的场景
复杂的文字处理和电子表格 可以处理很多文件类型 系统编辑 大公司可以提供近乎完美的可靠性	不适合存储代码 若不投入精力去组织会很乱 这些系统有些蹩脚，例如从普通文件到网络版文件的转换	那类想印出来或以 PDF 格式提交的文档 电子表格、图表、图形和有其他专有类型的文件 可打印的用户文档

13.1.3 对未来的思考

在讨论了可用的文档和存储类型之后，再回到本节开篇提出的三个未来场景，针对在项目结束时的不同选择来讨论相应的后续影响。

对项目提出问题

项目完成后，当有人提出数据、方法、结果方面的问题时，你可能需要翻出旧材料寻找答案，此时你需要依照下列顺序自问：

1. 保存相关材料了吗？

2. 如果保存了，还能找到那些材料吗？

3. 如果能找到，那么是否可以从中找出问题的答案？

对于第一个问题，我们希望答案是肯定的，因为如果没有保存，那么几乎没有希望回答问题。这里的教训是，只要有机会就应该安全地存放项目材料以备未来之需。

第 2 个问题与寻找答案所需的能力有关，除了确保保存了材料，更需要把材料存在能记得起或找得到的地方，否则，下次完成项目时，就需要考虑这些问题。除此之外还需要考虑存储或其他选项的可靠性，以确保项目材料在未来几年的安全性。

材料的组织和文档是第 3 个问题的关键。如果拥有的只是项目文件夹中的一堆文件，而没有相应的描述，那么可能会很难找到想要的东西，故而下次就应该考虑使用适合材料类型的存储方式和格式。此外，良好的用户和研发文档，是能够浏览项目材料，找到相关详情，以及找到明确答案的关键，如果没有这些文件，项目的细节注定会被遗忘。有些也许可以从代码和蛛丝马迹中推断出来，但是有些不能，为避免失去重要的知识，在项目结束时，最好抓取相关的知识并形成文档，这不仅有助于节省时间和精力，也可以确保以后有人再来向你提问时，不会对你的工作失去信心。

你扩展现有项目或开启新项目

与前面的场景一样，有人针对刚完成的项目提出问题，该场景要求你寻找并整理所有的旧材料。但这里需要你能更深入地理解这些材料。需要充分了解统计软件代码或其他方面，以便于修改或集成。这比弄清楚做了什么以及结果如何的挑战更大。

具体来说，知道代码做什么与掌握它如何工作迥然不同。如果要修改代码，就需要知道全部或至少部分代码是如何工作的。用户和研发文档的作用有限，但代码文档会大有裨益。如果没有良好的代码文档或对代码逻辑记忆犹新，就必须自己阅读并破译代码。

当完成项目时，要设身处地为未来着想，自问，“一或两年后，哪部分代码和软件的哪些功能会令人困惑？”现在有些看起来很明显的事，在交付项目一段时间后，看起来就不那么明显了。

至少应该检查代码的每个主要部分，把最先映入眼帘并在以后可能会令人困惑的事记入文档。这对产品的详细使用说明，以及对整个软件架构的描述也将非常有用。

同事扩展现有项目或开启新项目

想象在未来的某个时间点重启项目将会是什么情形？如果你不在，想想让别人做此事会怎么样？会发生什么？据我的经验，他们会在同样的地方跌倒，还会有更多的问题，因为最开始在该项目上就没有做好过。

换位思考，要了解什么信息才能使他们顺着原来的思路继续考虑问题？梳理代码找到可能令人困惑的代码，并做出相应的注释，说明当时为什么要那样做。除非有可读性特别差的代码或有大把时间，否则没必要使用这种蛮力。更为有效率且有助于思考的方法是，哪部分软件比较新而且容易使刚接触的人懵圈？是否有什么不寻常的地方？如编码风格、复杂的统计方法，或以不明显的方式优化算法以提高性能？如果是以上这些，那就应该记录下来。

为别人准备文档要比为自己写文档考虑得更加周全。因为你必须要超越自己的习惯和视角去思考问题。负责接手项目的可能是位新同事，也许对项目的历史一无所知，突然要求他们完全理解并发扬光大是件很难的事情。

对研发用户体验软件的人而言，创建文档就像是移情。想象某人可能不理解项目和代码的某些部分，需要通过编写较好的文档来帮助他们全面了解。想象公司里现有的高级和初级软件研发人员，还有身边的数据科学家；这些人不理解项目、文档或代码的理由各不相同。但如能换位思考，就可以发现他们可能对哪些部分不明白，然后有针对性地创建文档。假设自己永远不会重返项目，以这样的态度编写用户、研发和代码文档。提供在自己不参与的情况下继续推进项目所需要的信息。如果在你不在的情况下，有人能根据文档顺利接手项目，那就是成功的文档。

13.1.4　最佳实践

我采取以下步骤记录和存储项目材料：

1. 阅读代码，从组织和可读两方面编辑并为方便未来阅读添加注释。

2. 为主要代码写概括性的自述，在代码中解释基本功能和用法。

3. 提交代码到 Git repo，然后推送到像 Bitbucket 这样的远程存储。

4. 收集项目所有的结果、报告和其他非代码材料，放在共享且可靠的存储空间；如果原始数据不太大，也可以包括在内。

5. 把寻找所有碎片的琐事留给自己；例如在主自述文件中包含所有材料的链接。我有时把内容全部都通过邮件发给自己，以确保所有链接都集中在一个地方。

6. 如果在团队中工作，可以把所有材料的链接信息记录在团队的主要文档系统，比如共享 wiki 让每个人都能容易找到。

本章的大部分内容都在讨论在项目结束时如何完善文档和安排存储。从长远来看，从项目开始的第一天就应该考虑如何更好和更容易地做好善后工作。特别是文档，如果能从一开始就做记录的话，效果会很好。下面是我在每个项目最后结束时为改善文档和存储状态做过的一些事情：

- 如果代码有一定的规模，提交所有代码并推送到远程主机。
- 直到确定不会在不久的将来完全重写，才动手写用户或研发文档。
- 在确定用户和研发稳定时，才开始上手写文档。
- 读到让我有些困惑的代码时，写下清楚的注解。
- 根据复杂性和其他的细节把用户和研发文档放进自述部分或 wiki 上。

遵循这些通用的准则，在碰到需要重启旧项目时，节省了我很多的时间和精力。

13.2　从项目中学习

如果将来必须重新审视某个项目，那么如何提高项目的成功几率呢？前面已经介绍了一些行之有效的方法。从项目中获得知识，显然将有助于重新审视项目。但同样的知识也可以在其他数据科学项目中为你提供帮助。为此，要郑重地考虑从项目中学到的所有知识，然后从中提取适用于这个项目的新知识。

这种知识可能与使用的技术有关。某款软件比你想象的更好或更差？基础设施是否会带来问题？在数据中也可能会惊喜地发现新知识。初步分析和描述性统计做得是否足够透彻？数据意外会导致软件崩溃吗？无论哪种情况都会学到某些知识，而且假如项目推倒重做会有不同的方式。有些知识与特定的项目相关，有些可以被当成是今后项目中应当吸取的经验教训。希望通过项目复盘，能从中吸取有益的教训。

项目复盘

项目复盘是在项目结束后，认真考虑在项目过程中发生的一切，目的是学习对未来项目有帮助的知识。

有件关于记忆的趣事，如果现在知道某个事实，可能很难记得在知道那件事之前的状态。从项目开始就弄清楚能学到什么知识并不是那么容易。如果自始至终做记录，那么这个任务可能很容易完成。特别是第 6 章设定的目标和制订的计划，现在可以告诉我们你当时知道什么和认为自己知道什么。第 2 章提出了一些将满足项目基本目标的问题，这些问题的答案也会对你有帮助。

回顾旧目标

在第 2 章或第 6 章中所陈述的目标是基于你所拥有的知识，在那时候，你别无选择。如果不记得自己当时到底知道与否，你过去的目标也许会暴露你的无知。

让我们重新审视一下第 2 章和第 6 章所讨论的啤酒推荐算法项目。该项目的主要目标是推荐应用用户喜欢的啤酒，要做到这一点就必须准确地预测应用用户对尝过的特定啤酒的评分。假设所要求实现的具体目标是使推荐结果的正确率为 90%，分数预测的标准误差率为 10%，实际上这两个目标你都没有实现。

未能实现这些目标的原因是什么呢？一种可能性是数据集不够大或者太稀疏，以至于无法支持如此高的准确率。也许有数以百计的啤酒以及数以百计的用户，但是典型的用户平均只对 10 到 20 种啤酒打分。很难对很少的啤酒评分进行预测。另一种可能性是人类的品味和偏好有很大的差别，因此对所陈述的等级存在固有的不可预测性。现有的研究在一定程度上支持该理论，那些无法记录的因素，诸如人们在试喝啤酒前事先吃过或者喝过什么均会影响评级，这样会导致超过你正在努力争取的 10% 的错误率。

无论如何，每个没有实现目标的项目对其失败都有些主要的原因。找到这些原因可以让你意识到以前自己不知道的知识，以及自从设定目标后学习到了什么知识。所学的东西能应用于未来的数据科学项目吗？在数据太稀疏的情况下，你对数据集的承诺可能更为谨慎，对尚未证明其可能性的结果的准确性方面也不会持有太乐观的态度。在意识到人的偏好是善变的情况下，了解到有些因素无法度量，这样就可以利用这些因素来限制准确性。在未来的项目中，你可能不会再那么雄心勃勃，或者至少也会承认固有的或无法克服的差异可能会阻止实现目标。

审查旧计划

像旧的目标一样，旧计划可以告诉我们在制订计划时你的所知所想。重新看一遍找出自从那时起所学到的知识，思考一下所学的知识是否可以构成在未来项目中吸取的经验，这些对你都是有帮助的。

我们回忆一下出现在第 6 章图 6-2 啤酒推荐算法项目中的计划。该计划有两个结果：达到或者达不到准确性目标，而用户界面将取决于该结果。现在看来有点幼稚，但该计划似乎暗示了算法的准确性是应用中最重要的一个方面。整个产品的设计都取决于算法实现的精度。这个观点从本质上看没有任何错误，但是它严重依赖于数据和数学。好的算法并不能保证应用可以捕捉到用户，但也许还有另外的选项，可以使应用无需高准确度的预测就可以成功。

如果该项目的主要目标是研发应用以吸引用户，并且确保他们反复使用，那么完全没有必要强调算法要有近乎完美的准确度。也许会有吸引用户的其他方法，可能在应用发布后变得非常明显，但是在此之前并不明显。所包含的更加灵活的计划作为重新设计应用的选项，可能是更好的选择。市场研究当时不是计划的一部分，但现在看来也许那时应该包含，将此作为未来项目可以吸取的经验。

回顾技术选择

除了偏离在项目早期设定的目标和计划之外，还可以学到关于所选技术的新知识。所用的编程语言是否曾经出现过问题？所选择使用的数据库造成的问题是否多于其带来的价值？统计方法和必要的软件工具是否是正确的选择？或者现在看上去很清楚当时应该选别的技术？

有时候选择使用的软件工具能使你得常所愿，但是有时却功亏一篑。也许你试图用 Perl 语言做些文本解析，却发现很难将其结果与其他用 Java 写的应用整合。放弃 Perl 并尝试使用 Python，结果发现 Python 并不是很容易用于文本解析，但是很容易与用 Java 编码的应用集成。对这些语言的选择完全取决于你的知识和专业经验，但是在这种情况下，你已经了解了这两种语言的优点和缺点。

同样地，你最初实现的应用中可能已经包括了大数据软件 Hadoop 或者 Spark，但是你真的需要它们吗？对于专家而言，在应用中包括这些技术没有问题，但是对其他人来说，在应用中使用这些专用工具会带来额外的工作量。这些研发和维护中的额外投入值得吗？

无论何时，在项目中包含新的或者不太熟悉的技术意味着一定要学习这些技术。在未来的项目中，你所学习的知识可以用来更好地决定使用哪种工具来完成哪些任务以及为什么这样做。自问会对你有所帮助：“我选择的技术对吗？或者现在意识到是否有更好的选择？”

下次不这么做

除非你是完人，否则在项目中可能会有一段时间让你意识到应该换个做法。意识到另一种选择会是更好的学习经历，但是在许多情况下，这种实现是基于你在做决定的时候还没有学习到什么知识。如果你能把这种认识加以概括并将其贯彻到未来的项目中，那么其会对你有很大裨益。

很难将从特定的项目中总结经验的过程标准化并应用到所有的未来项目。如果经验只涉及所用的软件或者其他工具，那么当然可以将这些知识应用到未来的项目；例如，如果软件工具并没有你想象的那么好，那么可能在类似的情况下不应该再用它。如果经验涉及具体的项目，例如数据或者目标，可能也不太容易应用在未来的项目上。

例如，可能不知道人们的偏好太易变以至于无法支持准确度90%的啤酒推荐，但是对于未来项目而言，可以概括这个经验并认识到有些准确度基准是遥不可及的。假设好的统计分析能带来好的结果，那么可以取得任意的准确度就是谬论。对相同类型结果的可能性的认识可以帮助你进行规划与执行。最好是能吸取教训并谨慎且能雄心勃勃地开展未来的项目。

在项目复盘的过程中，是否有特定的教训可以应用到未来项目，或者有通用的教训有助于你认识可能的、意想不到的结果以及对项目的通盘思考，将会帮助你发现有用的知识，使你有希望在下个项目中能以不同的方式做得更好。

13.3　展望未来

项目结束后，将所有的材料形成文档并存储在安全的地方，通过复盘分析总结并吸取经验教训以利于未来的项目。无论项目是否成功，在数据科学方面你肯定都积累了更多的经验。

数据科学的项目做得越多经验就越丰富，但无法保证将来可以做得更好。做好数据科学项目在很大程度上取决于经验的积累。这个道理在所有的科学领域里通用。虽然可以掌握统计和软件研发相关的所有知识，但仅凭很少的经验，很难预料数据科学中影响项目的众多不确定性因素。如果能利用经验来培养能力并识别项目中可能出错的迹象，那么项目成功的机会将大幅度增加，因为这样可以做好周全的计划来应对风险。

另一方面，不管学习多少知识都无法预见一切。数据不可预测，或者说数据总在为意想不到的事情提供可能性。即使预测有十之八九的准确性，但事情在不断地变化。底层系统可能开始发生变化，或数据源开始变得不可靠。无论如何，经验也许能帮你定位问题，特别是如果能把当前的情况与过去的项目关联起来，并据此制定战略。

除了数据科学中的不确定因素外，软件和其他工具也会不断地变化。在市场上，实际每个月都会有改进了的新版软件工具出现。有些很不错，有些则不然。我喜欢用已被证明使用的得心应手的工具，来减少不确定性，并且在解决工具出现的问题时，可以得到更多的帮助。宋斤鲁削，别具炉锤，但只在特殊的情况下才需要特殊的新工具。如能与时俱进并充分利用经验，就有可能抓住时机创建全新的专业工具。这种情况虽不常见但确实会发生，它的发生将带来分析技术的重大突破，但那只是些没有规则可循的例外情况。

许多软件工具的兴起会令人兴奋，但它所面临的挑战是，在工具获得证明之前，能够经受住使用的诱惑。使用最新的、最令人兴奋的软件通常很酷，但除非能预见几年后行业的状况，否则可能要在确信工具可靠和耐久后，才能在项目中使用。最好是根据知识而不是根据期望来选择软件。毕竟统计方法可以通过验证来证明其正确性，而软件只有通过使用才能证明其优劣。必须要注意对统计和软件的选择，因为这两者会对项目的结果产生很大的影响。新发展会影响选择，但要牢记：软件易变，统计永恒。

如果每个项目吸取一个教训，那可能是项目过程出现的最大意外。不确定性会在工作中蔓延，而且所有曾引起问题的不确定性，很可能会再次阻碍项目。数据、分析、目标几乎都可能会发生突变。认识到所有的可能性不仅是挑战，而且是几乎不可能完成的任务。不错的数据科学家和伟大的数据科学家之间的区别在于，是否具备预见出错的能力并为此做好准备。

练习

反思过去和现在的项目，尝试完成下述练习：

1. 回忆过去做过的某个项目，最好是一年多以前的。与该项目相关的材料和资源现在在哪里？如果有人今天要求返工、重启或继续该项目，你能做到吗？你当时可以做些什么事能使今天的工作更容易些？

2. 看下目前的工作环境，共享资源保存在哪里？很容易找到需要的东西吗？如果需要详细的计划和策略来归档已完成的项目，你认为将会包括哪些东西？

小结

- 组织好项目材料并存储在可靠的地方，如果需要重启项目，可以减少麻烦。
- 完善软件和方法的文档很重要，可以让你和同事在未来更好地掌握项目并协同工作。
- 文档有换位思考的作用；要想象你和其他人在将来可能不理解什么，然后写出相应的解释。
- 进行正式的项目复盘能够揭示出许多不那么显而易见的教训。
- 项目提供了许多经验教训，可以总结、推广和应用在几乎任何未来的数据科学项目。
- 数据科学更多是预测意外，认识到这些不确定性可以确定未来项目的成败。

练习：案例与答案

答案按章节列在下面。

第 2 章

1. 你会问产品设计师哪三个问题？

在项目开始之前，可能向产品设计师提出的问题包括：

- 希望能向 FMI 应用的用户提供哪些预测的例子？
- 如何想象用户与预测之间的相互作用？
- 预测如何与应用中的其他组件匹配？

2. 你会问哪三个关于数据的好问题？

示例问题如下：

- 有可能对未来做出可靠的预测吗？
- 如果是这样，对未来可以预测多远？
- 是否能根据对用户财务健康的影响，把如提款、采购等交易分成“好”和“坏”各种级别，同时显示对预测的影响？

3. 项目的三个可能目标是什么？

可能的目标可能包括：

- 当预测账户余额达到某个水平时，例如银行账户为空，达到储蓄目标或信用卡达到信用额度，应用能可靠地通知用户。
- 为用户提供改变财务行为以改善预测的建议。
- 以可视化的方式清晰而且明了地传达预测。

第 3 章

1. 列出对本项目有益的三个潜在数据源，并分别说明如何访问（数据库、API 等）。

数据源可能包括：

- FMI 内部数据库；估计是基于 SQL 的关系型数据库，但也可能是 NoSQL。
- FMI 通过 API 从银行和其他金融机构提取数据；可能是基于 XML 或 JSON 的 API。
- 用户可能自愿提供如交易、类别或其他属性的有用数据；必须把这些网络操作需求设计到产品里，数据可以存储在 FMI 的内部数据库。

2. 考虑前一章练习 3 中列出的三个项目目标。要实现这些目标需要什么数据？

要实现这些目标分别需要下述数据：

- 进行可靠的预测至少需要每个相关账户几个月的完整交易数据，加上足够的交易属性以将它们分成“重复”或“一次性”等各类交易，从而提高预测的准确性。
- 为用户提供建议所需要的数据与预测相同，加上对交易属性和分类能力更严格的要求。也可能需要更长的历史数据。
- 数据可视化对数据可能没有任何特殊要求，但可靠的交易属性肯定会所帮助，例如支出类别或交易类型是可视化的一部分。

第 4 章

1. 你打算开始从 FMI 内部的关系型数据库中提取数据。请列出在访问和使用数据时需要注意的三个潜在问题。

值得注意的问题是：

- 数据库的数据缺少、失效或不正确。
- 名称和其他标识型字符串在字段或表上无法匹配。例如某处用“John Public”，而它处用“John Q Public”。不同的字符串可能代表同一个人，也可能代表不同的人。
- 如果必须联结数据库的表，最好确保联结字段的记录匹配。查看每个表有多少条记录与其他表的记录匹配，反之亦然。

2. 内部数据库的每个财务事务都有“description”字段，它包含的字符串（纯文本）似乎提供了一些有用的信息。但是这些字符串似乎没有一致的格式，没有人可以告诉你该字段如何生成，或者提供更多的信息。若试图从该字段提取数据，你的策略是什么？

我的策略是：

a. 从数据库中随机抽取规模可控的一组交易，检查其描述字段，注意模式。

b. 自问：字符串似乎主要是逗号分隔、分号分隔、冒号分隔、JSON 或者自由格式？什么字符在记录之间反复出现？

c. 如果已经确定了格式，就继续检查以确保其适用于处理中的整个数据集。

d. 如果看起来仍然还没有通用格式，那么关注字符串中最感兴趣的方面。例如，如果我对交易数据中的邮政编码感兴趣，那就检查字符串中邮政编码的表示方式。如果每个描述字符串都包含一个子字符串，如 "ZIP Code:XXXXX"，那么就可以写一个脚本搜索子字符串 "ZIP Code:"，捕获后面的字符，并将其记录为邮政编码。我会尝试使用上下文在描述字符串中寻找所有有趣的字符组。

e. 如果以上都不足以从描述字符串中抽取某些特定信息，我将开始扩展用于从字符串中检测和捕获数据的上下文和格式。如果没有像子字符串 "ZIP Code:" 这样明显的上下文，我会尝试寻找诸如标点符号、分隔符、空格和其他格式元素的组合，以明显区别于周边的数据。也许邮政编码总是以 5 个数字开始，而且总是出现在两个逗号之间，如 ",XXXXX,"，或许总是直接出现在两个字母的州名缩写之后，例如，"OH,XXXXX,"。脚本可以轻松找到符合这些模式的子字符串，但如果不小心，脚本仍然可能会捕获到不需要的数据。

第 5 章

1. 鉴于应用的主要目标是提供准确的预测，请描述三种数据上应用的描述性统计类型，以便更好地理解它们。

有用的描述性统计可能包括：

- 一组打算预测的财务账户每个月典型的、最小的和最大的交易笔数。交易笔数越多统计预测方法所包含的信息越多。
- 账面余额波动方差或其他的度量。较小的方差预测起来可能更容易。
- 一组随机选择的账户，余额随时间变化的趋势图。图线可以提供比均值和方差更多的信息。 它也可以让你对账户平衡的行为感觉更深，让你考虑可能有助于预测的统计方法。

2. 假设你非常想用统计模型对重复性和一次性金融交易进行分类。在这两类交易中可能有哪三个假设？

可能的假设是：

- 重复交易在每周、每月或其他一定的时间间隔发生。
- 重复交易总是有相同的标签、名称或其他标识属性。
- 一次性交易通常比平均交易金额大，例如假期来临大量采购以及意外收获等。

第 6 章

1. 假设上一章的初步分析和描述性统计让你相信，对账户有许多交易的活跃用户的预测可能会产生可靠的结果，但不认为该预测也同样适用于交易相对较少的用户账户。可以将此转换为调整目标的框架性问题，“什么是可能的？”，“什么是有价值的？”，“什么是有效率的？”

详述如下：

- 什么是可能的？基于最高质量的数据可能为用户提供可靠的预测，但最低质量的数据几乎肯定不可能有什么用途。
- 什么是有价值的？为最活跃的用户提供最可靠的预测最有价值。不太活跃的用户对此可能并不在意，如果在意，可能以获得良好预测为诱饵使他们活跃起来。
- 什么是有效的？最有效的是，先为拥有高质量账户数据的用户产生可靠的预测，然后再试着应用到低质量账户数据上，在这个过程中，尽可能调整或改善预测方法，直到无法应用于较低质量的数据为止。

2. 根据对前面问题的回答，描述在应用内生成预测的总体规划。

可能的基本计划是：

a. 用最高质量的账户数据来研发统计方法和用于生成可靠预测的软件。

b. 如果 a 步不成功，重新审视目标并考虑是否值得为此投入更多的时间。

c. 如果 a 步成功，将方法和软件用于较低质量数据，并寻找可靠预测所需数据的最低质量水平。

d. 可以选择改进预测方法以更好地处理较低质量的数据，但要衡量投入在边际效益上的时间。与产品设计师讨论并共同决定需要投入多少资源。

e. 当大家对预测的成功率、范围和可靠性感到满意时，完善软件并为与网络应用集成做好准备。务必要考虑没有足够高质量数据的可能；例如当达不到数据质量阈值时，网络应用应该显示“数据不全，无法预测”。

第 7 章

1. 描述两种可用来对个人账户进行预测的不同统计模型。对于每种模型至少指出一个潜在的弱点或劣势。

可能的统计模型包括：

- 过去六个月月末账户余额的线性回归。虽然能够捕捉到账户变化的过程，但也有弱点：如果支出变化很大，将不能很好地捕获账户余额的波动情况；例如，如果有一张大额支票没有准时到账，就可能无法记入月末的账户余额，故而回归的结果就会有很大的偏差。

- 估计过去六个月账户的平均每月收入和支出；假设未来几个月将大致保持相同水平。 该模型可能会避免前面支票没有按时到达的问题，但弱点是六个月的数据不多，模型容易受到一次性大额记录或任何异常交易的影响。

2. 假设已经成功地创建了分类模型，可以准确地把交易分成定期、一次性以及其他任何你想过的合理类型。描述一个使用这些分类方法来提高分类精度的预测统计模型。

除了我在前面提到的反复和一次性类别之外，再尝试创建正常支出类别，代表如咖啡、杂货、晚餐或鸡尾酒这些日常费用。正常支出可能不像一次性交易的金额那么大，但也不被认为是反复类别。例如，如果每周都出外用餐几次，但不是真正的一次性支出，因为每周都这么做而且不重复，每周我都会在不同的日子去不同的地方。

我会把每个月的支出记录分成三类，然后计算每类的基线。对重复交易，我会用 6 到 9 个月的数据，给最近几个月数据更大的权重。所以对每月的重复交易和正常支出我会计算其加权平均值，但将不理会一次性交易。假设重复交易和正常支出交易的总和会持续到不久的将来，预测将基于此假设进行，意在以某种方式向用户展示一次性交易如何影响预测及其财务状况。

我是不确定性存在论的粉丝，也可能会根据预测结果计算方差，越靠近未来，预测结果的方差将会越大，对存在不规则收入和支出记录账户所做的预测，其结果方差也会越来越大。

第 8 章

1. 在项目中可以完成预测计算的两个最佳软件是什么？为什么？有什么缺点？

我的两个最佳选择是：

- Python——很容易进行计算，但缺点是如果把它与生产系统的脏钱预测应用代码一起部署，必须要相对可靠并没有缺陷，为此我可能招募生产研发人员。也要想办法确保 Python 与现有代码交互良好。
- 在现有应用中已经存在计算语言或工具，可能只需要在代码中添加组件，但缺点可能是没有好的内置统计软件，也可能因为不掌握该语言，必须花时间去学习。

2. 问题 1 中的两个选择是否具有内置的线性回归函数或其他时间序列预测方法？分别是什么？

分别是：

- Python 具备。在所有的编程语言中，Python 的统计功能最好，这些功能分散在 Numpy、Scikit-learn 及其他的软件包中。
- 取决于语言，上网查一下就清楚了。

第 9 章

1. 有哪三种辅助性软件产品可能会在本项目中使用？为什么？

这些产品可能包括：

- 因为 FMI 已经有了包含大部分所需数据的关系型数据库。
- 高性能计算服务器或集群，因为有大量数据而且有很多计算要做。

- 云计算服务，因为 FMI 可能还没有在合理时间范围内进行预测所必需的计算资源。

2. 假设 FMI 的内部关系型数据库运行在单机上，每晚把数据备份到远程服务器。请分别给出该架构的一个优点和一个缺点，并说明原因。

优点：如果单个服务器的功能足够强大，而且数据集足够小，服务器可以快速高效地处理，这样的架构可能比分布式系统更容易管理。

缺点：随着数据规模的增长，服务器将在某个时间点因为数据规模而被压倒，或因为管理和查询的计算成本过高而无法继续；单个服务器也可能是故障单点。

第 10 章

1. 请列出在执行 FMI 公司的项目计划时，你可能会沟通最多的三个人（按照角色或者专长），并简要说明为什么要沟通这么多？

我猜会和下面这些人沟通最多：

- 负责 FMI 网络应用的研发人员——在统计软件与应用集成过程中，可能需要进行大量的沟通、协调来达成一致，以确保完美的集成。
- 负责应用的产品设计师——他们可能对如何解析统计应用的输出结果提出问题，为了确保统计信息的适用性，你要了解设计师期望用户如何与数据交互。
- 内部数据库专家——如果你尚且不具备数据库的丰富经验，可能无法马上弄清楚数据库在结构、访问和效率方面的细微差别，因此这类专家可能非常有帮助。

2. 假设产品设计师与管理团队进行了沟通，一致同意统计应用必须为所有用户账户生成预测，包括那些数据不多的账户。工作重心已经从确保预测结果转为确保预测每个账户。你将会如何应对？

如果必须有预测，那么我可能会认为数据质量低的账户在不久的将来会保持现有的余额。在没有数据来证明预测账户余额上下波动趋势的情况下，维持现状很可能是最佳选择。然而，在实现之前，我将会与产品设计师和其他人进行沟通。

第 11 章

1. 假设老板或另一个管理人员需要预测结果的总结摘要，摘要中要包括什么？

首先，包括对有高质量数据的用户账户预期的预测精度的总结摘要，然后包括低质量数据预测结果的总结摘要。根据用户充分参与主要应用的可能性来区分，并且突出显示项目最大的成功。其次，我会讨论高、低质量用户账户数据的统计分布，以说明数据质量问题在何种程度上影响应用。最后，我将提供一些具体的例子，说明预测如何影响用户的行为，例如关于银行账户余额即将为空或到达信用卡额度的警告。预测项目将与用户参与直接关联，这往往是与应用研发相关的管理中最重要的事。

2. 假设负责 FMF 网络应用的主要产品设计师要求你为用户写段说明，专门介绍应用生成预测的可靠性和准确性。 你会写些什么？

FMF 应用所生成的预测取决于最近的支出和收入习惯，以及任何其他与 FMF 账户相关的交易或事件。财务习惯越一致，预测得越准确——控制财务的另一个手段！不幸的是，在某些情况下，我们可能根本就没有足够的数据来进行预测。在这种情况下，可能需要将更多的账户连接到 FMF，并与应用进行更多的互动，以便轻易获得更精准的预测，并且能最大限度地提高财务健康水平。感谢你使 FMF 成为最强大的个人在线财务网站！

第 12 章

1. 假设已经完成了统计软件研发及网络应用集成，但大部分应用生成的预测似乎都不准确。请列出三个检查和诊断问题的好地方。

我会先检查下述事项：

- 统计应用的输出。如果输出正确的结果，那么问题在于调用统计的应用。否则，问题在统计部分。
- 如果问题似乎在网络应用，我会检查该应用所连接的内部数据库，如果数据存储不正确，那么问题可能在数据采集和存储之间。如果数据存储正确，那么问题有可能是在数据检索和在屏幕显示之间的数据处理部分。
- 如果问题在统计应用，在格式转换然后发送到网络应用之前，我会考虑检查进入统计模型的数据，检查从统计模型产生的直接结果。
- 第 4 个检查点——检查任何进入应用的初始数据。如果数据库的查询有问题，后续就不会有任何正确的结果。

2. 应用部署后，产品团队通知你，即将向选定用户发送应用调查问卷。可以在问卷中提三个开放式问题。你会提哪三个问题？

我可能会提以下的问题：

- 在应用中，财务预测是否为你提供了信息？以什么方式？

- 是否根据财务预测的结果采取了行动？采取了什么行动？
- 你认为财务预测的结果准确吗？为什么？

第 13 章

1. 回忆过去做过的某个项目，最好是一年多以前的。与该项目相关的材料和资源现在在哪里？如果有人今天要求返工、重启或继续该项目，你能做到吗？你当时可以做些什么事能使今天的工作更容易些？

这主要是个思想演练。完全取决于在哪里工作以及做什么工作。

2. 看下目前的工作环境，共享资源保存在哪里？很容易找到需要的东西吗？如果需要详细的计划和策略来归档已完成的项目，你认为将会包括哪些东西？

这是另一个思想演练，它有助于改善未来的项目结果。做好记录和存储项目文档的计划，可以为未来项目提供非常有力的帮助。